Designing Software Architectures
A Practical Approach, Second Edition

软件架构设计

实用方法及实践

（原书第2版）

[美] 亨伯托·塞万提斯（Humberto Cervantes） 著
　　 里克·卡兹曼（Rick Kazman）

康敏峰 李晓时 王同林 曹洪伟 译

机械工业出版社
CHINA MACHINE PRESS

图书在版编目(CIP)数据

软件架构设计:实用方法及实践:原书第 2 版 /
(美)亨伯托·塞万提斯 (Humberto Cervantes),(美)
里克·卡兹曼 (Rick Kazman) 著;康敏峰等译 .
北京:机械工业出版社,2025.6. -- (架构师书库).
ISBN 978-7-111-78027-4

I. TP311.5
中国国家版本馆 CIP 数据核字第 2025D10U52 号

机械工业出版社(北京市百万庄大街 22 号　邮政编码 100037)
策划编辑:刘　锋　　　　　　　　责任编辑:刘　锋　冯润峰
责任校对:李荣青　马荣华　景　飞　责任印制:李　昂
涿州市京南印刷厂印刷
2025 年 7 月第 1 版第 1 次印刷
186mm×240mm·14.75 印张·318 千字
标准书号:ISBN 978-7-111-78027-4
定价:79.00 元

电话服务　　　　　　　　　网络服务
客服电话:010-88361066　　机 工 官 网:www.cmpbook.com
　　　　　010-88379833　　机 工 官 博:weibo.com/cmp1952
　　　　　010-68326294　　金 书 网:www.golden-book.com
封底无防伪标均为盗版　　　机工教育服务网:www.cmpedu.com

　　我想把这本书献给我的父母 Ilse 和 Humberto，我的妻子 Gabriela，还有我的儿子 Julian 和 Alexis。谢谢他们所有的爱、支持和给我带来的灵感。

——**Humberto Cervantes**

　　我想把这本书献给我的妻子 Hong-Mei 以及我的孩子 Jonah、Mia 和 Sam，感谢他们一直支持我。

——**Rick Kazman**

译者序 *Preface*

　　软件架构是一门方兴未艾的学科。近年来，随着软件应用领域的不断拓展，人们对软件的需求日益增长，软件系统也变得越来越复杂。这些因素共同推动了软件架构学科的发展，并为从业人员带来了巨大的挑战。

　　能够将 Humberto Cervantes 和 Rick Kazman 的深刻见解和独特风格带给中文读者，我们深感荣幸。在这本书中，作者巧妙地将软件架构理论与实践相结合，探讨了如何进行架构设计以及采用属性驱动设计（Attribute-Driven Design，ADD）方法进行架构实践。

　　我们选择翻译这本书，是因为它在架构领域具有很高的参考价值。不同于一些仅介绍架构理论的书籍，也不同于侧重软件实现的书籍，它在理论与实践之间做到了平衡，具有很高的可读性。本书紧跟架构发展的趋势和行业需求，例如对架构可组装性的介绍，有助于适应不断变化的业务需求和场景，降低需求变更对软件系统的影响。书中还对技术债务的产生和规避方法进行了探讨，这是难能可贵的。

　　在翻译过程中，我们力求保持原作的本意，同时确保语言的自然流畅，以便读者能够无障碍地理解作者的意图，并尽量确保翻译的准确性和可读性。在此过程中，我们采用了类似结对编程的方式，译者之间完成交叉评审。我们希望读者在阅读这本书时，能够获得软件架构的核心知识和设计启发，愿这部作品能够激发你更多的思考和讨论。

　　本书的翻译团队成员包括王同林（前言和第 1 章～第 3 章）、康敏峰（第 4 章～第 7 章）、李晓时（第 8 章～第 10 章）、曹洪伟（第 11 章～第 13 章），由李晓时对全书进行统稿。团队成员都拥有 10 年以上的软件从业经验，对架构理论有深入的理解，并有丰富的实践经验。

　　软件架构这门学科和计算机科学中的其他学科一样，在探索和实践中不断发展和完善。很多架构领域的术语还没有形成统一的中文译法，我们尽可能确保术语方面的一致性。如有疏漏之处，欢迎联系我们，希望广大读者和业界同行批评指正。

康敏峰　李晓时　王同林　曹洪伟
2024 年 9 月于北京

距离本书第 1 版问世已过多年，在此期间，我们在技术领域见证了云架构、物联网（IoT）架构、DevOps、人工智能 / 机器学习（AI/ML）、容器、微服务等众多技术的兴起。那么，我们在当时提出的建议现在仍然适用吗？可以说，既适用也不适用。

我们认为，设计软件架构的原则和实践并未发生改变，因此，本书的支撑框架——属性驱动设计的方法也不会改变。在过去的几年里，成千上万名从业者掌握了该方法，并成功地将该方法应用到许多工业项目中。读者反馈的内容一直都是很积极的，我们并未收到修改该方法的请求，这令我们倍感欣慰。然而，当下软件设计所处的技术环境与背景确实发生了改变。

如今，很少有人会设计一个完全独立的系统。大多数情况下，你只需在现有框架和工具包的基础上进行构建，并集成一些现成的组件（可能是开源的）。更常见的情况是，你构建的系统需要与其他系统进行实时交互，甚至可能需要共享资源。很可能你正在使用某种敏捷开发的方法来构建系统，这意味着你的系统将会被频繁修改，并进行定期更新和发布。你构建的系统架构可能涉及物联网系统、移动系统、云和容器化系统或自适应性系统。当然，你所使用的软件可能也已经非常老旧，并且多年来积累了许多技术债务。

基于以上原因，我们认为有必要撰写第 2 版，以适应当今架构决策中需要考虑的诸多新背景。在新版本中，我们针对以下内容增加了新的章节：通过以 API 为中心的设计支持业务敏捷性、可部署性、基于云的解决方案，以及解决设计中的技术债务问题。

在本次修订中，我们还新增了两个全新背景下的研究案例，以此来深入探讨当前背景下的架构挑战。在第 8 章中的"酒店定价系统"研究案例中，通过采用部署在云基础设施上的微服务架构，实现了该系统的大部分功能，旨在实现服务的跨环境迁移和高可用性。在第 9 章中介绍的"数字孪生平台"研究案例中，我们则进一步探讨了更多的架构挑战：物联网、云计算、大数据分析、人工智能 / 机器学习、扩展现实（XR）、仿真、高级自动化以及机器人技术，它们构成了一个庞大而复杂的系统。因此，单个架构师是远远不够的，该系统需要一个汇聚了各个领域专业知识的大型架构团队来协同支持。在每个案例中，我们将展示 ADD 方法如何以规范的方式将设计挑战转变为现实。

我们衷心希望本书能够让你自信、从容地应对各种项目规模下的架构设计挑战！

致　谢 *Acknowledgements*

几乎所有值得做的事都离不开协作，本书的完成同样得益于众多支持者的帮助。在此，我们要特别感谢以下这些人，他们为本书做出了重要的贡献。

Marty Barrett、Mario Benitez、Jeff Gitter、James Ivers、Andrew Kotov、Stefan Malich 和 Ipek Ozkaya 审阅了本书的新版本并提供了宝贵且富有洞察力的意见，在此表示衷心的感谢。

感谢 Serge Haziyev、Yaroslav Pidstryhach、Rodion Myronov、Taras Bachynskyy、Lyubomyr Demkiv 和 Martin Vesper 为本书提供新的研究案例。SoftServe 团队对我们的工作一直给予大力支持，并且提供了宝贵的意见和反馈，对此，我们深表感谢。

我（Humberto）由衷感谢 Ricardo Ivison 和 Luis Castro 多年来为我提供的所有架构实践机会。还要感谢我有幸与之合作和交流想法的不同公司的架构师、开发人员和管理人员，我从他们身上受益良多。我也要感谢我的大学——墨西哥大都会自治大学伊斯塔帕拉帕校区，感谢校方一直以来对我工作的支持，感谢多年来陪伴我走过这段架构旅程的同事和学生们。我还要感谢我的合著者 Rick Kazman，他是一位非常友善的伙伴和同事，与他一起工作和交流想法总是那么令人愉快。最后，我要感谢软件开发领域之外的所有人，感谢他们以各种方式爱护、激励和启发我。他们丰富了我的人生，为我带来了宝贵的经验。

我（Rick）由衷感谢软件工程研究所的 James Ivers 及其团队，他们为我提供了许多参与实际项目的机会，丰富了我的实践经验。同时，我也要感谢我的妻子，一直以来，她都支持着我的工作——我时常需要坐在办公桌前凝神静思。最后，我要感谢我的合著者 Humberto，他总是充满活力、积极乐观，与他一起工作非常愉快。

最后，我们要特别感谢 Serge Haziyev 对我们工作的一贯支持。

Humberto Cervantes 是一位软件架构师，同时在墨西哥大都会自治大学伊斯塔帕拉帕校区担任教授。他的主要研究方向为软件架构，更具体地说，是开发辅助设计过程的方法和工具。此外，他还会积极推动这些方法和工具在软件行业中的应用。自 2006 年以来，他与多家软件开发公司合作，担任顾问和软件架构师。他参与了电信、酒店、金融和零售等多个行业的项目，并且撰写了大量研究论文和科普文章。他还与别人合著了一本软件架构主题的书（西班牙语）。

他在法国约瑟夫傅里叶大学（现格勒诺布尔－阿尔卑斯大学）获得了硕士和博士学位，并拥有软件工程学院颁发的"软件架构专家"和"ATAM 评估师"证书。除了软件工程，他还喜欢陪伴家人、与爱犬玩耍、锻炼身体和旅行。

Rick Kazman 是夏威夷大学信息技术管理专业的特聘教授，同时也是卡内基梅隆大学软件工程研究所的访问研究员。他的主要研究兴趣包括软件架构、设计与分析工具、软件可视化以及技术债务，并参与创建了许多极具影响力的架构分析方法和工具，包括 ATAM（架构权衡分析方法）以及 Titan 和 DV8 工具。他发表了 250 多篇论文，是三项专利和九本书的合作（著）者，包括 *Software Architecture in Practice*、*Technical Debt: How to Find It and Fix It*、*Evaluating Software Architectures: Methods and Case Studies* 以及 *Ultra-Large-Scale Systems: The Software Challenge of the Future* 和本书的上一版等。Google Scholar 的数据显示，他的方法和工具已被众多财富 1000 强公司所采用，且被引用次数超过 30 000 次。他目前是 IEEE 计算机学会理事会成员和 ICSE 指导委员会成员。

他在滑铁卢大学获得英语 / 音乐学士学位和计算机科学硕士学位，之后在约克大学获得了英语硕士学位，并在卡内基梅隆大学获得了计算语言学博士学位。出乎大家意料，他成了一名软件工程研究人员。当不从事架构工作时，Rick Kazman 可能会骑行、演唱无伴奏合唱音乐、照料花草、弹钢琴或者练习跆拳道。

目　录 *Contents*

第 1 章　*Chapter 1*

引　言

在本章中，我们将介绍软件架构与架构设计。首先，我们将简要讨论架构的定义以及架构在开发软件系统时的重要性。之后，我们会探讨与软件架构开发相关的活动，以便更好地在这些活动背景下理解本书的主题——架构设计。此外，我们还将简要讨论负责创建设计的架构师角色。最后，我们引入了属性驱动设计（ADD）方法，这是贯穿本书的架构设计方法。

1.1　动机

本书的目标是教会读者以系统化、可预测、可重复且经济有效的方式来设计软件架构。如果你正在阅读本书，那么你可能已经对架构产生了兴趣，并且渴望成为一名架构师。好消息是，成为一名架构师并非遥不可及，为了让你相信这一点，我们将花一些时间来探讨"设计"——包括对任何事物的"设计"——的理念，并且了解架构设计是如何以及为什么与这个更广泛的设计概念相关联的。在大多数领域中，设计都会涉及相同类型的挑战和考虑因素，例如满足利益相关者的需求、遵循预算和时间表、处理约束、充分利用现有资源等。虽然不同领域的设计原语和工具可能有所不同，但设计的目标和步骤却不会改变。

这是个令人鼓舞的消息，因为这意味着设计并非那些异常聪明或者技艺高超者的专属领域，而是可以进行教授和学习的。大多数设计，尤其是在工程领域，都是将已知的设计原语以某种方式（有时是创新的方式）组合在一起，以实现可预测的结果。当然，细节决定成败，这就是我们需要方法的原因。乍一看，你也许很难想象，像设计这样一项具有创造性的工作竟然可以被分解成循序渐进的方法和步骤。事实上，这不仅是可能的，而且正如 Parnas 和 Clements 在他们的论文 "A Rational Design Process: How and Why to Fake It" 中所讨论的那样，这也是非常有价值的。当然，并非每个人都能成为伟大的设计师，就像并非每个人都能成为托马斯·爱迪生、勒布朗·詹姆斯或弗兰克·盖里一样。我们想说的是，每个人都可以成为更优秀的设计师，而结构化的方法，加上本书所提供的可复用的设计知识，可以帮助你从平庸走向卓越，从依赖个人经验和技巧的手工艺转变为有科学依据和系统方法的工程学科。

我们编写本书的目标是提供一种任何合格的软件工程师都可以实施的实用方法，同时提供一组丰富的研究案例来阐释该方法是如何实现的。阿尔伯特·爱因斯坦曾说过："示例不是教学方法之一，它是唯一的教学方法"。我们坚信这一点。与一系列规则、步骤或原则相比，大多数人更容易通过示例来进行学习。当然，我们需要通过步骤、规则和原则来形成方法，并以此创建示例。这些示例不仅展现了我们日常生活中关注的问题，还通过具体描述，让我们形成深入的理解。尽管对于经验丰富的架构师而言，或许不需要严格地遵循这些步骤，但对新手架构师来说，详尽的步骤说明能在设计过程中起到指导作用。

这并不是说架构设计会变得简单。当构建一个复杂系统时，我们可能需要平衡许多相互竞争的需求，例如上市时间、成本、性能、可演进性、可用性、安全性等。如果希望在某个维度上有所突破，架构师的工作将会更加复杂。这不仅仅存在于软件领域，任何工程学科都是如此。如果研究大型船舶、摩天大楼或其他复杂"系统"的历史，那么你会发现这些系统的架构师是如何努力做出适当的决策和权衡的。所以，架构设计可能永远都不会变得简单，但我们的目标是让接受过良好训练和教育的软件工程师能够恰当地处理并实现架构设计。

1.2 软件架构

关于软件架构的定义，业界已经有过很多说法，但仍未达成一致。这里我们采用 *Software Architecture in Practice*，*Forth Edition*[⊖]中提出的定义：

系统的软件架构是理解和分析系统所需的一组结构，包括软件元素、元素之间的关系以及元素和关系的属性。

正如你将看到的，我们所采用的设计方法体现了这一定义，并将帮助设计人员创建具有所需属性的架构。

1.2.1 软件架构的重要性

关于架构的重要性，业界已有诸多论述。*Software Architecture in Practice* 一书也指出，架构之所以重要，是诸多原因造成的，而这些原因也导致了不同的结果：

❑ 架构将限制或增强系统的关键质量属性。
❑ 架构决策支持在系统演进过程中推断和管理变更。

⊖ 本书中文版《软件架构实践（原书第 4 版）》由机械工业出版社出版，书号为 978-7-111-71680-8。——编辑注

- 架构分析有助于尽早预测系统的质量。
- 记录良好的架构可以增强利益相关者之间的沟通。
- 架构承载了最早期的设计决策，而这些决策通常是最基本的，也是最难以改变的。
- 架构为后续实现定义了一系列约束。
- 架构会影响组织结构，组织结构也会影响架构。
- 架构可以为演进式原型设计，甚至一次性原型设计提供基础。
- 架构是架构师和项目经理推断成本和进度的关键依据。
- 架构由于其可迁移性、可复用性，构成了产品线的核心。
- 以架构为中心的开发模式侧重于组件的组装，而不仅仅是组件的创建。
- 通过约束设计选择，架构能够引导开发者实现创新思维，进而减少设计和系统的复杂度。
- 架构可以作为培训新团队成员的基础。

如上所述，架构可以影响组织的结构、系统的质量，以及参与其创建和演进的人员，其重要性毋庸置疑，因此在设计架构时需要慎之又慎。然而遗憾的是，架构设计常常被忽视。架构通常是"演进"或"涌现"出来的，尽管演进通常不可避免，涌现也可能是需求确认的必然结果。虽然我们不主张预先进行大规模设计，但对于大多数项目或产品而言（不考虑那些非常简单的项目或产品），完全不做架构设计会带来巨大的风险。你会愿意开车经过一座未经精心设计的桥梁，或者乘坐一架未经精心设计的喷气式飞机吗？当然不会。但我们每天都在使用这样的软件，它们充满缺陷——价格昂贵、不安全、不可靠、容易出故障且反应缓慢——而这些不良特性原本是可以轻松避免的！

本书的核心思想是：架构设计不必是令人生畏或充满挑战的，它不是只有天才才能涉足的领域，不需要付出高昂的代价，也不需要在一开始就做到尽善尽美。本书将向你展示如何进行架构设计，并让你相信这是你力所能及的。

1.2.2 生命周期活动

软件架构设计是软件架构生命周期的活动之一（参见图 1.1）。与任何软件项目生命周期一样，该活动也涉及将需求转换为设计，然后将设计转换为实现。具体来说，架构师需要关注以下几个方面：

- 架构需求。在众多需求当中，有一部分对于软件架构来说尤为重要，它们被称为具有架构意义的需求（Architecturally Significant Requirement，ASR）。该类需求不仅涵盖了系统最重要的功能和必须考虑的约束，还包括至关重要的质量属性，例如高性能、高可用性、易演化性和高安全性。这些需求连同明确的设计目标和其他可能未被记录或外部利益相关者未意识到的架构考量，将共同指导我们在多种架构结构和组件中做出选择。我们将这些 ASR、约束和架构考量称为驱动因素，也可以说它们驱动着设计。
- 架构设计。设计将需求（要求）转换为由模块、框架和组件构成的解决方案。好的设计能够满足各种驱动因素，而这也正是本书的核心所在。

❑ 架构文档。在架构设计的过程中，应该创建一定程度的初步文档（或草图），用于记录架构的结构。如果项目或产品规模较小且易于理解，则架构文档可以相对简单；相反，如果项目规模大、周期长，并且涉及分布式团队协作，或者存在重大技术挑战，那么在架构文档上投入的努力将会带来巨大的价值。尽管程序员常常对文档抱有抵触情绪，但在几乎所有其他工程领域中，文档都是标准的、不可协商的交付成果。如果系统规模庞大且对任务至关重要，就应该将其架构记录下来。正如其他工程领域中的"蓝图"（某种形式的设计文档）一样，架构文档是推进实施和资源承诺的必要步骤。

❑ 架构评估。与文档一样，如果项目很重要，那么为了对自己和利益相关者负责，架构师需要对架构进行评估，即确保已做出的架构决策能够满足关键需求。如果你不会在不测试的情况下交付代码，那么你也不会在没有"测试"设计时，就投入大量资源去完善架构。你可能希望在首次创建系统、演进系统或对系统进行重大重构时进行架构评估。通常，评估是在内部进行的，采用非正式的方式，但对于真正重要的项目，我们建议由外部团队进行正式评估。

❑ 架构实施／一致性检查。最后，我们需要实现所创建和评估过的架构。作为架构师，正常情况下，随着系统的完善和需求的迭代（新增和演进），我们可能需要调整设计。除了这类调整之外，我们在实施过程中的主要职责是确保代码与设计的一致性。如果开发人员没有忠实地实施架构，则可能会影响我们精心考虑的系统质量。参考其他工程领域的做法：当新建筑的混凝土地基浇筑完毕后，通常会通过取芯样品对地基进行测试，以确保地基的强度、密度以及对水和气体的防渗透等方面都符合要求，然后才会继续在地基上进行建造。同样，架构实施也需要检查一致性，否则就无法确保后续构建内容的质量。

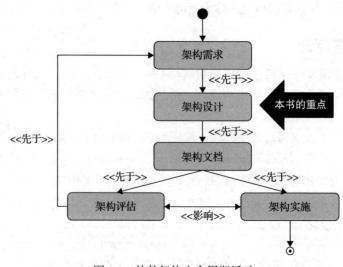

图 1.1 软件架构生命周期活动

注意，在图 1.1 中，我们并不是提出了一个特定的生命周期模型。标记 << 先于 >> 仅仅表示在执行下一个动作之前，必须完成当前活动中的一部分工作。例如，在不清楚具体需求的情况下，我们不能（或至少不应该）执行设计活动；同样，在尚未做出设计决策的情况下，也不能开展架构评估活动。

如今，大多数商业软件都采用某种形式的敏捷方法进行开发。这些软件架构活动与敏捷原则和实践并不冲突。对于软件架构师来说，问题不是"应该采用敏捷方法还是架构设计"，而是"哪些内容应该预先进行架构设计，哪些又应该推迟到项目需求更加明确之后再进行"以及"应该详细记录架构的哪些部分，以及何时记录"。对于许多软件项目而言，敏捷与架构设计相辅相成。

我们将在第 5 章中讨论架构设计和业务敏捷性之间的关系。此外，我们还将在第 12 章中讨论架构设计在组织环境中的定位。

1.3　架构师的角色

架构师的职责远不止"设计师"那么简单。这一角色可能由一人或多人来担任。一名成功的架构师必须满足一系列职责要求，同时具备专业的技能知识。这些前提条件包括以下内容。

- ❑ 领导力：进行团队指导、团队建设、愿景建立和人员培训。
- ❑ 沟通技巧：涵盖技术与非技术层面，并且鼓励协作。
- ❑ 谈判：能够处理内部和外部利益相关者的需求和期望，并解决冲突。
- ❑ 技术能力：能够掌握架构生命周期各环节的技能和专业技术知识，具备持续学习的能力和实际编码能力。
- ❑ 项目技能：进行预算管理、人员配置、进度控制和风险管理（通常与项目经理共同承担这些职责）。
- ❑ 分析能力：具备架构分析能力，以及项目管理和评估的一般分析思维模式（参见下文"分析的意义"部分）。

成功的软件架构设计并不意味着写一个静态的文档，编写完成后就将它束之高阁。架构师不仅要设计出色的架构，还必须密切地参与到产品或项目的各个阶段，从最初的概念构思、商业论证，到架构设计和开发实现，再到后期的运营、维护，直至最终产品退市。

分析的意义

在《朗文词典》中，"分析"（analysis）一词的定义如下：

- ❑ 仔细检查某事物以便更好地理解它。
- ❑ 描述某种情况或问题，以及导致其发生的原因。

在本书中，"分析"一词会被用于各种不同的情况，因此上述两种定义均适用。例如，作为架构评估活动的一部分，我们会分析现有架构，判断它是否满足相关的驱动因素。在设计过程中，我们会分析输入信息以做出设计决策。原型的创建也是一种分析形式。事实上，分析对于设计过程至关重要，我们专门用了一整章（第11章）来阐述这个主题。

在本书中，我们将重点探讨设计活动及其相关的技术技能，以及如何将设计活动集成到开发生命周期中。我们将在第12章中讨论架构师的多种角色。如果你希望更全面地了解架构师的工作，那么可以阅读一些更通用的软件架构的书籍，例如 *Software Architecture in Practice*。

1.4 ADD 简史

尽管软件架构师需要承担很多任务和职责，但在本书中，我们将着重探讨设计过程——这可能是软件工程师进阶为"架构师"所需掌握的最重要的技能。在本书中，我们将专注于 ADD 的方法，通过该方法，我们可以迭代地执行图 1.1 中所示的设计活动，从而提高架构设计的可管理性和复用性。第 4 章将详细介绍 ADD 的最新版本（即 3.0 版），因此，我们在这里为那些熟悉 ADD 之前版本的用户提供了一些背景信息。ADD 的第一个版本（ADD 1.0，最初称为 ABD，即"基于架构的设计"）发布于 2000 年 1 月，第二个版本（ADD 2.0）发布于 2006 年 11 月，而 3.0 版本则发布于 2016 年。

据我们了解，ADD 是当前内容最全面、应用最广泛的架构设计方法。它是第一个以质量属性为核心的设计方法，并且通过创建架构结构和视图表达来实现这些属性。ADD 的另一个重要贡献是将架构分析和文档融入了设计过程。在 ADD 中，设计活动包括细化早期设计迭代中创建的草图以产生更详细的架构，并且持续评估设计。

尽管 ADD 2.0 在关联质量属性与设计选择方面非常实用，但它仍然存在一些明显的不足。例如，它并未明确地将模式和策略与组件、框架等实现技术关联起来，也没有为架构师提供如何将架构设计与敏捷实践有效结合的指导，同时缺少如何启动设计过程的指导。

ADD 3.0 解决了这些不足。确切地说，ADD 3.0 的完善是渐进式的，而非革命性的。它是由 ADD 2.5⊖演进而来的，而 ADD 2.5 本身就是为了解决 ADD 在各类不同的现实环境中使用时出现的问题。

我们在 2013 年发布了 ADD 2.5，在该版本中，我们提倡将应用程序框架（例如 Spring 或 Hibernate）作为首要的设计理念，以解决 ADD 2.0 过于抽象、不易应用的问题。ADD 3.0 则从驱动因素出发，系统地将驱动因素与设计决策联系起来，然后将这些决策与可用的实现选项相关联，例如，外部开发的组件。针对敏捷开发，ADD 3.0 则倡导快速设计迭代，即每次只进行少量的设计决策，然后进行实施工作。此外，ADD 3.0 明确提倡（重用）使用参考架构，并建议采用包含各种策略、模式、框架、参考架构和技术选择的"设计概念

⊖ 这是我们自己使用的编码符号。2.5 这个数字在其他地方并不适用。

目录"。

　　自本书初版问世以来，架构设计领域不断发展，ADD 3.0 也在行业内得到了广泛的推广和应用。回顾这些年的经验，我们发现没有必要对它进行修改，毕竟方法贵在通用和稳定。

　　因此，尽管我们并未对架构设计方法本身的步骤进行更新，但我们认为有必要对第 1 版的内容进行更新，以反映围绕 ADD 的架构设计环境的变化。这种变化主要体现在 ADD 与当代架构实践的结合方式上。如今，系统设计的架构师正专注于云计算、DevOps 和技术债务等方面。此外，在这一版中，我们还将重点介绍针对分布式系统的 API 设计。

1.5　总结

　　在阐述了本书的写作动机和背景之后，我们将深入探讨本书的核心内容。在接下来的章节中，我们将阐释"设计"，特别是"架构设计"的含义，探讨 ADD，并通过两个研究案例来详细展示如何在现实世界中应用 ADD。我们还将探讨 ADD 在当代实践中的应用，包括云开发、以 API 为中心的敏捷设计和 DevOps。此外，我们还将阐述分析在设计过程中扮演的关键角色，并提供一些示例，用来说明如何对设计组件进行分析以及设计过程如何适应组织环境。

1.6　扩展阅读

　　F. P. Brooks 基于其作为设计师和研究者的 50 余年的经验，撰写了一系列富有洞见的文章，这些文章探讨了设计的本质，并且收录于他的著作 *The Design of Design: Essays from a Computer Scientist*（Addison-Wesley，2010）中。

　　数十年来，人们已经认识到为设计和其他开发活动流程建立文档化过程的重要性。D. Parnas 和 P. Clements 在其发表的文章 "A Rational Design Process: How and Why to Fake It"（*IEEE Transactions on Software Engineering*，SE-12，2，1986 年 2 月）中对此进行了讨论。

　　本书所采用的软件架构定义，以及对架构重要性与架构师角色的相关论证，均出自 L. Bass，P. Clements 和 R. Kazman 合著的 *Software Architecture in Practice*，*Forth Edition*（Addison-Wesley，2021）。

　　ADD 第一版的早期参考资料可以在 F. Bachmann、L. Bass、G. Chastek、P. Donohoe 和 F. Peruzzi 合著的 *The Architecture Based Design Method*（CMU/SEI-2000-TR-001）中找到。ADD 的第二个版本在 R. Wojcik、F. Bachmann、L. Bass、P. Clements、P. Merson、R. Nord 和 W. Wood 合著的 *Attribute-Driven Design*（ADD），*Version 2.0*（CMU/SEI-2006-TR-023）中有所描述。我们在文中提到的 ADD 2.5 版本发表在 H. Cervantes、P. Velasco-Elizondo 和 R. Kazman 合著的论文 "A Principled Way of Using Frameworks in Architectural Design"（*IEEE Software*，46–53，2013 年 3 月 /4 月）中。

1.7　讨论问题

1. 考虑建筑结构和软件架构。这两个学科在需求提取、关注的质量属性以及设计决策指定方面有哪些异同？

2. 如果你要设计一个软件系统的架构，会遵循哪些步骤？这些步骤是否会随着系统复杂程度的变化而有所调整？

3. 考虑这样一种情况：一个开发团队正在努力构建一个系统，但团队成员中没有任何人具备架构设计知识。在这种情况下，这个系统有架构吗？

4. 考虑 1.2 节中给出的软件架构定义，什么类型的元素和关系可以构成软件系统的结构？

架构设计

现在，让我们深入探讨架构设计这个复杂且常被误解的主题。我们将花费一些篇幅来探讨它的定义、重要性、工作原理（抽象层面），以及涉及的一些主要概念和活动。此外，我们还将讨论架构驱动因素：即那些"驱动"设计决策的各种因素，其中一些会被记录到需求中，但还有许多不会被记录。

本章导读

设计是本书的核心概念。设计本身可以具有任意的复杂性，但你不可能处理完所有的复杂性。因此，本章提供了一种在不同抽象级别上思考设计决策的方法，这是控制复杂性的关键所在。此外，你可能无法直观地考虑驱动因素的所有方面，所以本章还将提供一个思考驱动因素的框架，并将它应用于本书的其余部分。

2.1 通用设计

设计既是动词也是名词。作为动词，设计是一个过程，一项活动；作为名词，设计是这个过程的最终产物，是对期望状态的描述，也是最终要实现的方案、产品。设计意味着做出决策，以实现目标并满足需求和约束，而设计过程中的输出则直接反映了这些目标、需求和约束。

试想一下房屋架构。为什么中国的传统房屋与瑞士或阿尔及利亚的房屋风格迥异？为什么蒙古包的形态与冰屋、木屋或长屋截然不同？这些风格迥异的房屋建筑历经了数个世纪的演变，反映了各自独特的目标、要求和限制。中国传统房屋的特色是对称的围墙结构、加强通风的天井以及朝南的庭院——用于收集阳光并抵御寒冷的北风。A 字形框架房屋的屋顶陡峭，一直延伸到地面，这类房屋几乎不需要粉刷，并且能够避免屋顶有厚重的积雪，因为积雪会直接滑落到地面上。冰屋则用冰块建造，这反映了冰块的可用性、其他建筑材料的相对匮乏以及时间的限制（建造一座小型冰屋只需一个小时）。

无论是哪种情况，在设计过程中，都涉及多种解决方案的选择和调整。例如，不同冰屋可能会有不同的设计方案。有些冰屋很小，仅用来作为临时的旅行住所。而有些则很大，通常由多个建筑连接组成，供整个社区聚会使用。另外，冰屋的装饰也各有不同，有些是简单的、未经装饰的雪屋，而有些则用毛皮覆盖雪屋内部，并且配有冰制的"窗户"和动物皮毛制成的门。

对于每一种情况，设计过程都需要设计师来平衡所面临的各种"力量"。有些设计需要相当高的技巧才能完成，例如，雕刻和堆叠雪块，使它们形成一个自支撑的圆顶，而有些设计则相对简单——几乎任何人都可以用树枝和树皮搭建一个简易的棚屋。然而，这些建筑结构的品质也可能有很大差异：简易的棚屋几乎无法抵御风雨，并且很容易被强风或火灾摧毁，而冰屋则可以抵御北极风暴的侵袭，甚至能够支撑一个人站在屋顶上的重量。

所以，设计难吗？可以说难，也可以说不难。构思新颖的设计的确不易，例如，设计一辆传统的自行车非常简单，但像 Segway 和 OneWheel 的自行车设计却开辟了一个新的领域。幸运的是，大多数设计并不追求新颖，因为许多时候，我们的需求也没什么新意。大多数人想要一辆自行车，只是为了能够安全地从一个地方骑到另一个地方；大多数住在凤凰城（Phoenix）的人，只希望房子能够保持凉爽，还不用花太多钱；大多数住在埃德蒙顿的人，则主要关注房子的保暖性。相比之下，居住在东京和墨西哥城的人则需要能够抵御强震的房子。

对于架构师而言，好消息是，有大量久经考验的设计和设计片段——我们称之为设计概念的构建模块——可以被重复使用和组合，从而可靠地实现这些目标。当然，如果你的设计非常新颖——假设你正在设计下一个悉尼歌剧院，那么设计过程可能会充满挑战。例如，悉尼歌剧院的实际成本几乎是初始预算的 14 倍，并且交付时间也比预期晚了 10 年。软件架构的设计也是如此。

2.2 软件架构中的设计

软件系统的架构设计与一般设计并无不同：同样需要根据现有技能和资源做出决策，以满足需求和约束。在架构设计中，我们需要将设计目标、主要功能、质量属性、约束和架构关注点（我们称这些为架构驱动因素）转换为结构，如图 2.1 所示。这些结构（参见第 1 章中的软件架构定义）将被用于指导项目，包括指导分析和构建，为新项目成员提供培训基础，指导成本和进度估算、团队组建、风险分析和缓解，以及实施。

图 2.1　架构设计活动概览

架构设计是实现产品和项目目标的关键步骤。这些目标中有些是技术性的，例如在视频游戏或电子商务网站中实现可预测的较低延迟；有些则是非技术性的，例如支持多条业务线、保留现有团队、进入新市场以及按时交付。作为架构师，你的决策将会影响这些目标的实现，甚至在某些情况下，还会导致目标之间发生冲突。例如，选择特定的参考架构（例如 Lambda 架构）可以为实现延迟和吞吐量目标提供良好的基础，同时，由于你的团队已经熟悉该参考架构及其支持的技术堆栈，这也有助于保留现有团队。但是，这种选择可能无法帮助你进入新的市场，例如手机游戏。

总而言之，在架构设计过程中，为了优化特定质量属性而进行的结构调整，往往会对其他质量属性产生负面影响。这种权衡是每个领域中的架构师都必须面对的现实问题，本书提供的示例和案例研究也将反复印证这一点。从本质上讲，架构师的工作并非寻找理论上的最优解，而是找到满足实际需求的方案——在众多设计方案和决策中反复权衡，直到确定可行的解决方案。

2.2.1　架构设计

Grady Booch 曾说过："所有的架构都是设计，但并非所有的设计都是架构。"是什么使决策具有"架构性"呢？如果一个决策会产生非局部的影响，并且这些影响关系到架构驱动因素的实现，那么它就是一个架构决策。因此，没有任何决策本身就是架构决策的或非架构决策的。以缓冲策略的应用为例，如果仅在单个元素中应用缓冲策略，对系统的其他部分几乎不会产生影响，那么除了该元素的实现者或维护者之外，没有人会关心它的实现细节。相反，如果缓冲策略的应用范围超出单个元素，则可能对整体系统性能（如果缓冲影响延迟、吞吐量或抖动目标的实现）、可用性（如果缓冲区不够大，可能导致信息丢失）或可修改性（如果我们希望在不同的部署环境中灵活地更改缓冲策略）产生巨大影响。由此可见，选择应用缓冲策略与大多数设计选择一样，这一决策可能是架构决策，也可能不是。这种区别完全取决于该决策对当前和预期架构驱动因素的影响。

2.2.2 元素交互设计

架构设计识别并定义构成系统整体结构的主要元素及其之间的重要关系。这些主要元素通常是抽象的或现有的设计概念（比如架构模式），用于解决主要的功能需求、质量属性需求、约束和架构关注点。架构设计通常只会识别出系统结构中的部分元素，这是预料之中的，因为在初始架构设计阶段，架构师会专注于系统的核心功能。

那么，核心用例是由哪些因素决定的呢？这是由业务重要性、风险和复杂性共同决定的。当然，对于大多数用户而言，几乎所有需求都是紧急且重要的。但更现实的情况是，只有少数用户故事能提供最核心的业务价值或代表着最大的风险（如果处理不当），因此，这些用户故事才是最核心的用例。除了核心用户故事之外，每个系统还有大量其他需要满足的用户故事。识别并定义支持非核心用户故事的元素及其接口，就是我们所说的元素交互设计的一部分。这类设计通常在整体架构设计之后进行，但元素的确切位置和相互关系会受到整体架构设计过程中所作决策的约束。这些元素可以作为工作单元（例如模块或服务）分配给个人或团队，因此，这一层面的设计不仅对分配非核心功能至关重要，而且对规划目标也具有重大意义，例如团队组建和沟通、预算、外包、发布计划、单元和集成测试计划。

根据系统的规模和复杂性，架性构师应该直接或者以审计的角色参与元素交互设计，以确保系统的关键质量属性不会受到影响，例如，避免元素被错误地定义、放置或连接。同时，这也有助于架构师发现泛化的机会。

2.2.3 元素内部设计

继元素交互设计之后，我们将进入第三个层面的设计——元素内部设计。在该设计层面，根据元素接口的要求，为前一设计层面中所识别出的元素建立内部结构，这通常会作为元素开发活动的一部分。

2.2.4 决策和设计级别

架构决策需要贯穿软件设计的这三个设计层面。在架构设计过程中，架构师可能需要深入到元素内部设计，以实现特定的架构驱动因素。例如，为了遵循分层架构的微服务的内部设计，架构师需要精心设计微服务的数据层，以免造成过多的延迟，或者数据库的重要部分被锁定。从这种意义上来说，架构设计有时会涉及相当多的细节，这也解释了为什么我们不喜欢用"高层设计"或"详细设计"来谈论它（请参见下文"高层设计与详细设计比较"部分）。

架构设计先于元素交互设计，而元素交互设计又先于元素内部设计。这在逻辑上是必要的：只有定义了元素本身，才能设计其内部结构；只有定义了多个元素及其交互模式，才能有效地推演出它们的交互行为。但在实践中，随着项目或产品的成长和发展，这些设计活动并非完全按顺序进行，它们之间通常存在大量的迭代。

高层设计与详细设计比较

　　"详细设计"一词常被用来指代模块内部的设计。尽管它被广泛使用，但我们并不喜欢使用"详细设计"这一表述，因为它似乎在某种程度上与"高层设计"对立。我们倾向于使用更为准确的术语，如"架构设计""元素交互设计"和"元素内部设计"。

　　毕竟，如果系统本身很复杂，那么架构设计就会非常详细，某些设计的"细节"最终也会成为架构的一部分。基于同样的原因，我们也不喜欢使用"高层设计"和"低层设计"这类术语，因为没人能真正说清楚这些术语的确切含义。显然，"高层设计"应该在某种程度上更"高"或者更加抽象，并且比"低层设计"涵盖更多的架构内容，但除此之外，我们也无法赋予这些术语任何更精确的含义。

　　因此，我们建议：避免使用"高""低""详细"之类的术语来描述设计级别，而应使用更精确的术语，如"架构""元素交互"或"元素内部"！

　　仔细思考你正在做出的决策的影响、你试图在设计文档中传达的信息，以及这些信息的潜在受众，然后为这一过程赋予一个恰当且有意义的名称。

2.3　为什么架构设计如此重要

　　尽管过早地承诺可能会造成浪费，甚至有时会出现"你并不需要它"的情况，但对于一个项目来说，不做出重要的设计决策，或者决策不够及时，可能会导致非常高昂的代价。这种代价会体现在很多方面。在项目早期，初始架构对于项目提案中的估算至关重要。如果不进行一些架构方面的思考和早期的设计工作，我们就无法可靠地预测项目的成本、进度和质量。此外，即使在早期阶段，初始架构也将决定实现架构驱动因素的关键方法、整体工作的分解结构，以及实现系统所需的工具、技能和技术栈的选择。

　　此外，架构是敏捷性的关键推动因素，我们将在第 12 章中讨论这一点。无论你的组织是否采用了敏捷流程，都很难想象有人会愿意选择一个脆弱的、难以更改、扩展或调整的架构——然而这种情况一直都在发生。产生这种技术债务（我们将在第 10 章中讨论）的原因有很多，但最主要的原因是过度关注功能（通常由利益相关者的需求驱动）以及架构师和项目经理无法衡量良好架构实践的投资回报率。功能可以带来即时的收益，而架构改进则会产生直接的成本，当然，如果架构做得好，也会带来长期的收益。这样的话，为什么还要"投资"架构呢？答案很简单：没有架构，系统本应带来的收益将难以实现，例如，开发速度减慢，系统变得越来越难以调试、修复、扩展和发展。

　　简而言之，如果不在早期阶段就制定一些关键的架构决策，并且任由架构被弱化，就无法保证迭代的速度，因为你将无法轻松地应对变更请求。我们强烈反对敏捷宣言最初创建者所声称的"最好的架构、需求和设计来自自组织团队"。事实上，我们正是因为对这一点有异议，才撰写了本书。实现好的架构设计是困难的（而且仍然很少见），它并不只是"涌现"出来的。这种观点反映了敏捷社区内日益增长的共识。我们看到越来越多的，诸如"规模化规范敏捷""行走的骨架"和"规模化敏捷框架"之类的技术被敏捷思想领袖和实践者所采纳。这些技术都主张在进行大量开发之前（如果有的话）进行一些架构思考和设计。重申一下，架构使敏捷成为可能，而不是反过来。

此外，架构会影响但不会决定其他非设计决策。这些决策不会直接影响质量属性的实现，但仍然需要架构师来完成，例如，选择工具、构建开发环境，以及分配工作任务等。

最后，一个设计良好、沟通得当的架构是达成团队共识（用于指导团队）的关键。其中，接口和共享资源的一致性尤为重要，需要尽早达成一致。这对基于组件的开发，特别是采用微服务等方法的分布式开发而言至关重要。这些必需的决策如果不在设计初期完成，将导致后续的系统集成面临极大的困难。在 4.6 节中，我们将探讨如何在架构设计中定义接口，包括与外部系统的接口，以及协调各元素交互的内部接口。

2.4 架构驱动因素

在开始使用 ADD（或任何其他设计方法）进行设计之前，需要先明确设计目标和原因。细节决定成败，因此，清晰理解"做什么"和"为什么"至关重要。我们将这些问题归纳为架构驱动因素，如图 2.1 所示，包括设计目标、质量属性、主要功能、架构关注点和约束条件。这些因素驱动并塑造了架构，因此，对系统的成功至关重要。

与其他重要需求一样，架构驱动因素需要在整个开发生命周期中进行基线化管理。

2.4.1 设计目标

首先，我们需要明确架构设计的目标是什么，设计将在何时开展，为什么要进行架构设计，以及目前组织最关心哪些业务目标。

1）架构设计是项目提案（用于咨询机构的估算过程，或者用于公司内部项目的选择和优先级排序，如 12.1.1 节所述）的一部分。因此，为了确定项目的可行性、时间表和预算，往往需要创建初始的架构。但这样的架构通常不会非常详细，其目标是通过充分理解和分解架构来理解工作单元，从而进行估算。

2）在创建探索性原型的过程中，我们可能也需要进行架构设计。在这种情况下，架构设计过程的目标并不是为了创建一个可发布或可重用的系统，而是为了探索新领域、尝试新技术，在客户面前展示一些可执行的内容以获得快速反馈，或者探索某些质量属性（如延迟、性能可伸缩性或用于实现可用性的故障转移）。

3）在开发过程中，我们可能需要进行架构设计。这可能是为了构建一个全新的系统或者其重要组成部分，或者是为了重构或替换现有系统的一部分。此时，架构设计的目标只是为了满足需求，指导系统的构建和工作分配，并为最终发布做好准备。

在成熟的领域中，评估过程可能相对简单，架构师可以将现有系统作为示例，并且基于类比进行评估。然而，在新兴的领域中，评估过程将会更复杂，风险也会更大，结果也可能更多变。在这种情况下，为了降低风险并减少不确定性，可能需要为整个系统或至少关键部分创建原型。此外，随着新需求的出现，架构可能还需要快速适应。对于棕色地带的系统，由于需求更加明确，并且现有系统本身已经相当复杂，因此必须在充分理解现有系统后，才能进行准确的架构规划。

在软件开发或维护阶段，开发组织的目标也可能影响架构设计过程。例如，组织可能希望通过设计使软件具备可复用性、便于未来功能增减、具备规模可伸缩性、能够持续交付、能以最佳方式利用现有项目的能力和团队成员的技能等。此外，组织可能与某个供应商存在战略合作关系，或者首席技术官可能偏爱某种特定技术，并希望将其应用于项目中。

我们为什么要不厌其烦地列出这些考虑因素呢？因为它们会影响设计过程和设计成果。架构的存在是为了帮助实现业务目标。因此，架构师需要清楚地了解这些目标，并在设计开始之前就将其传达给相关人员（并与他们协商），以建立明确的设计目标。

2.4.2　质量属性

在 *Software Architecture in Practice* 一书中，质量属性被定义为可度量或可测试的系统属性，用于衡量系统满足利益相关者需求的程度。由于"质量"一词在非正式场合中的含义往往比较模糊，因此需要通过质量属性来对其进行简洁、客观的表述。

在所有驱动因素中，质量属性对软件架构的影响最为显著。在进行架构设计时，架构师所做的关键决策将在很大程度上决定最终构建的系统能否满足质量属性的预期目标。

鉴于质量属性的重要性，我们必须考虑如何收集并定义质量属性，它们的优先级是怎样的，以及如何对其进行验证。由于这些内容很大程度上取决于对这些驱动因素的正确理解，完成这些任务可能相当艰巨。幸运的是，许多易于理解且应用广泛的实践可以帮助我们（注意，有关前两种技术的细节讨论，请参阅下文"质量属性研讨会和效用树"部分）：

❑ 效用树是最简单的技术，通过使用效用树，架构师可以根据技术难度和风险快速确定质量属性需求的优先级。

❑ 质量属性研讨会（Quality Attribute Workshop，QAW）的成本更高，也更加复杂。它是一个由系统利益相关者参与的引导式头脑风暴会议，旨在对质量属性进行收集，明确具体的质量属性，确定质量属性的优先级，并就其达成共识。

❑ 任务线程研讨会与质量属性研讨会的目标一致，但其针对的是"系统群"。尽管该技术是三者中成本最高、最为复杂的方法，但对于构建"系统群"而言，付出更大的努力、投入更多的成本是值得的。

讨论、记录和优先考虑质量属性需求的最佳方式是将其作为一系列场景。在最基本的场景形式中，描述了系统对某种激励的响应。为什么场景是最佳方式呢？因为没有更合适的方法了！对"性能""可伸缩性""可修改性"或"可配置性"等术语的定义不仅会浪费大量时间，而且往往对实际系统没有太大的帮助。例如，说一个系统是"可修改的"将毫无意义，因为在任何系统中，都存在某些变化会修改系统，而另一些变化不会修改系统的情况。但我们可以根据特定的更改请求，定义期望的可修改性响应度量，例如，可以用耗时或总工作量来表示。举个例子，我们可以指定"更新运费请求的处理时间不超过 50ms"，这是一个明确的标准。

因此，质量属性场景的核心是将激励与响应进行匹配。假设你正在开发一款视频游戏，并且需要实现"当用户按下 <C> 键时，游戏应更改视图模式"的功能。如果该功能需求很重要，则需要将其与质量属性需求相关联。例如：

- ❑ 该功能的响应时间是多少？
- ❑ 该功能的安全级别有多高？
- ❑ 该功能的可修改性有多高？

为了解决这个问题，我们使用场景来描述质量属性需求。质量属性场景是对系统如何响应某种激励的简短描述。例如，针对前面给出的功能需求，我们可以将其补充为："当用户按下 <C> 键时，游戏应在 500ms 内切换视图模式。"在这里，场景将激励（在本例中为按下 <C> 键）、响应（更改视图模式）以及响应度量（小于 500ms）相关联。一个完整的质量属性场景还包含另外三个部分：激励的来源（在本例中为用户）、受激励的对象（在本例中，因为我们处理的是端到端延迟，所以对象是整个系统）以及环境（我们是在正常运行模式、启动模式、降级模式还是其他模式下）。因此，一个完整的、定义明确的场景总共有六个部分，如图 2.2 所示。

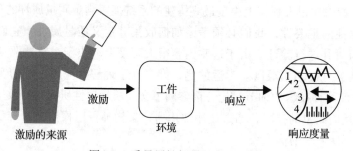

图 2.2　质量属性场景的六个部分

场景是对所考虑系统的质量属性行为的可测试、可证伪的假设。由于场景具有明确的激励和响应，因此我们可以根据设计对场景支持的程度来评估设计，并通过对原型或完整系统的度量和测试确定该设计是否满足实际的场景要求。如果分析（或原型结果）表明场景的响应目标可能无法达成，则意味着该假设不成立。

我们经常听到这样的反对意见，"我不知道那个需求到底是什么"以及"我不知道那个响应的度量标准"。然而，即使面对不确定性，我们仍然应该收集并记录场景。这主要有两个原因：（1）仅仅是思考这个问题，或许再加以讨论，就有助于澄清需求；（2）即使具体需求不明确，我们也可能知道响应度量的大致范围。例如，如果系统应该"快速"响应用户提出的报告请求，我们可能不知道最合适的响应时间是 2s、5s 还是 10s，但我们肯定知道，在大多数人看来，100s 不能算作"快速"。这种数量级范围内的需求通常足以指导架构决策。

与其他所有需求一样，场景也需要进行优先级排序。这可以通过考虑与每个场景相关的两个维度来实现：

- ❑ 第一个维度是场景对于系统成功的重要性，由客户进行排序。
- ❑ 第二个维度是场景涉及的技术风险程度，由架构师进行排序。

可以使用低 / 中 / 高（L/M/H）尺度对这两个维度进行排序。在实践中，大多数人能够轻松地进行这些粗略区分。对这两个维度进行排序后，我们会优先考虑排序为（H，H）的场景；如果资源足够，则会继续考虑排序为（H，M）或（M，H）的场景。为什么选择这些场景？因为如果某个场景具有较高的业务重要性和较高的风险，那么它绝对是一个架构驱动因素，当然值得关注！

此外，可以对一些传统的需求获取技术稍加修改，以专注于质量属性需求。这些技术包括联合需求规划（Joint Requirement Planning，JRP）、联合应用设计（Joint Application Design，JAD）、探索原型和用户故事。

无论采用哪种技术，在开展设计工作之前，都需要先确定一份可衡量的质量属性优先级列表！尽管利益相关者可能会声称自己并不清楚质量属性的度量标准（"我不知道它需要多快，只要快就行！"），但我们至少可以引导出一个可能的响应度量范围。不要接受系统应该"快"的要求，而是询问利益相关者是否可以接受 10s 的响应时间。如果不能接受，那就问问 5s 是否可以，如果还不行，那就试试 1s。我们会发现，在大多数情况下，用户对自身需求的了解程度比他们意识到的要高，因此，我们至少可以让他们将质量属性"框定"在一个大致的范围内。

质量属性研讨会和效用树

质量属性研讨会

质量属性研讨会（QAW）是一种便捷的、以利益相关者为中心的方法，可以用来生成、确定优先级并优化质量属性场景。理想情况下，QAW 会议应该在软件架构定义之前进行，但在实践中，QAW 被用于软件开发生命周期的各个阶段。QAW 专注于系统级问题，特别是软件将在系统中扮演的角色。QAW 的步骤如下：

1. QAW 演示与介绍

QAW 的主持人描述 QAW 的动机，并解释该方法的每个步骤。

2. 业务目标陈述

代表项目业务关注点的利益相关者介绍系统的业务背景、广泛的功能需求、约束条件以及已知的质量属性要求。在后续 QAW 步骤中细化的质量属性，将源自并可追溯到此步骤中提出的业务目标。因此，必须优先考虑这些业务目标。

3. 架构方案陈述

架构师展示系统架构计划的当前状态。此时，架构可能尚未完全定义（特别是对于全新的系统），但即使在项目早期阶段，架构师通常也已经掌握了大量信息。例如，架构师可能已经确定了一些必须使用的技术、需要与该系统进行交互的其他系统、必须遵循的标准、可以复用的子系统或组件等。

4. 架构驱动因素的识别

主持人分享在步骤 2 和步骤 3 中收集到的关键架构驱动因素列表，该列表涵盖了主要功能需求、业务驱动因素、约束和质量属性，然后请利益相关者对该内容进行澄清、增删和更正，目的是就提炼的架构驱动因素列表达成共识。

5. 场景头脑风暴

在该环节中，每个利益相关者都可以从自身角度出发，提出对系统的需求和期望的使用场景。主持人需要确保每个场景都包含明确的激励和响应，并保证场景的可追溯性和完整性，即步骤 4 中列出的每个架构驱动因素都至少对应一个代表性场景，并且这些场景能够涵盖步骤 2 中列出的所有业务目标。

6. 场景合并

在合理的情况下，可以合并类似的场景。在步骤 7 中，利益相关者将投票选出他们最喜欢的场景，而场景合并有助于防止选票分散在本质上关注点相同的多个场景中。

7. 场景优先级排序

在该步骤中，每个利益相关者都会分配到相同的投票数（约为场景总数的30%），然后投给一个或多个场景。在所有利益相关者完成投票后，主持人将统计结果，并且根据受欢迎程度对场景进行排序。

8. 场景细化

对具有最高优先级的场景进行细化和阐述。主持人引导利益相关者从来源、激励、成果、环境、响应和响应度量这六个维度来描述场景。

总而言之，QAW 的输出是一个与业务目标一致的场景优先级列表，其中最高优先级的场景已经完成了探索和细化。对于简单的系统，或者当 QAW 作为迭代的一部分时，QAW 可以在 2～3 小时内完成；但对于以需求完整性为目标的复杂系统，QAW 可能需要长达 2 天的时间。

效用树

如果没有利益相关者可以提供咨询，但我们仍然需要决定要做什么，并且对系统所面临的众多挑战进行优先级排序，那么一个好的方法是创建效用树。效用树（如图 2.3 所示）可以帮助我们详细地阐述质量属性目标，并对其进行优先级排序，从而有效地整理和组织我们的思路。

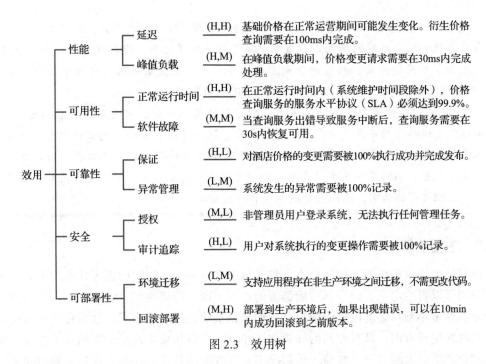

图 2.3　效用树

效用树的工作原理如下：首先，在一张纸上写下"效用"一词，然后写下构成系统效用的各种质量属性。例如，根据系统的业务目标，我们可能知道最重要的质量属性是系统的运行速度、安全性及易修改性。接下来，我们需要将这些词写在"效用"下方。由于我们并不真正了解这些术语的实际含义，因此我们需要根据实际了解到的情况，描述我们最关心的质量属性。例如，我们可能对"性能""可部署性"不太了解，所以描述得比较模糊，但对于比较了解的"价格变化的延迟""回滚部署"部分，则可以描述得具体一些。

效用树的叶子表示场景，通常以具体示例的形式呈现，用于说明刚刚枚举的质量属性的注意事项。例如，对于"价格变化的延迟"，我们可以创建一个场景：基础价格在正常运营期间可能发生变化。衍生价格查询需要在 100ms 内完成。对于"可部署性"，则可以创建另一个场景：部署到生产环境后，如果出现错误，可以在 10min 内成功回滚到之前版本。

最后，我们需要对创建的场景进行优先级排序。针对场景，我们通常会采用二维排序的技术，最终会生成一个优先级矩阵（矩阵单元格中的数字来自一组系统场景），如下所示。

商业价值 / 技术风险	L	M	H
L	5, 6, 17, 20, 22	1, 14	12, 19
M	9, 12, 16	8, 20	3, 13, 15
H	10, 18, 21	4, 7	2, 11

作为架构师，我们的工作重点是关注表格右下角（H, H）的部分，即那些具有较高业务重要性和较高风险的场景。在成功解决了该类场景之后，我们就可以转向（M, H）或（H, M）对应的场景，然后逐步向上和向左推进，直至系统的所有场景都得到解决（或者直到项目时间或预算超出预期，这种情况也很常见）。

QAW 和效用树是两种不同的技术，但它们的目标一致：引发对质量属性的讨论，并通过优先级排序确定最重要的质量属性需求，这些是最关键的架构驱动因素。这两种技术各有千秋，并且相辅相成：QAW 侧重于收集外部利益相关者的需求，而效用树则更偏重于挖掘内部利益相关者的需求。我们可以根据需要灵活使用这两种技术，以满足所有利益相关者的需求，从而显著提高架构的成功率。

2.4.3　主要功能

功能是系统执行预期工作的能力。与质量属性不同，系统的构建方式通常不会影响功能。我们可以将给定系统的全部功能都编码在一个庞大的模块中，也可以将这些功能整齐地分布在许多小型且高度内聚的模块中。如果只从功能的角度来看，这两种方式所构建的系统在对外呈现方面，具有相同的外观和工作方式。但如果从系统变更的角度来看，这两种方式会产生巨大的差异。在前一种情况下，更改困难且代价高昂；在后一种情况下，更改则更容易且成本更低。因此，在架构设计中，重要的是如何将功能分配给不同的架构元素，而不是功能本身。一个良好的架构能够将最常见的变更局限在一个或几个元素内（得益于高内聚性），从而简化变更过程。

在设计软件架构时，首要考虑的就是系统的主要功能。这些主要功能通常对实现系统的业务目标至关重要，通常以用户故事或用例的形式呈现（在本书中，我们将根据需要交替使用这两个术语）。主要功能通常聚焦于理想情况，即假设一切按计划进行，系统能够提供有价值的成果。此外，技术难度较大或需要多个架构元素交互的功能需求也可能被看作主要功能。根据经验，大约 10% 的用户故事或用例可以归类为主要功能。

在设计架构时，重视主要功能的核心原因如下：

1）我们需要考虑如何将功能合理分配给架构中的元素（通常指模块），从而提高系统的可修改性或复用性，并且做好任务分配规划。

2）系统中的一些关键质量属性场景与系统的主要功能直接相关。例如，在电影流媒体应用程序中，"观看电影"是一个主要功能，与之相关联的性能质量属性场景则可能为"用户点击'播放'后，电影应该在 5s 内开始播放"。在这种情况下，由于质量属性场景与主要用户故事直接关联，因此，支持该场景也就意味着需要支持其相关功能。然而，并非所有质量属性场景都与主要功能直接相关。例如，可用性场景可能涉及从系统故障中恢复，无论系统当前正在执行什么功能。

在架构设计阶段做出的功能分配决策，为后续开发过程中如何将其余功能分配给各个模块设定了基调。该工作通常不属于架构环节，而是作为 2.2.2 节中描述的元素交互设计过程的一部分来执行。

最后，不当的功能分配决策可能会导致技术债务的累积。尽管这种债务可以通过重构来偿还，但它会影响项目的进度或速度（参见第 10 章）。

2.4.4　架构关注点

在架构设计过程中，还有一些未表达为传统需求的关注点需要额外进行考虑，主要包括以下几类：

❑ 一般性关注点。这些是在创建软件架构时需要处理的"普遍性"问题，例如，构建整体系统结构、将功能划分到不同模块、将模块指派给团队以及组织代码库。

❑ 特定关注点。这些是系统内部需要关注的更加具体的问题，例如，许多应用程序中常见的异常管理、依赖管理、配置、日志记录、身份认证、授权、缓存等问题。参考架构可以覆盖一部分通用的具体问题（参见 3.2.1 节），而其他问题则是我们系统中独有的问题。此外，先前做出的设计决策也可能引发特定的问题。例如，如果先前决定使用 REST API，则需要考虑 API 的版本控制问题。

❑ 内部需求。这类需求通常不会在传统的需求文档中明确说明，因为客户通常不会直接提出此类需求。内部需求可能涉及简化系统开发、部署、运行或维护等方面，有时也被称为"派生需求"。例如，使用特定的数据类型来处理货币值，或者要求将时间戳统一存储为 UTC 格式。

❑ 引入的问题。这些问题源于分析活动，例如设计评审（参见 11.6 节），因此它们最初可能并不存在。例如，架构评估过程中可能会发现安全风险，因此需要对当前设计进行一些更改。

围绕架构关注点做出的决策，有些是显而易见的，有些则不太明显。例如，一个嵌入式系统的部署结构可能仅涉及单处理器，或者一个应用程序可能仅涉及单个手机。参考架构也可能会受到公司政策的限制，例如，身份认证和授权策略可能由企业架构决定，并且在共享框架中实现。然而，在其他情况下，针对特定关注点的决策可能就不那么明显了，例如，异常管理、输入验证或代码库构建相关的决策。

基于过往经验，资深架构师通常能够意识到与特定系统类型相关联的关注点，并尽早做出设计决策来解决这些问题。相对而言，经验不足的架构师则往往对这些关注点认识不足。由于这些关注点通常是隐性的（未被明确），因此在设计过程中容易被忽略，进而导致后期出现问题。

架构关注点常常会引入新的质量属性场景。例如，"支持日志记录"这一泛泛的关注点需要被进一步明确。与客户提供的质量属性场景一样，这些场景也需要进行优先级排序。然而，这类场景的客户可能变成了开发团队、运营团队或组织中的其他成员。在设计过程中，架构师必须同时考虑客户提供的质量属性场景和从架构关注点衍生出的场景。

我们在修订 ADD 方法时，目标之一就是提升架构关注点的重要性——将其作为架构设计过程中的明确的输入。我们将在第 8 章和第 9 章中的示例和案例研究中重点讨论这个问题。

2.4.5 约束条件

作为架构设计过程的一部分，我们需要对开发过程中的约束条件进行分类。这些约束条件可以是强制性的技术要求、系统需要进行交互或集成的其他系统、系统必须遵守的法律和标准、开发人员的资源和能力、不可协商的截止日期、与旧版本系统的向后兼容性等。例如，使用开源技术就是一个技术约束，而系统必须遵守《萨班斯 – 奥克斯利法案》或必须在 12 月 15 日之前交付则属于非技术约束。

约束条件是架构师难以掌控的决策因素。正如我们在第 1 章中提到的，架构师的工作是在各种约束条件下设计出尽可能完善的系统。虽然有时可以争取到放宽某些约束，但在大多数情况下，我们只能选择在这些约束条件下进行设计。

2.5 总结

在本章中，我们介绍了设计的概念——满足需求和约束的一组决策，并引入了"架构"设计的概念。架构设计与一般设计并无不同，只是它更专注于满足架构驱动因素，包括目的、主要功能需求、质量属性需求、架构关注点和约束条件。那么，如何判断一个决策是否具有"架构性"呢？关键在于该决策是否会导致具有非局部性的结果，以及这些非局部性结果是否会影响架构驱动因素的实现。如果答案是肯定的，那么它就是一个架构性的决策。

我们还讨论了架构设计的重要性：因为它需要在项目早期阶段，提供深远且难以更改的决策。这些决策有助于满足架构驱动因素、确定大部分项目工作的分解结构，并且影响实现系统所需的工具、技能和技术的选择。因此，它的影响是深远的，需要对架构设计决策进行仔细的审查。此外，架构是实现敏捷性的关键推动因素。

2.6 扩展阅读

更深入的场景和架构驱动因素的处理方法可以在 L. Bass、P. Clements 和 R. Kazman 合著的 *Software Architecture in Practice*, *Forth Edition* 中找到。该书还对架构策略进行了广泛讨论，这对于指导架构实现质量属性目标非常有用。同时，书中也详细讨论了 QAW 和效用树的概念。

关于技术债务（包括设计 / 架构债务）的讨论，可以参阅 N. Ernst、J. Delange 和 R. Kazman 合著的 *Technical Debt in Practice: How to Find It and Fix It*（MIT Press，2021）。

任务线程研讨会在 R. Kazman、M. Gagliardi 和 W. Wood 的论文"Scaling Up Software

Architecture Analysis"（*Journal of Systems and Software*, 85, 1511–1519, 2012）以及 M. Gagliardi、W. Wood 和 T. Morrow 的 报 告 "Introduction to the Mission Thread Workshop"（Software Engineering Institute Technical Report CMU/SEI-2013-TR-003，2013）中均有讨论。

如果需要了解并探索有关原型、JRP、JAD 和加速系统分析等的内容，可参阅系统分析与设计相关的专业书籍，例如 J. Whitten 和 L. Bentley 合著的 *Systems Analysis and Design Methods*，*Seventh Edition*（McGraw-Hill，2007）[一]。

如果需要了解构建分布式系统的架构设计模式，可以参考 F. Buschmann、K. Henney 和 D. Schmidt 合著的 *Pattern-Oriented Software Architecture, Volume 4: A Pattern Language for Distributed Computing*（Wiley，2007）。POSA（软件架构模式）系列的其他书籍中也提供了大量的模式目录。此外，还有很多针对特定应用领域和技术的模式目录，以下是一些示例：

- ❑ E. Gamma、R. Helm、R. Johnson 和 J. Vlissides 合著的 *Design Patterns: Elements of Reusable Object-Oriented Software*（Addison-Wesley，1995）[二]。
- ❑ E. Fernandez-Buglioni 所著的 *Security Patterns in Practice: Designing Secure*（Wiley，2013）[三]。
- ❑ J. Gilbert 所著的 *Software Architecture Patterns for Serverless Systems: Architecting for Innovation with Events, Autonomous Services, and Micro Frontends*（Packt Publishing，2021）。
- ❑ H. Percival 和 B. Gregory 合 著 的 *Architecture Patterns with Python: Enabling Test-Driven Development, Domain-Driven Design, and Event-Driven Microservices*（O'Reilly，2020）。

软件架构文档领域的一部权威著作是由 P. Clements、F. Bachmann、L. Bass、D. Garlan、J. Ivers、R. Little、P. Merson、R. Nord 和 J. Stafford 合著的 *Documenting Software Architectures: Views and Beyond*，*Second Edition*（Addison-Wesley，2011）。

由 Hironori Washizaki 等人合著的 *Guide to the Software Engineering Body of Knowledge (SWEBOK), Version 4.0*（IEEE Computer Society，2024）中包含专门讨论软件架构的章节。

2.7 讨论问题

1. 你能否列举一个开发之初就被认为具有新颖设计的应用程序，并解释其新颖之处？
2. 如果架构师负责系统的全部设计，包括元素间的交互设计和元素内部设计，将会产

[一] 该书中文版《系统分析与设计方法（原书第 7 版）》由机械工业出版社翻译出版，书号是 978-7-111-20551-7。——编辑注

[二] 该书中文版《设计模式：可复用面向对象软件的基础》由机械工业出版社翻译出版，书号是 978-7-111-67954-7。——编辑注

[三] 该书中文版《安全模式最佳实践》由机械工业出版社翻译出版，书号是 978-7-111-50107-7。——编辑注

生哪些风险？如果所有设计都在开发工作开始之前完成，会发生什么？

3. 考虑一款你熟悉的应用程序，可以是你开发过的，也可以是你使用过的，比如社交网络、视频流媒体应用程序、生产力工具或游戏。这款应用程序的核心驱动因素是什么？

4. 在你选择的应用程序中，主要功能需求是什么？为什么？

5. 哪种质量属性具有最高优先级？为什么？

6. 你能识别出这个系统的约束条件吗？

7. 你能识别出你所选择的应用程序在设计中做出的明显权衡吗？

第 3 章 | *Chapter 3*

制定设计决策

设计本质上是一个决策过程，旨在做出能够引领项目成功的决策。然而，做出适当的决策并非易事，这个过程充满了不确定性：不只是项目的具体需求、可用资源以及所依赖技术的演变路径经常让我们感到不确定，项目的规划范围、决策成本也可能让我们觉得困惑；甚至有时，我们对自身的知识都会产生怀疑（尽管架构师面临的问题经常和其他设计人员相反——他们往往过于自信，而不是自信不足，这正是所谓的过度自信偏差）。

作为架构师，我们理应对自己的决策负责，那么哪些实践可以确保我们做出力所能及地最佳决策呢？本章将围绕此问题展开探讨。首先，我们将回顾一系列决策技巧。然后，我们将转向架构师可以利用的知识体系，以便做出更好的决策。

本章导读

当你翻开这一章时，想必心中已经对"设计是什么"以及"设计应该扮演的角色"有了一些先入为主的看法。但是，很少有人拥有足够深入和广泛的经验来帮助他们自信地做出设计决策。本章将分享一些经验丰富的设计师所具有的知识，并展示如何通过这些知识做出优秀的设计决策，从而增强决策时的信心。阅读本章并不会让你成为设计概念方面的专家——这对本章来说，期望过高了——但你将理解贯穿全书的基本设计思想。

3.1 制定设计决策概述

我们很少被直接教导如何做出决策。人们似乎认为，只要接受了适当的教育，就能够做出明智的决策。然而，实际情况往往并非如此。设计领域充斥着"他们当时到底怎么想的"这样的情形。真正优秀的决策者，往往是那些拥有几十年经验的从业者。他们历经多年的尝试与犯错，不断从错误中吸取教训，才获得了今天的成就。这种培训方式显然不是最优的：成本高昂、效率低下，而且难以推广。我们能否找到更好的方法呢？我们认为可以！

决策原则

接下来，我们将介绍九个通用的决策原则。我们不能不切实际地期望，遵循这些原则或策略就能保证我们做出完美的决策。但这些原则一定能提高我们决策的合理性和逻辑性，这也是我们推荐它们的原因。尽管这些原则是决策中的"常识"，但在实践中，我们看到它们一次又一次地被违反。而这些（通常可以避免的）违规行为会导致项目的技术债务高筑、性能不佳、可伸缩性差、稳定性堪忧、可用性低下等问题。

原则 1：使用事实

事实是我们认定为"真实"的事务。事实及其证据构成了逻辑推理的基础。因此，不准确或不完整的信息可能会导致无效的结论。

一名架构师或许仅因一项新技术受到推崇便以此作为决策依据，而没有亲自进行验证。例如，我们的一位同事在他负责的一个基于 CQRS 的系统（参见 3.3.2 节）的查询端选用了 NoSQL 数据库，因为他认为该数据库很合适。他没有进行任何原型设计或分析，而是仅根据传闻、个人经验和直觉做出了这一决定。这个决策是否正确？时间会告诉我们。对于该决策的合理性，他本可以有意识地思考："哪些证据能够支持 NoSQL 数据库会满足系统当前和未来需求的假设？"当我们无法掌握所有事实的情况下，我们往往会做出假设，我们将在接下来讨论这一点。正如你将在第 8 章（做出该决策的案例研究）中看到的那样，我们做出了类似的决策。这个决策是否正确？

原则 2：检验假设

在缺乏事实依据的情况下，我们往往会做出假设，以便推进设计进程。例如，在进行软件的原型设计之前，我们可能无法确定一项技术是否能表现良好。当我们有意识地做出假设时，表明我们认为这些假设是合理的。明确的假设是能够被检验的。相比之下，隐含的假设则更加难以捉摸。我们甚至可能没有意识到自己做出了这些假设。例如，如果我们在没有评估与现有数据库性能特征兼容的情况下，就直接基于现有的三层客户端 - 服务器架构（包含一个单体数据库），使用 node.js 构建应用程序，那么这个隐含的假设就无法得到检验，进而可能给系统带来性能风险。

原则 3：探索决策环境

决策环境是影响软件决策的各种条件。决策环境包含许多因素，例如开发资源、财务压力、法律义务、行业规范、用户期望和既往决策等诸多因素等。例如，我们可能希望实现一个可扩展且高度可靠的数据库系统，但预算有限。尽管预算并非系统需求，但它会影响我们对数据库许可证采购的决策。一些决策环境因素最终会转化为设计约束，例如团队经验或期望。设计环境则会隐性地影响我们的决策，但这些影响并不一定与技术相关。探索决策环境因素可以拓宽我们在设计时的考虑范围。为确保我们能够充分地考虑决策环境，我们可以自问："哪些决策环境因素可能会影响 X？""我是否遗漏了某些决策环境因素？""团队是否有实施 X 的经验？"

原则 4：预判风险

风险是指发生不良结果的可能性。记录在案的风险包含对损失规模和损失发生概率的估计。架构师需要评估多种风险，例如需求的极端峰值和安全攻击。预测和量化风险是探索未知因素的过程，包括估计风险发生的可能性以及风险发生时的影响。架构师可以通过提问来评估风险："潜在的不良结果有哪些？"或者"X 有可能失效吗？"

原则 5：确定优先级

优先级量化了选择的相对重要性，例如，要实现哪个需求或采用哪个解决方案；如果我们只能实现两个需求中的一个，那么哪一个更重要？当我们想要的东西竞争相同的有限资源（例如，时间、金钱、开发人员技能、CPU、内存、网络带宽）时，我们需要对它们进行优先级排序。其中一些优先级来自决策环境因素。为了确定优先级，我们可以自问："哪个需求更重要？""哪些事情可以先不做？""我们应该如何使用这个资源？"

原则 6：定义时间范围

时间范围定义了决策及其影响所涉及的时间段。风险、收益、成本、需求和影响都会随着时间的推移而发生变化，我们希望预测这些变化的趋势。例如，我们可以预估系统的处理负载将在 3 年内达到 85% 的容量，或者从成本效益角度触发，我们可以选择在短期内将系统部署在本地，同时保留将其部署在公有云上的选项。

定义时间范围有助于架构师明确阐述和评估特定行动（以及不行动）在短期和长期影响方面的优缺点。如果缺乏对时间范围及其相关行动推理的明确考虑，则可能使长期利益受到损害，或者忽视短期的需求。为了定义时间范围，架构师可以提出以下问题："如果我决定采用 X，短期和长期内会有什么影响？"或者"对于 X，在不同时间范围内需要考虑什么？"

原则 7：生成多种解决方案选项

一些架构师会直接采用他们构建出的第一个解决方案，而不会进一步探寻其他的可能性。如果架构师经验丰富，同时问题本身也易于理解并且风险较低，那么这种做法或许是可行的。然而，在更具挑战性的情况下，只考虑单一解决方案可能会存在风险。最初的想法不一定是最优方案，尤其是在架构师经验不足或面对不熟悉的情况时。这种行为可能是锚定偏差造成的——拒绝放弃最初的想法。生成多个解决方案选项有助于架构师拓宽解决方案的选择范围，并且激发创造力。通过问自己一些问题，例如"这个问题还有其他解决方案吗？"或者"我能否找到比 X 更优的解决方案？"我们可以构建出更多的解决方案集。

原则 8：围绕约束进行设计

约束是限制设计选项的边界。约束可能来自需求、决策环境、技术和现有的设计选择。例如，CPU 每秒只能计算 W 条指令、项目的预算为 X 美元、软件许可证支持的并发用户数为 Y、平台 Z 不支持某种协议、开发人员缺乏某些技术的经验，等等。在软件开发过程中，我们常常会遇到相互关联的约束集，例如选择组件 A 就必须使用组件 B。当没有明显的解决方案时，架构师必须围绕约束进行设计，例如，引入新颖的解决方案、放宽或调整决策环境约束。架构师可以通过询问"如果选择 X，是否会限制其他设计选项？"或者"是否存在阻碍此设计选择的限制？"来检查约束。

原则 9：权衡利弊

在设计选择中，每个选项的利弊分别代表了支持与反对该选项的论点，因此，对这些利弊进行评估与权衡考量密切相关，这使得架构师能够决定应该选择什么和避免什么，并且能够通过成本，收益，优先级，紧迫性（即时间范围）和风险等可测量的元素，对这些利弊进行量化评估。然而，有些利弊很难被量化。以移动应用导航菜单的设计为例：将其设计成汉堡菜单的形式或一组标签页形式的利弊该如何量化？在这种情况下，可以使用诸如易于访问、易于学习和易于实施等定性的论点来进行权衡。权衡利弊的过程使架构师有机会思考每个选择的相对利弊，以及它们可能产生的影响。为了更好地进行权衡，架构师可以提出以下问题："解决方案 X 是否能比解决方案 Y 带来更多好处？"或者"我们是否进行了充分的权衡评估？"

我们已经列举了一系列权衡利弊的原则，现在让我们将注意力转向用于构建系统并支撑其关键质量属性的设计概念。

3.2 设计理念：创建软件结构的基石

设计并不是随意的，而是有计划、有目标、有逻辑、有规划的。设计过程在开始时可能令人生畏：在设计迭代初期，面对"空白页"时，无数的设计选项让人望而却步。不过，我们并非毫无思路。数十年来，软件架构领域已经建立并发展出一套公认的设计原则，能够指引我们构造出具有可预测结果的高质量设计方案。

例如，许多具有文献支持的设计原则能够帮助我们实现特定的质量属性：

❑ 为了实现高度的可修改性，应该保证良好的模块化，即具有高内聚、低耦合的特性。
❑ 为了实现高可用性，应该避免任何单点故障。
❑ 为了实现可伸缩性，应该避免对关键资源进行任何硬编码限制。
❑ 为了实现安全性，应该限制对关键资源的访问点。
❑ 为了实现可测试性，应该将状态对外显式化。
❑ ……

这些原则是人们在数十年处理质量属性的实践中演变而来的，适用于各种情况。但这些原则较为抽象，为了使它们更容易应用到实践中，研究人员们编目了一套设计概念。这些概念可以作为架构的构建模块。设计概念有多种类型，我们将在以下各节中讨论其中一些最常用的概念，包括参考架构、模式、策略和外部开发的组件（例如框架）。需要注意的是，前三项本质上是概念性的，最后一项则是具体的架构应用。

3.2.1　参考架构

参考架构是映射到一种或多种架构模式的参考模型，并且为特定类别的应用提供了整体逻辑结构的蓝图。参考架构的实用性已经在商业和技术环境中得到印证，并且通常还附带一组满足其使用的支持工件。

图 3.1 展示了一个用于开发服务应用程序（例如微服务）的参考架构示例。该参考架构建立了此类应用程序的主要层次——服务层、业务层和数据层，以及在这些层次中出现的元素类型及其职责，例如服务接口、业务组件、数据访问组件、服务代理等。此外，该参考架构还引入了需要解决的跨领域问题，例如安全性和通信。正如本例所示，当我们为应用程序选择了一个参考架构时，我们也采用了一组在设计期间需要考虑的关注点。我们可能没有与通信或安全相关的明确需求，但参考架构中包含这些元素的事实会指导我们做出有关它们的设计决策。

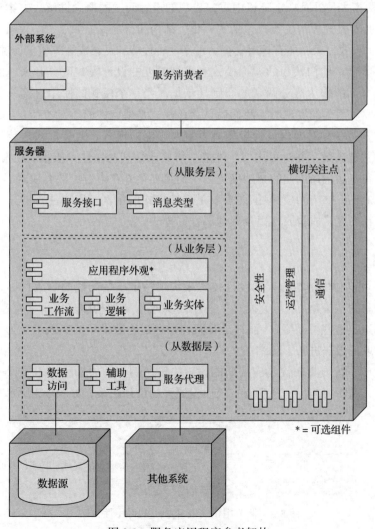

图 3.1　服务应用程序参考架构

参考架构可能会与架构风格混淆，但它们的概念是不同的。架构风格（例如"管道和过滤器""客户端 – 服务器"）是定义特定拓扑中组件和连接器类型的模式，有助于从逻辑角度或物理角度构建应用程序。而参考架构则为整个应用程序提供了更为详细的结构，可能包含多种架构模式。架构师通常更倾向于参考架构，这也是我们在设计概念列表中侧重于它们的原因。

目前，参考架构的种类繁多，但尚未形成统一的权威目录。在当前云计算蓬勃发展的背景下，云服务提供商纷纷构建了侧重于云资源的参考架构目录。此外，业界多年来也创建了众多的模式目录，并且新的目录还在不断出现。

3.2.2 模式

设计 / 架构模式是针对特定环境中重复出现的设计问题的概念性解决方案。尽管设计模式最初关注的是对象规模的决策，包括实例化、结构和行为，但如今，不仅有针对不同粒度级别进行决策的模式目录，还有针对安全、可用性、性能和可集成性等质量属性的特定模式。

有些人可能会将他们认为的架构模式和更细粒度的设计模式区分开来。然而，我们认为模式的规模并不能作为区分两者的原则性依据。当一个模式的使用直接并实质性地影响系统某些架构驱动因素的实现时，我们就认为该模式是架构性的。

部署模式是另一种对架构设计过程有着重要影响的模式。这类模式封装了形成系统基础架构设计的关键决策，并对可用性、性能、可修改性和易用性等质量属性有着深远影响。这些决策通常在产品生命周期的早期确定。我们将在第 6 章中讨论部署模式。

我们在 3.3 节～3.7 节中列举了许多质量属性模式的示例。需要注意的是，这些仅仅是一些示例，还存在更多质量属性以及其他属性的模式。

3.2.3 策略

架构师还可以利用基本的架构设计技术来实现特定质量属性的响应目标，我们将这些架构设计原语称为"策略"。与"模式"一样，"策略"是架构师多年来一直在使用的技术。我们并没有创造出这些"策略"，而只是对架构师在过去数十年的实践中，为管理质量属性响应目标所采取的做法进行了总结。

策略是影响系统质量属性响应控制的设计决策。例如，如果我们想设计一个具有良好易用性的系统，就需要制定一系列支持该质量属性的设计决策，如图 3.2 所示。

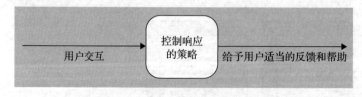

图 3.2　调节用户交互和响应的可用性策略

策略比模式更简单。策略侧重于控制单个质量属性的响应（当然，这可能需要将该响应与其他质量属性目标进行权衡）。相比之下，模式则通常侧重于解决和平衡多种力量，即多个质量属性目标。打个比方，如果我们将策略比作原子，那么模式就是分子。

策略提供了一种自上而下的设计思考方式。策略分类从一组与质量属性实现相关的设计目标出发，为架构师提供了一系列可供选择的方案。

例如，在图 3.3 中，可用性的设计目标是"支持用户主导"和"支持系统主导"。如果架构师想要创建一个具有"良好"可用性的系统，就需要选择其中的一个或多个选项。也就是说，架构师需要决定，是否支持用户在执行任务时，进行撤销、取消（针对长时间运行或挂起的操作）、聚合（将类似的 UI 对象聚合在一起，以便用户发出的命令适用于所有对象）或暂停/恢复（同样，通常用于长时间运行的操作）等操作。此外，架构师可能还希望支持系统侧主动发起的可用性交互，例如维护任务模型，以便提供与任务切换相关的帮助和指导；维护用户模型，以便提供适合用户的反馈，例如，新手用户可能需要更多指导，而专家用户可能需要常用操作的快捷方式；或者维护系统模型，例如，能够准确估计长时间运行的操作的剩余时间。

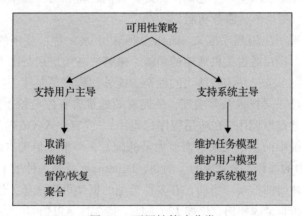

图 3.3　可用性策略分类

这些策略中的每一项都是架构师可以选择的方案。虽然可以通过编码、模式、框架或者外部组件来实现这些策略——但它们都属于架构决策。为了提供撤销功能，系统必须维护一系列表示系统状态变更的事务，并且能够回滚任何一个事务以执行撤销操作——将系统恢复到之前的状态。同样，为了提供取消功能，系统必须能够将其状态恢复到操作开始之前的状态。这类功能的实现需要架构性思维，而策略为这一决策过程提供了起点。正如我们将在第 4 章中看到的那样，策略和模式的选择、组合和调整是 ADD 过程中的关键步骤。

我们已经为可用性、可部署性、能效、互操作性、可修改性、性能、安全性、可靠性、可测试性和易用性等质量属性建立了相应的策略分类。总的来说，这些分类涵盖了架构师在实践中需要做出的绝大多数设计决策。

3.2.4　外部开发的组件

模式和策略本质上都是抽象的。然而，在设计软件架构时，需要将这些抽象概念具体化，使其更贴近实际实现。有两种方法可以实现这一点：对从策略和模式中提取的元素进行编码；将具体技术与架构中的一个或多个元素相关联。

这里的技术是指外部开发的组件，它们并不是开发项目的一部分。这种"购买还是开发"的选择是架构师需要做出的重要决策之一。存在多种外部开发的组件：

❑ 技术家族。技术家族代表一类具有共同功能目的的技术。在选择特定产品或框架之前，技术家族可以充当占位符。关系型数据库管理系统（Relational Database Management System，RDBMS）和面向对象的关系映射器（Object-oriented to Relational Mapper，ORM）就是技术家族的两个例子。

❑ 产品。产品（或软件包）是指可以集成到正在设计的系统中的独立软件，并且只需少量配置或编码。例如，关系型数据库管理系统（如 Oracle 或 PostgreSQL）就属于RDBMS 技术家族。来自外部系统的 API（应用程序编程接口）是一种常见的产品类型；我们将在第 5 章中讨论它们。此外，我们还将在第 7 章中讨论另一种产品——云提供商平台提供的云服务功能。

❑ 应用程序框架。应用程序框架（简称"框架"）是一种可复用的软件元素，由模式和策略构成，旨在通过提供通用的功能，来解决各类应用程序中普遍存在的领域和质量属性问题。选择并实施适当的框架，能够使程序员专注于业务逻辑和最终用户价值，而不是底层技术及其实现，从而有效地提升程序员的生产力。与产品不同，框架功能通常是以调用（在应用程序代码中），或者注入（依赖某种注入方法）的方式添加到系统中的。框架通常需要大量的配置，一般是借助 XML 文件或其他方法（例如 Java 中的注释）来完成的。例如，Hibernate 就是一种用于在 Java 中执行面向对象到关系映射的框架。当前，有多种类型的框架可供选择，例如，全栈框架，比如 Spring，和非全栈架构，比如 JPA（Java 持久性 API）。其中，全栈架构通常与参考架构相关联，常用来解决参考架构中不同元素之间的常见问题；而非全栈框架则专注于解决特定的功能或质量属性问题。

❑ 平台。平台提供了构建和执行应用程序的完整基础设施。当前，亚马逊的 Elastic Beanstalk、谷歌的 App Engine 和 Azure 的 App Service 等平台即服务（Platform as a Service，PaaS）产品都是典型的云平台。

外部开发组件的选择是设计过程中的关键环节。然而，由于组件数量众多，因此这项任务可能具有很大挑战性。选择外部开发组件时，应考虑以下几个标准：

❑ 解决的问题。它解决的是特定问题（例如面向对象到关系映射的框架），还是更通用的问题（例如一个完整的平台）？

❑ 成本。例如，许可证的费用是多少？如果它是免费的，那么支持和培训的费用是多少？

❑ 许可证类型。它是否与项目目标兼容？

❑ 供应商锁定。该技术的引入是否会导致对技术提供方的依赖？

❑ 学习曲线。这项技术是否容易上手？是否难以找到具备相关专业知识的开发人员？

❑ 社区支持。是否具有强大的社区和供应商能为该技术提供良好的技术支持？

接下来我们将重点关注两类设计概念：策略和模式。虽然外部开发组件的选择是一项重要的设计决策，但由于技术的快速演进，这类组件可能很快就会过时，因此不在本书的讨论范围内。

3.3　支持性能的设计理念

性能与时间相关，即软件系统满足时间要求的能力。一般来说，系统越快，性能就越好！

当事件发生时，系统必须及时响应中断、消息、来自用户或其他系统的请求，或者时钟事件。描述可能发生的事件（以及何时发生）以及系统对这些事件的响应是我们讨论性能的起点。所有系统都有性能要求，即使这些要求没有明确表达出来。

性能通常与可伸缩性相关联——在确保系统运行良好的同时，增加系统的容量。通常，只有在构建了某些功能并且发现它们的性能不足之后，我们才会考虑性能问题。为了避免该类问题，我们可以在设计系统时就有意识地考虑性能问题。

3.3.1　性能策略

图 3.4 显示了性能策略的分类。与其他策略类似，性能策略可以帮助架构师分析质量属性。性能策略主要分为两类：控制资源需求和管理资源。

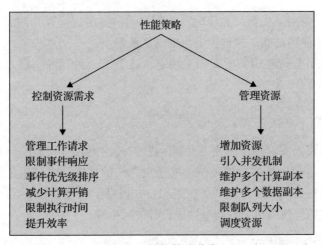

图 3.4　性能策略分类

在"控制资源需求"类别中，策略包括：

❑ 管理工作请求。减少系统负荷的一种有效方法是控制进入系统的请求数量。这可以通过管理工作请求（即限制系统在特定时间段内接受的请求数量）和管理采样率（例如，降低流媒体视频的帧速率）来实现。

❑ 限制事件响应。当事件到达速度过快导致系统无法及时处理时，就必须让它们进入排序队列，直至系统能够处理或将它们舍弃。此时，我们可以按照预设的最大事件处理速率来处理事件，从而确保其他事件的可预测处理。

❑ 事件优先级排序。如果不是所有事件都同等重要，那么我们可以设置一个优先级方案，根据事件的紧急程度对其进行排序。

❑ 减少计算开销。对于进入系统的事件，我们可以通过以下方式减少处理每个事件所需的工作量：减少间接性调用（例如，直接调用而非通过中间件调用）、采用共存通信资源以及定期清理（例如垃圾回收）。

❑ 限制执行时间。我们可以限制用于响应事件的执行时间。

❑ 提升效率。在关键领域提高算法和数据结构的效率（例如，向数据库添加索引），可以降低延迟、提高吞吐量以及优化资源消耗。

在"管理资源"类别中，策略包括：

❑ 增加资源。更快的处理器、更多的处理器数量、更大的内存容量以及更快的网络速度，这些都有助于提高性能。

❑ 引入并发机制。如果任务能够并行处理，就能够减少阻塞时间，提升处理效率。

❑ 维护多个计算副本。这种策略可以减少将所有请求分配给单个实例时可能发生的争用。

❑ 维护多个数据副本。对于该策略，两个常见示例是数据复制和缓存。

❑ 限制队列大小。该策略可以控制队列中请求的最大数量，进而控制用于处理这些请求的资源。

❑ 调度资源。每当发生资源竞争时，我们必须对资源进行有效调度。这需要我们了解每个资源的使用特征，并选择适当的调度策略。

这些策略涵盖了与性能相关的架构关注点。接下来，我们将注意力转向更复杂的设计结构——模式。

3.3.2 性能模式

接下来，我们将简要介绍一些解决性能问题的架构模式。我们的目标不是提供一份详尽的模式目录——这超出了本书的范围。对于更深入的性能模式分析，读者可参考其他资料。在这里，我们只选取了部分模式进行说明，并提供了一些示例，旨在激发读者的思考，并展示架构师应该如何利用相关资源对性能设计进行推理。

3.3.2.1 负载均衡器模式

负载均衡器作为一种中间件，负责处理来自客户端的消息，并确定由哪个服务实例进行响应。负载均衡器作为接收消息的单一联系点，负责将请求分配到一组具有多个（通常为无状态的）服务提供者的资源池中。

通过在资源池中的多个服务提供者之间共享负载，可以使客户端保持较低的延迟并且具有更可预测的性能。向资源池添加更多资源并不复杂，而且任何客户端都不需要知道这一事件（例如，增加资源、维护多个计算副本，以及引入并发策略）。此外，假设源池中仍有剩余的处理资源，那么服务器的任何故障对客户端都是不可见的，这是一个可用性优势。我们再次注意到，模式通常涉及多个质量属性，而策略则只涉及单个质量属性。

负载均衡算法必须足够快，否则会导致性能问题。负载均衡器是潜在的瓶颈或单点故障，因此通常需要进行备份（甚至负载均衡）。

3.3.2.2　节流模式

节流模式封装了管理工作请求的策略，用于限制对重要服务的访问。在该模式中，充当中间件的"节流器"负责监控服务，并决定是否为传入的请求提供服务。通过对传入请求进行节流，我们可以优雅地应对需求的变化，确保服务永远不会过载，并且能够始终保持在性能的"最佳点"上，从而高效地处理请求。

但是，我们仍需权衡利弊：节流逻辑必须足够快，否则会导致性能问题。如果客户端的需求频繁超出容量，则需要增大缓冲区，否则可能会丢失请求。此外，如果在当前系统中，客户端与服务器紧密耦合，那么添加该模式会比较困难。

3.4　支持可用性的设计理念

可用性是系统的属性之一。一个高度可用的系统符合其规范要求——始终能够按需执行任务。系统失效是指系统无法再按照规范提供服务，这可能由系统故障导致。系统的可用性是指屏蔽或修复故障，防止故障演变为系统异常的能力。可用性建立在可靠性质量属性的基础之上，并引入了"恢复（修复）"的概念。目标是尽量减少故障，从而最大限度地缩短服务中断时间。

3.4.1　可用性策略

可用性策略增强了系统对故障的承受能力。它们能够防止故障演变为系统失效，或者限制故障的影响并执行相应的修复措施。故障是导致失效的原因，它可能来自系统内部，也可能来自系统外部。通过预防、容错、消除或预测等措施，可以有效地应对故障，并且提高系统应对故障的"弹性"。

图 3.5 展示了可用性策略的分类，其主要分为三类：检测故障、从故障中恢复和预防故障。如果一个系统无法涵盖这些类别，那么很难想象它能够实现高可用性。

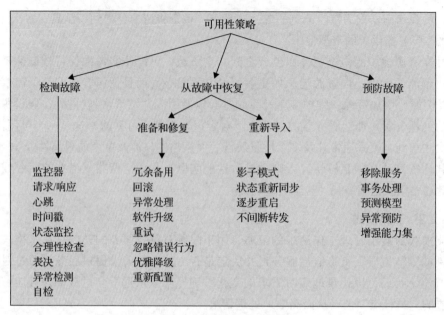

图 3.5　可用性策略分类

在设计系统可用性时，我们需要关注的是如何检测故障、故障发生的频率、故障的影响、系统可能的停机时间、如何预防故障或异常，以及故障发生时需要采取哪些通知措施。我们可以从架构设计的角度，通过选择合适的可用性策略来解决这些问题。

在"检测故障"类别中，策略包括：

❑ 监控器：用于监控系统其他部分健康状态的组件。系统监控器可以检测网络或其他共享资源中的故障或拥塞（例如，来自拒绝服务攻击）。

❑ 请求 / 响应：节点之间交换的异步请求 / 响应消息对，用于确定节点可达性和通过关联网络路径的往返延迟。

❑ 心跳：系统监控器与被监控进程之间周期性的消息交换。

❑ 时间戳：用于检测事件序列的正确性，主要在分布式消息传递系统中使用。

❑ 状态监控：检查进程或设备的运行状态，或者验证设计阶段所做的假设。

❑ 合理性检查：基于系统的内部设计、系统状态或所审查信息的性质，检查组件操作或输出的有效性或合理性。

❑ 表决：检验多副本组件是否产生相同的结果。多副本可以有多种形式，例如，完全复制、功能冗余和分析冗余。

❑ 异常检测：检测导致正常执行流程发生改变的系统状况，例如系统异常、参数限制、参数类型、超时。

❑ 自检：组件测试自身是否正常运行的过程。

在"从故障中恢复"类别中，有两个子类别："准备和修复"和"重新导入"。首先，我们来看一下"准备和修复"策略：

- ❑ 冗余备用：一种配置策略，当主要组件发生故障时，重复组件（一个或多个）会介入并接管工作。这种策略是热备用、温备用和冷备用模式的核心，它们的主要区别在于备份组件在接管时的更新程度，详见 3.4.2 节。
- ❑ 回滚：恢复到先前已知的良好状态，该状态称为"回滚线"。
- ❑ 异常处理：当出现异常时，系统可能会上报异常，或者直接解决异常问题，也可能通过纠正引发异常的原因并尝试重启来掩盖故障。
- ❑ 软件升级：在不中断服务的情况下，更新系统的可执行代码镜像。
- ❑ 重试：对于暂时性的系统异常，可以采用重试的方法来尝试恢复。
- ❑ 忽略错误行为：一旦确认某个来源发送的消息不可靠，就可以选择忽略该来源后续发送的消息。
- ❑ 优雅降级：系统在部分组件失效时，通过放弃一些不太重要的功能，来维持最关键功能的正常运行。
- ❑ 重新配置：在尽可能维持更多功能正常运行的前提下，将职责重新分配给仍在运行的资源。

在"重新导入"子类别中，策略包括：

- ❑ 影子模式：在将先前失败或升级的组件恢复到活动角色之前，以"影子模式"运行它。
- ❑ 状态重新同步：作为冗余备用策略的补充，将状态信息从活动组件同步到备用组件。
- ❑ 逐步重启：通过改变重启时涉及的组件粒度，可以逐步从故障中恢复。
- ❑ 不间断转发：该功能可以分为控制面组件和数据面组件。当控制面组件出现故障时，路由器仍将继续沿着已知路由转发数据包，同时恢复协议信息。

可用性策略的最后一类是"预防故障"。这类策略包括：

- ❑ 移除服务：暂时将系统组件置于非服务状态，以降低潜在失效的风险。
- ❑ 事务处理：将事务与状态更新绑定，确保组件之间消息交换的原子性、一致性、隔离性和持久性。
- ❑ 预测模型：通过监控进程状态来确保系统正常运行，并在预测到未来可能出现异常时，采取纠正措施。
- ❑ 异常预防：通过屏蔽故障输入或使用智能指针、抽象数据类型和包装器等技术手段，来防止系统发生异常。
- ❑ 增强能力集：在设计组件时，除了考虑正常操作的情况，还应考虑发生故障时组件该如何进行处理。

3.4.2　可用性模式

为了实现高可用性，架构师常会采用多种冗余模式。这些模式通常会部署一组活动组件和一组冗余备用组件。通常情况下，冗余级别越高，可用性就越高，但成本和复杂性也会相应增加。在本节中，为了更好地理解这些模式的优缺点，以及围绕它们的设计空间范围，我们将统一审视这些模式。

使用冗余备用的好处在于，当系统发生故障后，只需经历短暂延迟，就可以恢复正常运行。反之，如果未采用冗余设计，则在故障组件得到修复之前，系统会一直无法正常运行（甚至完全停止）。

所有这些冗余模式都需要承担备件带来的额外成本和复杂性。常见的冗余模式为热备用、温备用和冷备用。这三种方案之间的权衡在于从故障中恢复的时间与维护备用方案的运行时成本。例如，热备用方案的成本最高，但恢复时间最短。

3.4.2.1　热备用（主动冗余）

在热备用配置中，所有组件都属于活动组，它们并行接收和处理相同的输入，从而使冗余备用组件能够与活动组件的状态保持同步。因此，当发生故障时，冗余备用组件可以在几毫秒内接管故障组件。

3.4.2.2　温备用（被动冗余）

在温备用方案中，只有活动组中的组件负责处理输入，并且它们需要定期将状态信息更新至冗余备用组件。这导致冗余备份组件与活动组件之间的状态是松散耦合的，因此这类冗余组件被称为温备用（被动冗余）。

这种被动冗余方案在热备用模式（可用性更高、计算密集且成本更高）与冷备用模式（可用性较低、更简单且成本更低）之间取得了平衡。

3.4.2.3　冷备用（备用）

在冷备用配置中，备用组件将始终保持非活动状态，直到系统出现异常时，才会被加电重置，切换到活动状态。由此可见，冷备用的异常恢复过程较为烦琐，导致其平均恢复时间（Mean Time To Recovery，MTTR）较长，因此，这种模式不适用于那些需要较高可用性的系统。

3.4.2.4　三模块冗余

三模块冗余（Tri-Modular Redundancy，TMR）是一种应用广泛的冗余模式，通过使用三个相同的组件（或者更一般地说，在 N 模块冗余中使用 N 个相同的组件），将表决策略与热备用模式结合在了一起。如图 3.6 所示，每个组件接收相同的输入，并且将其输出转发给表决器。如果表决器检测到任何不一致，就会上报故障。因此，N 的值通常设置为奇数，以避免表决结果出现平局。此外，表决器还必须决定使用哪个输出，典型的做法是采用多数规则来选择输出，或者输出计算平均值。

TMR 模式易于理解和实现。它不受任何可能导致结果不一致的因素的影响，只专注于做出选择，以使系统能够持续运行。

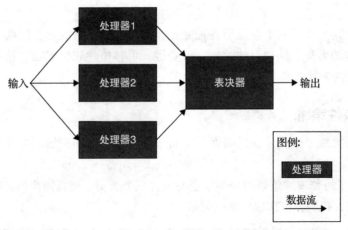

图 3.6　三模块冗余模式

与其他冗余模式一样，TMR 需要在提高复制级别（即提高可用性）和增加成本之间进行权衡。由于两个或多个组件同时发生故障的统计概率很小，因此三个组件通常是可用性和成本之间的最佳平衡点。

3.4.2.5　断路器

虽然断路器模式常被视作性能模式，但它实际上同时解决了性能和可用性问题。模式的标签并不重要，重要的是它能帮助我们实现哪些响应措施。在网络系统中，一种常见的可用性策略是重试。例如，当调用服务发生超时或故障时，调用方可能会尝试再次（如失败，则可能为多次）调用。断路器可以防止调用方无限次地重试，避免其无休止地等待可能永远不会出现的响应。当断路器认定系统正在处理故障时，它会中断无休止的重试循环。在电路"重置"之前，后续调用将立即返回，而不会继续请求服务。断路器模式不提供冗余备用，但对于在网络环境中（例如，微服务架构）实现系统的高可用性至关重要。

这种模式的一个重要好处是，架构师不再需要考虑单个组件的重试策略，即允许重试多少次后才认定失败。另外，通过将断路器与负责监听和恢复故障的软件结合起来，可以防止级联故障。

但在选择超时（或重试）值时需要格外谨慎。如果超时时间设置得过长，则会导致不必要的延迟；如果设置得过短，则会导致断路器在不必要的情况下启动，从而降低服务的可用性和性能。

3.5　支持可修改性的设计概念

可修改性与变更息息相关。作为架构师，我们需要预估变更可能带来的成本和风险，并将其纳入架构设计的考量中。为了有效地规划可修改性，架构师必须考虑三个关键问题：（1）哪些部分可能发生变更？（2）这些变更发生的可能性有多大？（3）何时以及由谁来完成这些变更？

软件系统在其生命周期中会经历各种变化，为了应对这些变化，架构师为特定的可修改性赋予了特殊的名称，例如可伸缩性、可变性、可移植性和位置独立性等，但是，还有许多其他可修改性未被命名。

3.5.1 可修改性策略

架构师需要关注可修改性，以确保系统易于理解、调试和扩展。可修改性策略可以帮助解决这些问题。

图 3.7 展示了可修改性策略的分类，主要包含三个类别：提高内聚性、降低耦合性和延迟绑定。接下来，我们将依次探讨这些策略。

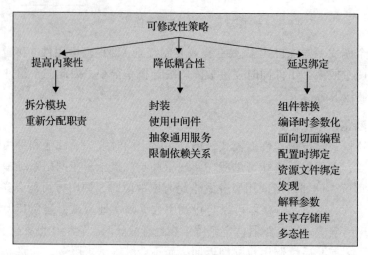

图 3.7　可修改性策略分类

在"提高内聚性"类别中，包括以下策略：

❏ 拆分模块。如果待修改的模块包含非内聚的职责，则修改成本可能会很高。因此，通过重构来分离这些非内聚的职责，能够降低未来模块变更的平均成本。

❏ 重新分配职责。如果（相关的）职责 A、A′ 和 A″ 分散在不同的模块中，则应将它们集中到同一个模块中。

在"降低耦合性"类别中，包括如下策略：

❏ 封装。封装为元素引入了一个显式的接口，并且隐藏了其实现细节。所有对该元素的访问都必须通过此接口进行。因此，只要接口保持稳定，对实现的更改就不会影响到客户端。

❏ 使用中间件。利用中间件，例如代理、网桥或适配器，能够打破一组组件 C_i 之间或 C_i 与系统 S 之间的依赖关系。

❏ 抽象通用服务。当存在多个元素提供相似的服务时，我们可以将它们封装成一个通用接口来抽象这些服务，从而对系统中的其他组件隐藏这些元素的细节。
- 限制依赖关系。这种策略限制了给定模块可以交互或依赖的其他模块。

在"延迟绑定"类别中，我们根据功能绑定到系统生命周期的时间（阶段）来区分策略：
- 在编译或构建阶段绑定值的策略：组件替换、编译时参数化和面向切面编程。
- 在部署、启动或初始化时绑定值的策略：配置时绑定和资源文件绑定。
- 运行时绑定值的策略：发现、解释参数、共享存储库和多态性。

3.5.2　可修改性模式

在 3.2.3 节中，我们讨论过模式与策略的不同之处：策略通常只有一个目标——控制质量属性响应，而模式则通常试图实现多个目标并且平衡多种竞争力量。在此之前，你可能并不认为本节介绍的一些模式属于可修改性模式，例如"客户端 – 服务器"模式，但接下来我们会给出详细的说明。首先，我们将介绍超级可修改模式——分层模式。

3.5.2.1　分层模式

在复杂的系统中，为了实现各个部分的独立开发和演进，我们需要对关注点进行分离，同时做好详细的文档支持，以便开发者能够对模块进行独立的开发和维护。要实现关注点的分离，需要对软件进行分层。每一层都是一组模块的组合，它们共同提供一组内聚的服务。层中每个模块都可以单独发展，并且模块间几乎没有交互。层与层之间相互独立，并通过公共接口进行交互。理想情况下，层与层之间为单向调用的关系。

然而，分层架构并非没有成本和代价。增加层会增加系统的前期投入和复杂性。此外，分层还会增加运行时的开销，每次跨多层的交互都会导致性能损失。为了处理这些问题，我们将在 5.2.3 节中探讨如何通过分层 API 来实现此模式。

3.5.2.2　策略模式

策略模式提供了一种在运行时动态选择算法的机制——从一系列相关算法中选择一种。该模式是实现延迟绑定的一种方式，它定义了一组丰富的行为或策略，并能够根据需要（通常在运行时）在它们之间切换。策略模式无须使用复杂的 switch 或 if 语句来提供各种选项，从而避免了代码混乱。它还减轻了程序员后期改进系统、添加更多选项的负担。策略模式的唯一缺点是增加了一些前期复杂性。因此，如果只需要实现少量且稳定的备选算法或策略，则不建议使用该模式。

3.5.2.3　客户端 – 服务器模式

客户端 – 服务器模式由一台服务器构成，该服务器能够同时为多个分布式客户端提供服务。最常见的例子是 Web 服务器，它为众多浏览器客户端提供信息。你可能认为这种模式不是一种可修改性模式，但模式是复杂的，它们可以服务于多种目的。实际上，客户端 –服务器模式带来了许多方面的优势：
- 服务器与其客户端之间的连接是动态建立的。

❑ 客户端之间没有耦合。

❑ 可以轻松扩展客户端的数量，并且该数量只受限于服务器的容量。

❑ 可以根据需要扩展服务器功能，并且不影响客户端。

❑ 只要 API 保持稳定，客户端和服务器就可以独立地演进。

❑ 通用服务可以在多个客户端之间共享。

❑ 对于交互式系统，与用户的交互被隔离在客户端。

并非所有这些优势都与可修改性相关，但是由于服务器通常完全不了解其客户端的情况，因此这种模式在限制耦合和延迟绑定方面的表现无疑与可修改性策略一致。

这种模式引入了对性能、可用性和安全性相关的权衡。实现此模式后，通信将通过网络实现，而网络拥塞可能会导致消息延迟，进而导致性能下降（或至少导致性能不可预测）。客户端和服务器的通信是通过和其他应用程序共享的网络进行的，因此必须采取适当的安全措施。此外，服务器可能会出现单点故障。

3.6 支持安全性的设计理念

安全性是衡量系统在为授权用户提供合法访问权限的同时，保障数据和资源免遭未授权用户访问的能力。表征和分析安全性的最常见方法侧重于三个重要特征：机密性、完整性和可用性（Confidentiality，Integrity，and Availability，CIA）：

❑ 机密性是指数据或服务受到保护，防止未经授权访问的属性。

❑ 完整性是指数据或服务不受未经授权的操作影响的属性。

❑ 可用性是指系统能够按照其规范要求，为合法使用提供支持的能力。

其中，安全策略提供了实现机密性和完整性的策略。我们在之前已经探讨过可用性，因此不再赘述。

3.6.1 安全策略

现实世界中的安全设施只允许对某些资源进行有限的访问（例如，建造墙壁、锁住门窗以及设立安全检查站），并且具有检测入侵者的机制（例如，要求访客佩戴徽章、使用运动探测器）、威慑机制（例如，武装警卫、铁丝网）、反应机制（例如，自动锁门），以及恢复机制（例如，异地备份）。这些策略都与基于计算机的系统相关，由此引出了我们的四类安全策略：检测攻击、抵御攻击、应对攻击和从攻击中恢复，如图 3.8 所示。

在"检测攻击"类别中，策略包括：

❑ 检测入侵。该策略将系统内的网络流量或服务请求模式与数据库中存储的已知恶意行为的模式或特征进行比较。

❑ 检测拒绝服务攻击。该策略会将进入系统的网络流量模式或特征与已知的拒绝服务攻击（DoS）历史配置文件进行比较。

❑ 验证消息完整性。该策略采用校验和、哈希值等技术来验证消息、资源文件、部署文件以及配置文件的完整性。

❑ 检测消息传递异常。该策略用于检测中间人攻击。如果消息传递时间通常是稳定的，那么通过检查传递或接收消息所需的时间，就可以检测到可疑的时间行为。类似地，异常的连接和断开连接的次数也可能表明存在此类攻击。

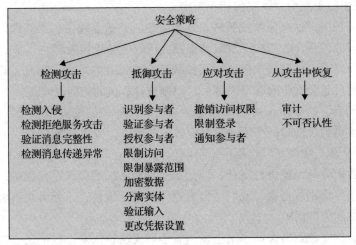

图 3.8　安全策略分类

在"抵御攻击"类别中，策略包括：

❑ 识别参与者。识别参与者（用户或远程计算机）侧重于识别系统的外部输入来源。对于用户，通常可以通过用户 ID 来进行识别，而对于其他系统，则可以通过访问密钥、IP 地址、协议、端口等方式来进行识别。

❑ 验证参与者。验证旨在确保参与者确实与其声称的身份或实体相符。密码、数字证书、双因素身份验证和生物特征识别技术均可用于身份验证。

❑ 授权参与者。即确保已认证的参与者才拥有访问和修改数据或服务的权限。这种机制通常是通过在系统中提供某些访问控制机制来实现的。

❑ 限制访问。该策略涉及限制对计算机资源的访问。限制访问可以是限制资源访问点的数量，或者是限制能够通过访问点的流量类型。这两种限制方式都能最大限度地减少系统被攻击的范围。

❑ 限制暴露范围。这种策略的重点是最大限度减少恶意行为所造成的损害及影响。作为一种被动防御机制，它无法主动阻止攻击者造成损害，而是基于减少可通过单个访问点访问的数据或服务数量来实现防御，从而降低单次攻击的受损范围。

❑ 加密数据。机密性通常是通过对数据和通信应用某种形式的加密来实现的。加密为落盘或传输中的数据提供了超出授权范围的额外保护。

❑ 分离实体。该策略通过分离不同的实体来限制攻击的范围。系统内部可以通过连接到不同网络的服务器、虚拟机或无电气连接的子系统等方式进行隔离。

❑ 验证输入。当系统或系统的一部分接收输入时，对输入进行清理和检查是抵御攻击的重要早期防线。这通常是通过使用安全框架或验证类来执行输入的过滤、规范化和脱敏等操作来实现的。

❑ 更改凭据设置。许多系统在交付时都具有默认的安全设置，强制用户更改这些设置可以防止攻击者利用可能公开的设置访问系统。

在"应对攻击"类别中，策略包括：

❑ 撤销访问权限。如果系统或管理员认为系统正在遭受攻击，那么即使对于采用合规使用方式的正常合法用户，对敏感资源的访问也会受到限制。

❑ 限制登录。重复的登录失败尝试可能表明存在潜在的攻击。为此，许多系统会在特定计算机反复尝试访问账户失败后，限制该计算机的访问权限。

❑ 通知参与者。持续攻击可能需要运维人员、其他人员或协作系统采取行动。因此，当系统检测到攻击时，必须通知对应人员或系统，即相关参与者。

最后，在"从攻击中恢复"类别中，策略包括：

❑ 审计。我们会对系统进行审计，即记录用户和系统的操作及其影响，以便追踪攻击者的行为并识别攻击者。我们可以通过分析审计轨迹，来起诉攻击者，或者在未来创建更好的防御措施。

❑ 不可否认性。该策略保证了消息发送者事后无法否认发送过消息，并且消息接收者也不能否认收到过消息。

此外，所有可用性策略都有助于从攻击中恢复。

3.6.2　安全模式

多年来，人们开发了许多安全模式，在这里，我们仅以拦截验证器和入侵检测为例进行说明。

3.6.2.1　拦截验证器

这种模式在消息的来源和目的地之间插入了一个软件元素——适配器。当消息来源位于系统外部时，这种方法尤为重要。

这种模式最常见的职责是实现验证消息完整性的策略，但它也可以结合检测入侵、检测服务拒绝或检测消息传递异常等策略来使用。

这种模式的优势在于，能够根据我们创建和部署的特定验证器，覆盖"检测攻击"类别策略中的大部分内容，并且所有这些都集成在一个包中。与往常一样，引入中间件会付出一定的性能代价，这是需要权衡的。

攻击向量会随着时间推移而变化和演进，因此必须及时更新组件才能维持其有效性。这就要求负责该系统的组织承担持续维护的义务。当然，如果系统要保持它所需的安全级别，就必须支付对应的维护成本。

3.6.2.2　入侵检测

入侵防御系统（Intrusion Prevention System，IPS）是一个独立的组件，其主要目的是识别和分析任何可疑的活动。如果系统判定该活动是可接受的，则允许其继续进行；反之，如果系统判定该活动是可疑的，则会阻止该活动并发出报告。这类系统通常会实现"检测攻击"和"应对攻击"中的大部分策略。

然而，这种模式也涉及一些权衡。例如，由于入侵防御系统搜索的活动模式会随着时间推移而变化和演变，因此模式数据库必须不断更新。此外，采用 IPS 的系统会产生一定的性能成本。IPS 通常由商用的现成组件构建，这意味着它们可能无法针对特定应用程序的需求进行定制。

3.7　支持可集成性的设计理念

软件架构师的需要关注的不仅仅是让独立开发的组件相互协作，还必须考虑集成任务的成本和技术风险。这些风险可能与项目进度、系统性能或技术实现相关。假设一个项目需要将一组组件 $C_1, C_2, \cdots, C_n$ 集成到系统 S 中，那么任务就是对尚未指定的额外组件 $\{C_{n+1}, \cdots, C_m\}$ 进行集成设计，并且分析其成本和技术风险。假设我们拥有系统 S 的控制权，但未指定的 $\{C_i\}$ 组件的开发可能不在我们的控制范围内。

那么，集成的难度（成本和技术风险）可以被认为是 $\{C_i\}$ 与 S 接口之间接口的规模和"距离"的函数：规模是 $\{C_i\}$ 与 S 之间潜在依赖关系的数量，距离是解决每个依赖关系差异的难度。距离可以是以下类别中的任意一种：语法距离、数据语义距离、行为语义距离、时间距离，甚至是资源距离。尽管我们可能无法将规模和距离量化为精确的指标，但这种概念为可集成性的思考提供了一个参考框架。

3.7.1　可集成性策略

可集成性策略旨在降低添加新组件、重新集成已更改组件以及集成组件集以满足演进需求的成本和风险，从而帮助减小规模和距离属性的影响。

图 3.9 中显示了三种可集成性策略：限制依赖关系、适配和协作。

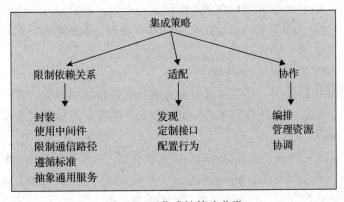

图 3.9　可集成性策略分类

第一类"限制依赖关系"，这可能会让你想起可修改性策略中的"降低耦合性"类别。这并不奇怪，因为限制依赖关系在很大程度上可以通过降低耦合性来实现。"限制依赖关系"类别中的策略包括：

❑ 封装。封装为元素引入了一个显式接口，并确保所有对该元素的访问都通过此接口进行。由于所有依赖关系都必须通过该接口来实现，因此消除了对元素内部的依赖。

❑ 使用中间件。中间件可以用来消除一组组件 C_i 之间或 C_i 与系统 S 之间的各种依赖关系，例如，语法、行为和数据语义。

❑ 限制通信路径。该策略限制了可以与给定元素进行通信的元素集。在实践中，该策略通过限制元素的可见性（当开发人员无法看到某个接口时，他们就无法使用它）和授权（仅允许授权元素进行访问）来实现。

❑ 遵循标准。系统实现的标准化是支持系统跨平台，以及在不同供应商之间实现集成性和互操作性的主要推动因素。一些标准侧重于定义语法和数据语义，而另一些标准则包含更丰富的描述，例如，包含行为和时间语义的描述协议。

❑ 抽象通用服务。当多个元素提供相似的服务时，将它们隐藏在一个通用抽象的背后可能非常有用。这种抽象可以被实现为连接此类元素的公共接口，也可以通过将抽象服务请求转换为具体请求的中间件来实现。这种封装能够对系统中的其他组件隐藏这些元素的细节。

在"适配"类别中，策略包括：

❑ 发现。发现服务是应用程序和服务之间互相定位的一种机制。只有当服务完成注册后，才会出现在发现服务的条目中。这种注册可以静态完成，也可以在服务实例化时动态完成。

❑ 定制接口。定制接口是一种在不改变 API 或实现的情况下，为现有接口增加或隐藏功能的策略。例如，在不改变接口的情况下，将数据转换、缓冲和平滑等功能添加到接口中。

❑ 配置行为。组件的行为可以在多个阶段进行配置：构建阶段（使用不同的标记重新编译）、系统初始化阶段（读取配置文件或从数据库获取数据）或运行时（指定协议版本作为请求的一部分）。

最后，在"协作"类别中，策略包括：

❑ 编排。这种策略使用一种控制机制来协调和管理服务的调用，从而使服务之间保持互不知晓的状态。编排有助于将一组松散耦合的可重用服务集成起来，以创建满足新需求的系统。

❑ 协调。协调是一种替代的控制机制，通过该机制，流程被实现为一系列步骤。每个步骤都由前一个步骤完成的事件消息触发，并且步骤之间互不知晓。这产生了不需要编排器的可组合的、松散耦合的服务。编排机制是集中式的，而协调机制是分布式的。

❑ 管理资源。资源管理器是一种中间件，用于管理对计算资源的访问，它与限制通信路径的策略相似。通过这种策略，软件组件不能直接访问某些计算资源（例如线程或内存块），而是需要向资源管理器发出请求来获取这些资源。

3.7.2　集成模式

许多模式都是用来支持可集成性的，本节将简要地介绍其中的几种。首先介绍的是三种密切相关的模式：适配器、桥接器和中间件。

3.7.2.1　适配器、桥接器和中间件

适配器是一种封装形式，它将某些组件封装在不同的抽象层中。适配器是允许使用该组件的唯一元素，软件的其他部分都必须通过适配器来使用该组件提供的服务。同时，适配器还会为其封装的组件转换数据或控制信息。

桥接器将任意组件的"需求"假设转换为另一组件的"供给"假设。桥接器与适配器模式的关键区别在于，桥接器不依赖于任何特定的组件。此外，桥接器必须由某些外部代理显式地调用，调用者可以是桥接器所连接的组件之一，也可以不是。

中间件兼具桥接器和适配器模式的特点。它与桥接器的主要区别在于：中间件具有规划功能，能够在运行时确定转换方式，而桥接器在构建时就已经确定了转换方式。

这三种模式都支持在不更改元素或其接口的情况下访问元素。然而，这些优势是有代价的。创建这些模式都需要在前期进行开发投入。此外，所有模式在访问元素时都会引入一些性能开销，尽管这种开销通常很小。

附带说明一下，第四种模式 Facade 也具有类似的作用。我们将在第 5 章中以 API 网关为例，讨论 Facade 模式。

3.7.2.2　服务

另一种常用于缓解可集成性问题的模式是服务。服务（无论是否"微小"）是一种独立解耦的软件组件，可以被独立开发、部署和扩展。服务模式描述了一组提供和消费服务的分布式组件。这些组件具有描述其请求和提供的服务的接口。服务的质量属性可以通过服务级别协议（Service Level Agreement，SLA）来指定和保证。组件之间通过相互请求服务来执行计算。

服务模式具有通用性，因为服务在设计时考虑到了各种客户端的使用需求。此外，服务也具有独立性：访问服务的唯一途径是通过接口以及网络发送的异步消息。这意味着服务通常与环境和其他服务之间是松耦合的。最后，服务可以通过任何合适的语言和技术来异构实现。

然而，基于服务的架构具有许多的互操作性机制，这是由异构性和不同的所有权导致的，例如，Web 服务描述语言（Web Services Description Language，WSDL）和简单对象访问协议（Simple Object Access Protocol，SOAP）等。这在一定程度上增加了前期的复杂性

和开销（我们将在第 5 章中讨论 API 和以 API 为中心的设计）。

3.7.2.3 动态发现

通过应用发现策略，动态发现支持在运行时查找服务提供者。它设定了系统将公布的可用于集成服务的广告的期望，以及可用于每个服务的信息。

这种模式的主要优势在于能够灵活地将服务绑定在一起，形成一个协作的整体。例如，可以在启动时选择服务，也可以在运行时根据服务的定价、可用性或其他属性动态地选择服务。当然，这种灵活性的代价是必须实现动态发现、注册和注销过程的自动化，并且需要获取或开发用于这一目的的工具。

3.8　总结

虽然本章的篇幅较长，但也仅仅触及了设计决策的皮毛。即便如此，我们还是明确了一些关键的设计决策原则——通过严谨推理的方式来进行决策。此外，我们还提供了一些基础构建模块的设计概念（模式和策略）及其对应的示例。希望你现在已经能够按照本章所展示的方式去检查其他质量属性或模式。需要说明的是，我们在这里介绍的只是一些常见模式，它们并没有什么特别之处。

技术（外部开发的组件）也属于设计概念范畴，我们将在后续章节中（例如第 7 章关于基于云的解决方案）探讨技术选择等具体设计问题。因此，本章不再讨论该部分内容。

这对架构师来说是个好消息。事实证明，设计并不神秘。我们可以基于大量易于学习和处理的知识，对质量属性做出设计决策。

3.9　扩展阅读

这里提出的九个决策原则最早在 A. Tang 和 R. Kazman 的 " Decision-Making Principles for Better Software Design Decisions"（*IEEE Software*，38，2021 年 11—12 月）中进行了描述。

关于设计和架构模式，有很多参考资料，我们在第 2 章中介绍了其中的一部分。其中最著名的 "原始" 设计模式书籍包括：E. Gamma、R. Helm、R. Johnson 和 J. Vlissides 合著的 *Design Patterns: Elements of Reusable Object-Oriented Software*（Addison-Wesley，1994），以及 F. Buschmann、R. Meunier、H. Rohnert、P. Sommerlad 和 M. Stal 合著的 *Pattern-Oriented Software Architecture Volume 1: A System of Patterns*（Wiley，1996）⊖。后者是一套最终包含五卷的系列丛书的开篇之作。然而，模式集并非一成不变，新的模式一直在不断涌现。例如，你可以在 https://microservices.io/patterns/ 中找到微服务模式的目录。

⊖　该书中文版《面向模式的软件体系结构 卷 1：模式系统》由机械工业出版社出版，书号为 978-7-111-11182-5）。——编辑注

为进一步了解本文介绍的策略以及其他相关策略，你可以阅读 L. Bass、P. Clements 和 R. Kazman 合著的 *Software Architecture in Practice, Forth Edition*（Addison-Wesley，2021）。

SWEBOK（Hironori Washizaki 等人，*Guide to the Software Engineering Body of Knowledge*）总结了九个软件设计原则，IEEE 计算机学会（IEEE Computer Society）于 2024 年发布了该指南的第 4.0 版，对应网址为 www.swebok.org。

多个云服务提供商已经开发了多个参考架构的在线目录，你可以通过以下链接来获取：

❑ https://learn.microsoft.com/en-us/azure/architecture/browse/
❑ https://aws.amazon.com/architecture/
❑ https://cloud.google.com/architecture

3.10　讨论问题

1. 人类决策难免存在偏见。九项决策原则如何帮助我们克服这些偏见？如何在实践中运用这些原则？
2. 如果你需要为本章未列出的质量属性驱动因素设计架构，你将如何确定（并验证）策略和模式（包括其成本、收益和权衡）？
3. 如何利用策略模式来修改和改进设计模式？请给出一个具体的例子。
4. 策略、模式和外部开发组件之间存在着怎样的关系？如何利用这些关系来指导组件的选择与分析？请举例说明。
5. 策略是架构设计的基础，但我们永远无法说分类已经"完成"。因为随着时间的推移，新的设计和设计方法不断涌现。你能说出一种本章中未提供的策略吗？

Chapter 4 第 4 章

架构设计过程

本章将详细讨论本书的核心设计方法：属性驱动设计（Attribute-Driven Design，ADD）。我们先概述属性驱动设计的方法及其步骤，然后从不同层面详细讨论执行这些步骤时的考量。最后我们会讨论如何识别和选择设计概念，并根据这些设计概念生成结构、接口定义和初步文档，以及如何跟踪设计进度。

本章导读

架构设计是构建复杂软件系统的基石。虽然架构设计常常被草率对待，但我们相信，而且实践也表明，采用系统性的设计方法才能获得优秀、可预测的结果。本章将介绍这种方法，并希望能够证明，该方法确实行之有效。

4.1 对具备原则性的方法的需求

在第 2 章中，我们讨论了与架构设计相关的各种概念。在实际设计过程中，为了满足驱动因素，我们需要采用具备原则性的设计方法。具备原则性，是指这种设计方法能够顾及所有方面，指导如何组合可重用的设计概念，从而以经济有效且循序渐进的方式来满足驱动因素。

在项目生命周期的不同阶段中，设计决策都将产生深远影响，因此执行充分的架构设计至关重要。例如，在估算阶段，适当的设计将有助于更好地估算成本、目标和进度。在开发过程中，适当的设计将有助于避免后期返工，并促进开发和部署。最后，清楚地了解设计所涉及的内容，可以更好地帮助管理技术债务。

4.2 属性驱动设计 3.0 版本

架构设计贯穿软件项目开发过程中的各个阶段，每轮设计可能在项目的一次增量开发中，例如一次 sprint 中完成。在这些阶段中，设计会被迭代多次。属性驱动设计方法为设计迭代期间必须执行的任务提供了详细且按部就班的指导。

属性驱动设计已成功应用 20 余年。2.0 版本发布于 2006 年，3.0 版本随本书第一版于 2016 年问世。自 3.0 版本发布以来，开发领域发生了翻天覆地的变化，本书也新增了对应的章节，将属性驱动设计与当今广泛使用的软件开发技术相结合。

得益于属性驱动设计的普遍适用性，方法本身并无变化。如图 4.1 所示，该方法的步骤以及输入输出相较于本书的第一版依然相同，对架构师而言，这无疑是个好消息！

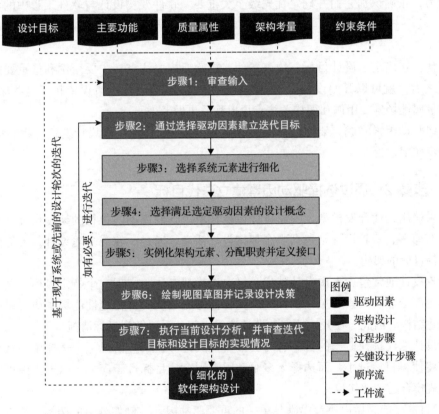

图 4.1 属性驱动设计 3.0 版本的步骤和工件

在以下小节中，我们将概述在架构设计过程中每个步骤中的活动。请注意，虽然我们将其过程以单一的先后顺序呈现，但它们之间可能存在明显的交互，导致微迭代。这正是设计的本质：设计过程并非按线性顺序一成不变。

4.2.1 步骤 1：审查输入

在开始一轮架构设计之前，需要确保设计过程的输入信息准确无误。首先，明确后续设计活动的目标至关重要，例如，目标可能是生成用于早期评估的设计方案，或者是完善现有设计以确定增量开发目标，也可能是设计并生成原型以减轻某些技术风险（更多细节请回顾2.4.1节中关于设计目标的讨论）。其次，还需要确保设计活动所需的其他驱动因素也已准备充分，包括主要功能需求、质量属性场景、架构约束条件、架构关注点。最后，如果既不是全新开发，也不是首轮设计，则还需要考虑已有架构设计。

至此，主要功能需求、质量属性场景以及优先级已由最重要的项目利益相关者确定，否则可以采用2.4.2节和2.4.3节中描述的各种方法来完成。作为架构师，现在必须重新审视这些驱动因素，例如，我们需要检查在最初的需求获取过程中是否忽略了某些重要的利益相关者，或者在确定优先级后，业务条件又发生了哪些变化。由于这些驱动因素是设计的推动力，正确识别它们并确定优先级至关重要。软件架构设计与软件工程中的大多数活动一样，是一个"种瓜得瓜，种豆得豆"的过程。如果输入质量不佳，那么输出质量也会很糟糕。

通常，在确定了设计目标、约束条件、初始架构关注点、主要用例和最重要的质量属性场景之后，就可以开始设计了。当然，这并不意味着设计决策仅依赖于这些驱动因素，其他质量属性场景、用例和架构关注点可以稍后再做考虑。

这些驱动因素将成为架构设计待办事项的一部分，用于后续设计迭代。我们将在4.8.1节进一步详细讨论。

4.2.2 步骤2：通过选择驱动因素建立迭代目标

如果使用迭代开发模型，一轮设计包括在单个开发周期内执行的架构设计活动；如果使用瀑布模型，一轮设计则包括整个架构设计活动。通过一轮或多轮设计，方能生成满足既定设计目标的架构。

一轮设计通常包含多次设计迭代，每次迭代都专注于实现一个特定目标。这些目标通常与满足部分驱动因素相关，例如，迭代目标可能是从支持特定性能场景或实现用例的元素中创建结构。因此，在开始特定的设计迭代之前，需要做到目标清晰。

为设计迭代选择适当的目标有时会颇具挑战性。在某些情况下，选择单一且简单的驱动因素将使得目标过小，而选择太多驱动因素则会让目标过于庞大。以下指南可以帮助我们建立规模合适的迭代目标：

❑ 目标可能是做出决策以满足单一的重要驱动因素，例如分离的架构关注点，或者一个具有挑战性的质量属性场景。

❑ 目标可能是做出决策以满足一组相似的驱动因素，例如针对一系列用例或相似的质量属性场景。

❑ 目标可能是做出决策以满足一组相关的驱动因素，例如针对用户故事和与之相关的质量属性场景。

后续我们将在4.3节中提到，根据所设计架构的系统类型，可能存在迭代目标的最佳

（或强烈建议）排序。例如，对于成熟领域中的新建系统，初始目标通常是通过选择参考架构来确定系统的整体结构。

4.2.3　步骤 3：选择系统元素进行细化

从这个步骤开始，我们进入了架构设计的核心活动。为满足驱动因素的要求，需要创建由相互关联的元素构成的结构。这些元素通常通过细化在先前迭代中识别到的其他元素而生成。细化的方法包括：将先前元素自上而下地分解成更细粒度的元素；自下而上地组合成更粗粒度的元素；又或者是改进先前识别到的元素。对于全新开发的系统，可以从构建系统环境入手，选择唯一可用的元素，即系统本身进行分解细化。对于现有系统或全新系统后续的设计迭代，通常会选择细化先前迭代中识别到的元素。

在面向现有系统进行设计时，需要通过一些勘探工作，选择那些能够满足特定驱动因素的元素。例如，可以通过逆向工程或与开发人员进行讨论，从而充分理解构成架构的各个元素。

虽然我们按照步骤的出现顺序（即步骤 2 在前，步骤 3 在后的先后顺序）来介绍属性驱动设计方法，但在某些情况下，我们或许需要颠倒二者的顺序。例如，在设计全新系统或充实某些类型的参考架构时——至少在设计的早期阶段——需要专注于系统元素，先选择特定的元素开始迭代，之后再考虑要满足的驱动因素。

4.2.4　步骤 4：选择满足选定驱动因素的设计概念

选择设计概念，即找出若干能够实现迭代目标的备选设计方案，并从中做出最终选择，这是整个设计过程中最艰难的抉择。正如 3.2 节所述，设计概念类型众多，每一种类型下又包含许多选项，尽管架构准则可用于缩小可行方案的范围，依然需要分析大量的备选方案。设计概念的识别与选择将会在 4.4 节中进行详细探讨。

4.2.5　步骤 5：实例化架构元素、分配职责并定义接口

一旦选定了设计概念，就需要做出设计决策：如何实例化这些概念中的元素。实例化就是根据当前问题调整既定设计概念。例如，一旦选择了分层模式作为设计概念，由于模式本身没有规定具体的层数，就需要架构师决定层数的选择，在这个例子中，层就是被实例化的元素。如果选择了面向高可用性的冗余备份策略，则实例化将决定具体实现方式，例如，通过为特定元素添加多副本来实现该策略。在某些情况下，实例化也可以是细化配置选项，如果在一次迭代中已经选定了与元素相关联的技术，在后续迭代中可以进一步细化，通过更细粒度地决定具体配置来支持特定的驱动因素，比如某个质量属性。

在实例化元素之后，需要为每个元素分配职责。例如，在一个典型的基于 Web 的企业系统后端中，通常至少存在三层：API 层、业务层和数据层。这些层的职责各不相同：API 层负责提供服务端点，而数据层负责管理数据的持久化。此外，还可以考虑添加额外的工具层。

为创建满足驱动因素或架构关注点的结构，实例化元素只是一个开始。实例化的元素之间需要产生关联，通过接口交换信息，才能相互连接并且共同协作。接口是定义信息在元素间如何流动的契约规范。4.5 节将提供有关如何实例化不同类型的设计概念，以及如何创建结构的更多详细信息，4.6 节将讨论如何定义接口。

通常，可以使用白板或其他图表工具创建图表来执行此步骤。最后要强调的是，由于步骤 3 到步骤 5 是设计决策过程中的核心步骤，它们之间可能存在着大量反复进行的微迭代。

4.2.6　步骤 6：绘制视图草图并记录设计决策

至此，这轮迭代中的设计活动就结束了，如果以上的工作在会议室完成，则需要将白板上的一系列图表，也就是创建的结构进行记录保存。鉴于这些信息的重要性，需要形成可归档的视图，以便后续分析并将其向其他利益相关者展示。

目前创建的视图，仅仅是在分析驱动因素后对元素形成的初步设计决策，几乎可以肯定是不完备的。在后续迭代中，为了适应其他设计决策产生的元素，仍然需要重新审视和进一步地完善该视图，这就是我们将当前过程描述成绘制视图草图的原因。如果需要，这些视图对应的更正式、更完整的文档将在大量的迭代设计完成后才能完成构建，这也是在 1.2.2 节中讨论的架构文档活动的一部分。

除了将视图草图归档之外，还应记录下设计迭代过程中的重要决策及其原因，即原理的阐释，以便后续进行分析和理解。例如，重要设计的取舍应被记录下来。在设计迭代期间，决策主要在步骤 4 和步骤 5 中做出。关于如何在设计期间创建视图草案、设计决策及其原因的初步文档，请参见 4.7 节。

4.2.7　步骤 7：执行当前设计分析，并审查迭代目标和设计目标的实现情况

进行至此，为满足本次迭代目标形成的设计已经部分成形。为避免设计偏离目标，引起利益相关者的不满并导致后续返工，确保设计和目标的一致性至关重要。虽然可以自行分析记录的视图草图和设计决策，但更好的方法是邀请他人帮助审查设计。这与组织通常建立独立测试或质量保证部门的原因一样：引入不同观点的其他人，尤其是那些不会基于固有假设，并且拥有不同经验和视角的人，有助于发现代码和架构中的缺陷。我们将在第 11 章对此进行更深入的讨论分析。

完成这轮迭代中的设计分析后，就需要根据预设的设计目标来评估架构的当前状态。评估的问题包括：生成的设计是否满足该迭代轮次的驱动因素？是否达成设计目标？是否需要在未来的增量开发中添加额外的设计轮次？4.8 节将介绍一些简单的技术，帮助我们跟踪设计进度。

4.2.8　必要时进行迭代

理想情况下，针对输入的每个驱动因素，应该重复步骤 2～步骤 7，进行迭代。但很多

时候，时间或资源的紧张会迫使我们停止设计，直接进入后续的开发实现阶段，因此迭代无法持续。

在我们处理完优先级最高的驱动因素后，需要确认设计是否完全满足该设计驱动因素，或者至少具备能够满足它的"能力"。基于风险状况，可以评估是否需要更多的设计迭代。最后，在迭代开发中，可以选择在每次迭代中都执行一轮设计，最初几轮设计应该侧重于处理优先级最高的驱动因素，后续几轮则侧重于低优先级的驱动因素或开发过程中新出现的驱动因素。

4.3　在不同的系统环境中应用属性驱动设计

在开始撰写论文或文章时，面对空白页，我们可能会担心无从下手。当开始设计架构时，我们也会面临类似的困境。为走出困境，首先需要考虑正在设计的系统类型。

软件系统设计大体上分为三类：（1）面向成熟领域的全新系统设计，该领域大家都非常了解；（2）面向新兴领域的全新系统设计，该领域基础设施和知识体系尚不完善；（3）面向现有系统的变更设计。针对这三类情况，属性驱动设计提供了不同的使用方法，以及指导设计流程的不同应用方式。

4.3.1　面向成熟领域的全新系统设计

成熟领域的全新系统，是指系统虽然是从零开始构建，但功能和需求已经广为人知并且易于理解，因此，已经具备了与之配套的成熟工具、技术以及相关的知识库。成熟领域的示例包括：

- ❑ 传统的桌面应用程序。
- ❑ 运行在移动设备上的交互式应用程序。
- ❑ 从网页浏览器访问的企业应用程序，信息存储在关系数据库中，支持半自动化或全自动化的业务流程。
- ❑ 管理单个域实体的微服务。

由于这些类型的应用程序相对常见，因此与其设计相关的架构关注点已经众所周知，并且具备良好的支持以及完善的文档记录。如果我们正在设计此类系统，则建议参考图 4.2 所示的路线图。

初始设计迭代的目标是处理一般性的架构问题：建立系统的整体结构，例如，是采用三层客户端－服务器架构、对等架构、连接到大数据后端的移动应用架构，还是其他架构？这些选择将给我们带来不同的实现驱动因素的架构方案。为了实现这一迭代目标，我们需要借助一些设计概念，特别是参考架构和模式，以及系统的部署模式（参见 6.2 节）。此外还可以选择一些外部开发的组件，例如框架，在早期迭代中，通常选择与所选参考架构关联的全栈框架，或者与参考架构中的特定元素关联的更具体的框架（参见 3.2.1 节）。

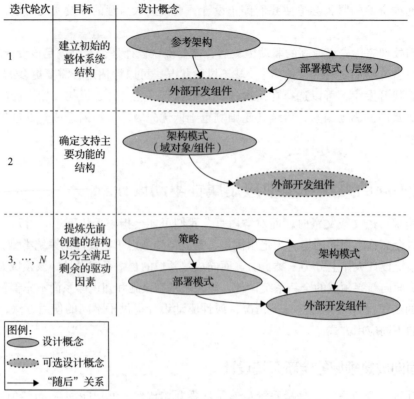

图 4.2　全新系统的设计概念选择路线图

在首轮迭代的选择设计概念过程中，我们应该审查所有的驱动因素，尤其是关注那些与功能无关的约束和质量属性，因为它们能帮助我们选定参考架构或部署配置。例如，因为选择了低延迟和大数据量的质量属性作为最重要的驱动因素，所以采用大数据系统作为参考架构。当然，未来还需要许多后续决策来完善这个早期选择，但这个驱动因素对我们的设计（例如特定参考架构的选择）将具有深远的影响。

随后的设计迭代目标是识别支持主要功能的结构。如 2.4.3 节所述，将用例所描述的功能分配给元素是架构设计的重要部分，因为它对系统的可修改性和团队工作分配具有重大影响。当功能被分配给元素后，我们才能够在后续迭代中进一步细化这些元素，以支持与这些功能相关的质量属性。例如，性能场景可能与特定的用例相关联，而实现该性能目标需要对参与此用例的所有元素进行设计决策。为了分配功能，通常需要分解细化参考架构中的相关元素，某些用例可能需要识别多个元素。例如，如果选择了一个 Web 应用参考架构，那么支持某个用例可能需要识别该架构中不同层的模块。最后，我们还应该开始考虑如何将与模块相关的功能分配给开发团队。

后续设计迭代的目标是细化现有结构，以全面满足其他驱动因素，特别是质量属性。为此，通常需要采用三大类设计概念：策略、模式和外部开发组件（例如，框架），以及普遍接受的设计最佳实践，例如模块化、低耦合和高内聚。比如，为了满足在网站应用程序中搜索用例的性能要求，可以采用维护多个数据副本策略，并通过在负责持久化数据的元素采用的框架中配置缓存来实现。

这条路线图不仅适用于初始项目迭代，也适用于我们将在 12.1.1 节讨论的早期项目估算活动。采纳该路线图的原因如下：首先，架构设计过程本身较为复杂；其次，路线图中的许多步骤容易被忽视，或者容易采用依赖本能、临时而就的方式，而不是深思熟虑地执行这些步骤；最后，设计概念种类繁多，难以判断在哪个阶段使用它们。这条路线图概括了在优秀的架构组织中观察到的最佳实践，简而言之，使用该路线图能够产生更好的架构，特别是对于初级架构师，更具指导意义。

4.3.2 面向新兴领域的全新系统设计

在新兴领域中，建立精确的路线图极具挑战。一方面，缺乏可供参考的架构；另一方面，可用的外部开发组件即使存在，数量也往往十分稀少。我们更有可能需要从基本原理出发，创建内生的解决方案。然而，即使在这种情况下，通用的设计概念，如策略和模式，辅以原型设计，仍然可以为我们提供指导。从本质上讲，迭代的目标主要是不断完善先前创建的结构，使其能够充分满足驱动因素的需求。

很多时候，由于需要特别关注面向性能、可伸缩性或安全性的质量属性和设计挑战，为了探索相应的解决方案，我们将创建原型设定为设计目标。原型创建的相关内容将在 4.4.2 节讨论。

当然，"新兴"的概念是不断变化的。例如，移动应用程序开发在十五或二十年前还是一个新兴领域，但现在已经变得成熟。

4.3.3 面向现有系统的变更设计

面向现有系统进行架构设计的原因多种多样，其中最直接的原因是维护：当有新的需求或要求修正问题时，需要更改现有系统的架构。另外也可能为了重构而对现有系统进行架构更改（参见第 10 章），在重构过程中，需要在不改变现有系统功能的前提下更改其架构，以减少技术债务、引入技术更新或修复质量属性问题（例如，系统运行速度慢、安全性不足或频繁崩溃）。

在设计过程中（ADD 的步骤 3），选择分解哪些元素，需要首先确定现有系统架构中包含哪些元素。因此，在开始设计迭代之前，首要目标应该是清晰理解系统的现有架构。

当我们理解了构成系统架构的元素、属性和关系以及现有代码库的特性后，就可以执行这个设计步骤了，这与全新系统设计在初始迭代之后的步骤类似。设计迭代的目标是识别和细化结构，以满足架构驱动因素，包括新功能和质量属性，解决特定的架构关注问题。除非正在进行重大的重构，否则这些设计迭代不会涉及建立全新的系统结构。

4.3.4 替换遗留应用程序的设计

随着系统老化，其所依赖的技术变得过时，替换它们的复杂性和成本都会随之增加。此外，一些系统积累了太多的技术债务，以至于无法偿还（参见第 10 章）。此时，更换系统通常成为唯一可行的选择。但复杂的系统很难一次性全部更换，通常我们会采用渐进式的替换方法，这种方案风险更低，也更容易被管理层接受。

扼杀者模式为逐步替换应用程序提供了一些帮助。该模式允许在不影响现有应用程序运行的情况下，逐步对其进行替换。替换过程通常先将现有应用程序迁移至代理后端，随即将所有来自客户端的服务调用通过代理交由原应用程序处理。然后重新设计和实现应用程序的部分内容，例如，将单体应用架构改造为微服务架构。新组件部署完成后，代理将客户端部分调用转给新组件处理，而不会影响现有客户端的使用。整个替换过程是逐步进行的，直至原应用程序处理的所有调用都由新开发的组件接管。此时，原应用程序被完全替代，我们可以安全地将其从服务中移除。扼杀者模式也被称为无花果绞杀者模式，源于在自然界中无花果植物逐渐缠绕现有树木，最终将其绞杀致死。

在逐步替换过程中，每次设计迭代的目标都侧重于替换原应用程序的一个或多个服务，并确定这些替换服务的新架构方案。

4.4 识别和选择设计概念

英国物理学家弗里曼·戴森曾说：“优秀的科学家是拥有原创思想的人，而优秀的工程师则是运用尽可能少的原创想法来进行设计的人。”这在软件架构设计里尤为贴切：大多数时候，我们既不需要也不应该重新发明轮子，而是通过识别和选择设计概念，应对设计迭代过程中遇到的挑战和驱动因素。设计仍然是一项原创的工作，但创造力在于如何组合和调整已有的解决方案，以解决当前的问题。

4.4.1 设计概念的识别

由于设计概念为数众多，其识别工作经常令人望而却步。对于特定问题，往往有数十种设计模式、策略以及外部开发的组件可供选择。更复杂的是，这些设计概念来源众多，如流行刊物、研究文献、书籍以及互联网，很多情况下，概念的定义并不规范，例如，不同的网站对代理模式的定义就各不相同，而且大多都不够正规。最后，我们还要挑出有助于实现迭代设计目标的若干备选项。

设计过程的不同阶段通常需要不同类型的设计概念。为了确定特定阶段所需的设计概念，让我们回顾之前针对不同系统环境进行设计的讨论。例如，在面向成熟领域设计全新系统时，最初帮助构建系统结构的设计概念类型是参考架构和部署模式，随着设计的推进，我们将用到所有类别的设计概念：策略、架构和设计模式，以及外部开发的组件（参见第 3

章）。为解决特定的设计问题，我们经常需要组合使用不同类型的设计概念。例如，在处理安全驱动因素时，我们可能会采用安全模式、安全策略、安全框架，或将这些方法组合使用。

明确希望使用的设计概念类型后，就需要确定备选方案了，即候选设计。确定备选方案的方法有多种，我们可以使用或组合使用以下技术：

- ❑ 利用现有的最佳实践。我们可以参考印刷版或在线版的设计概念目录，确定备选方案。对于部分设计概念，例如模式，有大量文档记录；而另一些设计概念，例如外部开发组件，存在的记录则比较少。这种方法通过借助已有的丰富知识和经验，可以找到较多的备选方案。但搜索和研究信息需要大量时间，信息的质量需要鉴别，其作者也未必客观公正。
- ❑ 利用自身的经验知识。如果我们所设计的系统与以往经验类似，不妨从之前的设计概念入手。这种方法的优势在于能够快速、自信地确定备选方案，但缺点是我们可能会陷入思维定式，即使已有方案并不适用于当前的设计问题，并且存在更新、更优方案，我们仍然可能会刻舟求剑，墨守成规。
- ❑ 利用他人的经验知识。架构师在长期的工作中积累了丰富的背景知识，但处理过的问题类型不同，每人的积累也不尽相同。在识别和选择设计概念的过程中，我们可以与同行进行头脑风暴，借助别人的知识和经验。

4.4.2　设计概念的选择

一旦确定了多个备选设计概念，就需要做出最优选择。一个简单的方法是：创建一个表格，列出每个备选方案的优缺点，然后根据这些标准和驱动因素选择其中之一。表 4.1 展示了一个简化的示例，说明了在选择不同的部署模式时，如何使用此类表格。

表 4.1　支持选择替代方案的表格示例

替代方案名称	优点	缺点
单体应用	更易于管理和部署	更新需要重新部署整个应用程序 水平扩展需要创建应用程序的完整副本
基于微服务的应用	服务可以独立复制和更新	管理更复杂

我们可能需要进行更深入的分析，才能选择最佳方案。CBAM（Cost/Benefit Analysis Method，成本 / 效益分析法）或 SWOT（Strengths，Weaknesses，Opportunities，Threats，优势、劣势、机会、威胁）等方法可以帮助我们进行分析（参见下文"成本 / 效益分析法"部分）。

成本 / 效益分析法

CBAM 是一种使用定量方法指导设计方案选择的方法。该方法基于以下理念：架构策略（例如，设计概念的组合）会影响质量属性的响应能力，进而影响系统利益相关者的收益，这些收益被称为"效用"。每个架构策略提供的效用程度不同，实施成本及时间也不一样。因此通过研究效用水平和实施成本，可以根据相关的投资回报率（Return On Investment, ROI）选择特定的架构策略。CBAM 一般在架构评估，即 ATAM（Architecture Tradeoff Analysis Method, 架构权衡分析方法）之后执行，但也可以在设计期间，即执行架构评估之前使用。

CBAM 将一系列按照优先级排序的质量属性场景作为输入，加上下列信息，即每个场景的不同响应级别，然后进行分析和细化：

❑ 最坏情况，代表系统必须达到的最低阈值（效用为 0）。

❑ 最好情况，代表利益相关者预期效用达到峰值时的水平（效用为 100）。

❑ 当前情况，代表系统已达到的响应水平（其效用由利益相关者评估）。

❑ 满意情况，代表利益相关者期望达到的响应水平（其效用由利益相关者评估）。

通过使用这些数据点，我们可以绘制出如图 4.3 所示的效用 – 响应曲线。在为每种不同场景绘制该曲线后，可以考虑多种设计方案，并估计它们的预期响应值。例如，如果关注平均故障时间，我们可以考虑三种不同的架构策略（即冗余选项）：无冗余、冷备份和热备份。对于每种策略，我们都可以估计其预期响应（即预期平均故障时间）。在图 4.3 所示的曲线图中，点"e"代表某种方案，根据其预期的响应度量值被标注在曲线上。

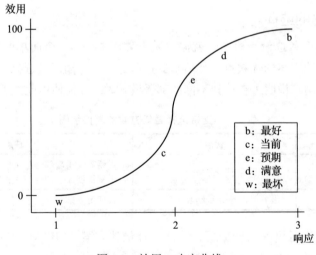

图 4.3　效用 – 响应曲线

利用这些响应估计值，我们可以通过插值确定每个架构策略的效用值，从而提供其预期收益。此外，我们也可以根据成本来评估每种架构策略：预计热备份将是最昂贵的选项，其次是冷备份，最后是无冗余。

综合以上信息，即可根据预期的成本来选择架构策略。

CBAM 起初可能看起来相对复杂且耗时。然而，一些设计决策可能会对成本、收益以及项目进度产生巨大的经济后果。我们必须决定，是愿意承担风险，仅依赖直觉做出决定，还是采用 CBAM 提供的理性和系统的方法，理智地做出决定。

如果上述分析技术不能指导我们做出适当的选择，我们可能需要创建一次性原型并从中收集测量结果。创建早期一次性原型十分有用，可以帮助选择外部开发组件。这种类型的原型通常以"快速而粗糙"的方式创建，并不过多考虑其可维护性和可重用性，所以一次性原型无法成为后续开发的基础。

根据数据，创建原型的成本比分析的成本高出五到十倍。但在某些情况下，我们依然强烈建议创建原型。我们可以参考以下因素来决定是否需要创建原型：

❑ 项目是否采用了新兴技术？

❑ 公司是否采用了未知技术？

❑ 是否存在某些驱动因素，尤其是质量属性，无法确定所选技术能满足它们，因此存在风险？

❑ 是否会因为缺乏可信的内外部信息，导致无法确定所选技术能有效满足项目驱动因素？

❑ 所选技术是否存在需要测试或理解的配置选项？

❑ 所选技术与项目中使用的其他技术的集成是否尚不明确？

如果这些问题的答案大多数都是肯定的，那么强烈建议创建一次性原型。

在识别和选择设计概念时，需要牢记架构驱动因素中的约束条件，因为某些约束条件会限制对备选方案的选择。例如，如果某个约束条件要求系统中所有库和框架都不能使用 GPL 许可证，那么即便存在一个满足需求却使用 GPL 许可证的框架，也只能放弃它。后续迭代中选择的设计概念和先前迭代中的选择也必须兼容，例如，如果我们在初始迭代中选择了一个 Web 应用程序参考架构，则无法在未来迭代中选择用于本地应用程序的用户界面框架。

最后，需要强调的是，尽管 ADD 为设计过程提供了指导，但它无法保证我们做出最佳的设计决策。想要找到优秀的解决方案，最佳方法是进行充分的推理和考虑各种备选方案（而不仅仅是首先想到的方案）。我们将在第 11 章中讨论设计过程中的分析。

4.5 生成结构

在生成结构之前，设计概念无法帮助我们满足驱动因素，我们需要识别并连接从设计概念中派生出的元素。这一过程称为 ADD 中的架构元素实例化：创建元素及其之间的关系，并将职责与这些元素相关联。

请记住，软件系统的架构是由一组结构组成的，这些结构可以分为三大类：

❑ 模块结构：由开发阶段存在的逻辑和静态元素，例如文件、模块和类组成。

❑ 组件和连接器（C&C）结构：由运行阶段存在的动态元素，例如进程和线程组成。

❑ 分配结构：由软件元素和非软件元素组成，软件元素来自模块或 C&C 结构，非软件元素可能同时存在于开发阶段和运行阶段，例如文件系统、基础设施和开发团队。

当实例化一个设计概念时，可能会产生多个结构。例如，我们可以在某次迭代中实例化分层模式，通过选择层数、相互关系以及每层的具体职责，产生模块化的结构。接着我们还可以研究刚刚确定的元素是如何支持特定场景的，例如，可以在 C&C 结构中创建逻辑元素的实例，并对它们如何交换消息进行建模。最后我们可能还会面临分配决策，即决定由谁来实现每个层内的模块。

4.5.1　实例化元素

我们所使用的设计概念类型决定了架构元素如何实例化：

❑ 参考架构。参考架构的实例化通常需要一定程度的定制。在定制过程中，我们需要根据实际情况添加或删除参考架构中包含的结构元素。例如，在设计微服务时，我们可能需要一个如第 3 章中所示的服务参考架构，该架构包含服务层、业务层和数据层。

❑ 架构和设计模式。这些模式提供了一种由元素、元素之间的关系及其职责组成的通用结构，我们需要根据特定问题对它们进行调整，通过实例化将模式定义的通用结构转换为适合当前问题的特定结构。例如，管道和过滤器架构模式建立了计算的基本元素（过滤器）及其关系（管道），但没有指定过滤器的数量或它们之间的确切关系，我们将在实例化此模式的过程中，定义解决问题所需的管道和过滤器数量，确定每个过滤器的具体职责以及它们之间的拓扑结构。

❑ 部署模式。与架构和设计模式类似，其实例化通常涉及识别和规范基础设施元素。例如，如果采用负载均衡集群模式，则需要确定集群中副本的数量、所采用的负载均衡算法以及副本的物理位置。在云部署场景下，模式的实例化则包括如何选择云服务提供商提供的具体资源。

❑ 策略。此设计概念并未规定特定的结构，因此我们需要结合其他设计概念来实现策略的实例化。例如，如果选择了身份验证的安全策略，则可以采用以下方式来实现它：创建定制化解决方案；使用安全模式；使用外部开发组件（如安全框架）。

❑ 外部开发组件。这些组件的实例化，有时会涉及创建新的元素，有时则不会。例如，在面向对象框架的实例化过程中，可能需要创建继承框架预定义基类的派生类，进而产生新的元素。其他不涉及创建新元素的方法则包括：从先前迭代确定的技术系列中选择特定技术；将特定框架与先前迭代确定的元素相关联；为与特定技术关联的元素指定配置选项，例如决定线程池中的线程数。

4.5.2　分配功能并识别属性

在通过实例化设计概念创建元素时，需要考虑分配给这些元素的功能。例如，如果实例化分层模式并决定使用传统的三层结构，则我们可能会决定其中一层负责管理与用户的交互，通常称为表示层。在实例化元素并分配功能时，应牢记高内聚和低耦合的设计原则：元素内部应具有高内聚性，功能定义尽可能单一；元素之间应保持低耦合性，尽量减少对其他元素实现细节的依赖。

在实例化设计概念时，还需要考虑元素的属性。这些属性可能涉及所选技术的配置选项、状态、资源管理、优先级，如果创建的元素是物理节点，则还会涉及硬件特性。识别这些属性有助于分析和记录设计的原理。

4.5.3　建立元素间的关系

在创建结构的过程中，还需要决策元素及其属性之间的关系。依然以分层模式为例，存在连接的两层可能会被分配给不同的组件，继而分配给不同的硬件。因此，当各层被分配给不同的组件之后，需要决定它们之间的通信方式：是同步通信还是异步通信？是否涉及某种网络通信？采用哪种协议？传输的信息量和速率是多少？这些设计决策都会对性能等质量属性产生显著影响。

4.6　定义接口

接口是元素的外部可见属性，它们建立了元素间协作和交换信息的规范。接口有两类：外部接口和内部接口。

4.6.1　外部接口

外部接口包括系统所需的外部 API，以及提供给其他系统的接口。因为通常无法影响外部 API 的规范，这些规范构成系统约束的一部分。在第 5 章中，我们将对 API 进行广泛的讨论，包括当系统需要提供对外 API 时，定义 API 的机制。

在设计之初建立系统环境的描述，有助于识别外部接口。如图 4.4 所示，该描述可以使用系统关系图来表示，由于外部实体与开发中的系统通过接口进行交互，每个外部系统都至少对应一个外部接口。

4.6.2　内部接口

内部接口是指设计概念实例化后各元素之间的接口。为了确定元素之间的关系和接口细节，通常需要了解它们在运行时的信息交换方式。为此，可以使用 UML 时序图（参见图 4.5）等建模工具，在支持用户功能或质量属性的场景中，对元素在运行期间交换的信息进行建模。这种分析方法还有助于确定元素之间的关系：如果两个元素需要直接交换信息，则它们之间必然存在某种关系，交换的信息也将成为接口规范的一部分。

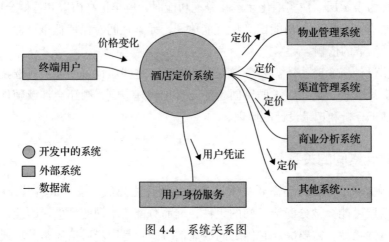

图 4.4　系统关系图

图 4.5 是 HPS-2 在命令端更改价格的初始时序图。该图展示了客户端应用程序如何通过调用 POST 方法来触发价格变化。PriceService 检索需要更改价格的酒店信息，并请求酒店对象计算附加价格。为了提高性能，我们需要在数据库中添加索引以提高资源的使用效率。价格计算完成后，系统会创建一个事件并将其发送到 PriceChangeEventProcessor，再由后者将事件发送到 Kafka。

关键词：UML

通过这种交互，我们可以确定交互元素接口的初始方法。

PriceService：

方法名称	描述
updatePriceForPeriod	更新酒店价格并生成价格变化事件。 参数： • 酒店标识符 • 价格变动日期范围 • 金额 返回值： • 如果更新成功执行，则返回 True 抛出（异常）： • 当价格变更失败时，将抛出 PriceChangeEventException 异常

注意，本章示例的更多细节将在第 8 章中介绍。

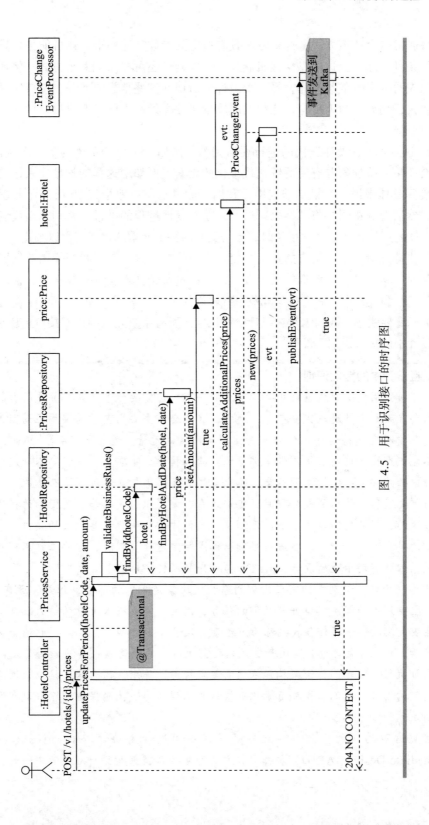

图 4.5 用于识别接口的时序图

接口通常包含一组方法，这些方法具有指定的参数、返回值，还可能包含异常以及前置和后置条件。除了上述信息交换机制外，一些接口还可以采用其他方式，例如，一个组件将信息先写入文件或数据库，另一个组件随后访问这些信息。此外，接口还可以建立服务质量协议，例如，为满足与性能相关的质量属性场景，可能需要对接口中的操作增加执行时间的限制。

接口定义会随着设计迭代的进行逐渐完善。例如，在全新系统的第一次迭代设计中，可能只会产生一些抽象并有待后续迭代细化的元素，例如层这样的抽象元素，其接口通常难以明确。具体来说，在早期迭代中，我们可能只是简单地指定 UI 层向业务逻辑层发送"命令"，然后业务逻辑层将"结果"返回。随着设计过程的推进，特别是当我们创建结构来处理具体的用例和质量属性场景时，参与交互的特定元素的接口将得以细化。

在某些特殊情况下，接口的定义会变得十分简单。例如，当我们使用数据层提供的持久化框架时，接口已经被该选择所定义。由于通过所选技术实现互操作性，很多接口的假设和决策已经预置其中，制定接口规范也就轻而易举了。

最后，还要注意，我们无须在设计阶段识别出所有系统元素的内部接口（参见下文"元素交互设计中的接口识别"部分）。

元素交互设计中的接口识别

定义接口固然是架构设计中必不可少的一环，但需要注意的是，并非所有的内部接口都需要在架构设计阶段完全确定。通常，我们会将主要用例作为架构驱动因素，并在设计过程中确定支持这些用例以及其他驱动因素的元素（通常是模块）。然而，这一过程并不能识别出支持所有用例的全部系统元素和接口。事实上，这种"不确定性"在架构设计中必然存在：架构强调抽象，因此某些细节信息在设计初期并不重要。

当需要进行工作估算或分配时，我们才有必要去识别支持非主要用例的模块。为了支持模块的独立开发、集成以及单元测试，我们才需要明确这些模块的接口。在项目生命周期的早期阶段，例如，在进行早期估算或制定迭代计划时，这些工作不可避免地需要开展，但这有别于过度设计（Big Design Up Front，BDUF）。

作为架构师，识别支持完整用例的系统模块集是我们的职责，但是，通常情况下，识别非主要用例的模块接口并非我们的任务，因为这需要投入大量的精力，却不会对架构产生重大影响。这项任务我们称为"元素交互设计"（参见 2.2.2 节），它通常在架构设计结束后，但在（大部分）模块开发开始之前执行。尽管这项任务应该由开发团队中的其他成员执行，但我们作为架构师依然需要发挥关键作用，因为这些接口必须遵循我们建立的架构设计。我们需要和负责识别接口的工程师沟通，确保他们理解现有设计决策的原因。

实现这种沟通的有效方法之一是采用中间设计主动评审（Active Reviews for Intermediate Design，ARID）方法。该方法的核心是将架构设计（或其中一部分）提交给评审员，在实践中，这些评审员通常是使用该设计的工程师。评审员理解架构后，将选择一组场景，并利用架构中的元素来满足这些场景下的特定需求。在标准 ARID 中，评审员需要编写代码或伪代码来识别接口。架构师也可以直接与其沟通交流，并选择一个非主要功能场景，要求评审员使用时序图等方法来识别支持该场景的组件接口。

除此之外，ARID 方法还兼备他用。例如，在展示完整或部分架构设计之后，就接口如何定义达成一致：比如确定接口定义的细节，是否包含参数传递方式、数据类型或异常处理等。

4.7　在设计过程中创建初步文档

软件架构通常以视图的形式记录，这些视图展现了构成架构的不同结构。虽然正式记录这些视图并非设计过程的一部分，但以非正式的方式（例如草图）来记录这些创建的结构和相应的设计决策，是常规设计活动的一部分。

4.7.1　记录视图草图

在实例化为解决特定设计问题而选择的设计概念的过程中，结构得以生成。仅凭大脑很难构建这些结构，因此，我们需要创建一些草图。可以使用白板、活动挂图，甚至直接在纸上绘制草图，当然也可以借助于建模工具。无论使用什么方式，生成的草图是架构的初始文档，应该妥善保存，以备未来充实完善。创建草图时不必始终使用 UML 等非常正式的语言，但如果使用了一些非正式的符号，需要保持符号使用的一致性。另外需要为图表添加图例，以阐明内容并避免歧义。

在创建结构时，应要求自己记录分配给每个元素的职责。在元素被识别的同时，其职责通常也已被确定，此时应及时记录以避免遗忘。对于所有元素，我们会逐步完成整个记录，这比事后集中整理要轻松许多。

在设计过程中，这样纪律性地创建初步文档，将会让我们受益匪浅，后续能够相对轻松、快速地生成更详细的架构文档。如果使用白板、活动挂图或 PowerPoint 幻灯片，可以通过一种简单的方法来记录：将绘制的草图拍照并粘贴到文档中，并附带一个表格，概要说明图中每个元素的职责（图 4.6 提供了一个示例）。如果使用的是计算机辅助软件工程（Computer-Aided Software Engineering，CASE）工具，则可以选择已创建的元素，并在元素属性表中的文本区域记录其职责，然后自动生成文档。

图 4.6 是模块视图示意图，描绘了基于 CQRS 系统的整体结构，并配有一个描述各元素职责的表格。

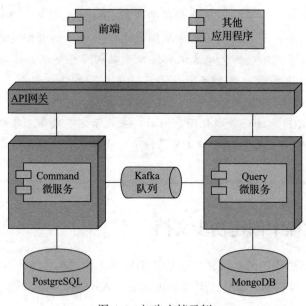

图 4.6 初步文档示例

关键词：UML

元素	责任
Command 微服务	该微服务负责对域实体进行更改并在发生更改时发送事件
Query 微服务	该微服务接收 Command 微服务发送的事件，并将信息保存在数据库中以支持查询
…	…

当然，架构文档不必事无巨细。架构文档的三个目标是分析、构建和交流。在设计时，我们应该基于降低风险的要求明确文档的目标，然后围绕该目标编写文档。例如，当某个关键质量属性场景驱动架构设计时，需要通过分析证明架构能够满足该场景的需求。为确保结论有说服力，我们必须记录相关信息。如果我们的目的是培训新的团队成员，那么应该绘制系统 C&C 视图的草图，用以展示其运行方式以及元素在运行时的交互方式，另外，为了展示主要的分层或子系统，或许还要构建粗略的系统模块视图。

最后，请记住，我们的设计最终可能需要通过分析评审。因此，在记录文档时，我们需要考虑记录哪些信息才能支持此类分析（参见下文"基于场景的文档"部分）。

基于场景的文档

架构设计分析必须基于最重要的用例和质量属性场景。简单地说，我们需要选择场景，并向评审人员解释架构如何支持该场景以及对应的决策依据。为了在设计时就为分析做好准备，在生成包含满足场景所需元素的结构的同时，及时通过文档进行记录将非常有用。由于设计过程是以场景为导向的，所以这些文档的产生是水到渠成的，但我们仍需牢记，要基于场景来进行分析。

在设计过程中，我们至少应该尝试在单个文档中记录以下元素：

❏ 主要演示文稿：表示我们生成的结构的图表。

❏ 元素职责表：帮助我们记录结构中各元素的职责。

❏ 相关设计决策及其原因（参见 4.7.2 节）。

我们可能还需要记录另外两条信息：

❏ 元素交互的运行时表示图——例如，时序图。

❏ 初始接口规范（亦可单独成文）。

无论采用何种方式，需要在设计过程中决定系统中包含的元素以及它们之间的交互方式。建议及时将这些信息记录下来，不要仅体现在代码实现中。

如果我们遵循本文提倡的方法进行设计，最终将获得一组记录了初步视图的文档。每个视图都与特定的场景相关联，并且构建这些文档的成本不高。这份初步文档可以保留原样用于分析，特别是进行基于场景的评估。

4.7.2　记录设计决策

在每次设计迭代中，我们都需要就实现迭代目标做出重要的设计决策。正如之前所述，这些设计决策包括：

❏ 从多个备选方案中选择设计概念。

❏ 通过实例化选定的设计概念来创建结构。

❏ 建立元素间关系并定义接口。

❏ 分配资源（例如，人员、硬件、计算资源）。

❏ 其他。

在研究表示架构的图表时，由于我们看到的只是思考过程的最终产物，所以常常难以理解其背后的决策。因此，我们不仅需要记录选择的元素、关系和属性，也需要记录设计决策，这对于阐明设计原理至关重要。

当我们的迭代目标涉及满足具体的质量属性时，某些决策会严重影响对该场景的响应能力，需要认真记录这些决策，这对于设计的分析、实现以及后续（例如，维护期间）理解至关重要。此外，设计决策通常追求恰到好处，并不期望尽善尽美，因此需要论证其合理性，并在未来重新审视剩余的风险。

不要将记录设计决策视为一项烦琐的任务，在实践中，我们可以根据开发系统的关键程度来调整记录的详尽程度。例如，若只需记录最少的信息，可以使用表 4.2 所示的简单表格。如果我们决定记录更多信息，审视以下问题也许会有所帮助：

❏ 做出决定的依据是什么？

❏ 谁做了哪些决定？

❏ 采用捷径的原因是什么？

❑ 权衡的理由是什么？

❑ 基于哪些假设？

表 4.2　记录设计决策的表格示例

设计决策	假设和原因
Command 微服务采用**关系型数据库**	鉴于 Command 微服务管理域模型中的不同实体（酒店、价格、房间类型等），且这些实体之间存在关联关系，因此选用关系数据库作为存储方式更为自然和合适，非关系数据库或其他类型的存储方式被排除
Query 微服务采用**非关系型数据库**	鉴于查询侧数据库无须处理实体间的事务和关系，且保存不同酒店价格的数据结构存在差异，因此采用非关系型数据库更为合适。PriceChange-Event 可以存储在文档数据库中 被排除方案包括其他类型的 NoSQL、关系数据库以及其他类型的存储

与在识别出元素时就记录其职责一样，我们也应该在做出设计决策的同时就将其记录下来，以避免遗忘。

4.8　跟踪设计进度

尽管属性驱动设计为系统地执行设计提供了清晰的指导，但它没有提供跟踪设计进度的机制。但在设计的过程中，我们需要回答以下问题：

❑ 总共的设计工作量是多少？

❑ 目前已完成的设计工作量是多少？

❑ 可以到此结束了吗？

使用待办事项列表和看板等敏捷实践，可以帮助我们跟踪设计进度并给出回答。当然，这些技术并非敏捷方法所独有，任何开发项目都需要以某种方式跟踪进度。

4.8.1　使用架构待办事项列表

架构设计待办事项的概念，类似于敏捷开发方法（如 Scrum）中的产品待办事项，但这里的列表并不聚焦于功能的开发操作，而是架构设计过程中的待完成操作。这些操作在可扩展敏捷框架等方法中被称为"赋能事项"。

在设计待办事项列表中，我们可以先填充那些直接满足驱动因素的首要任务，然后再添加支持架构设计的其他活动，例如：

❑ 创建原型以测试特定技术或解决具体的质量属性风险。

❑ 探索和理解现有方案（可能需要逆向工程）。

❑ 设计评审中发现的问题。

❑ 评审先前迭代过程中产生的部分设计。

例如，当使用 Scrum 时，迭代待办事项和设计待办事项并非相互独立：迭代待办事项中，某些功能可能需要进行架构设计，从而会在架构设计待办事项中生成对应的条目。尽管这两个待办事项可以分开管理，但在实践中，常常将两个列表中的功能任务等条目合在一块（参见图 10.1）。

此外，决策制定可能会引入其他架构关注点。例如，选择参考架构后，我们可能需要在设计待办事项中为该架构添加具体的关注点，或从中衍生出质量属性场景。建立支持可观测性的机制就是一个例子。

4.8.2　设计看板的使用

设计是按轮次执行的，在这些轮次中，需要进行一系列的设计迭代，因此我们需要一种跟踪设计进度的方法。我们还得决定是否需要更多的设计决策，例如迭代是否还要继续进行。如图 4.7 所示，看板等工具能帮助我们跟踪进度并做出决定。

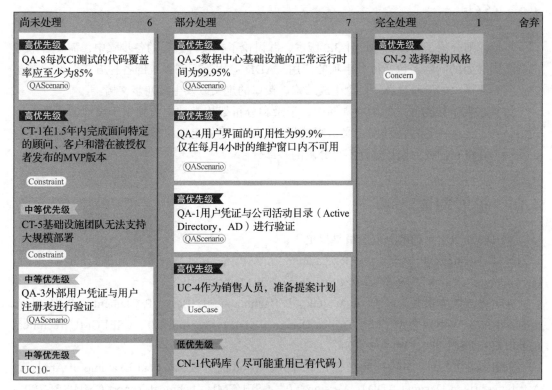

图 4.7　使用看板跟踪设计进度的示例

在一轮设计开始时，将设计过程的输入作为待办事项。除非本轮设计将处理前几轮中尚未完成的条目，否则在 ADD 的步骤 1 中，应将本轮设计中的待办事项条目添加到看板的"尚未处理"列中。当开始设计迭代时，在 ADD 的步骤 2 中，与设计迭代目标相关的驱动因素一旦被选中，与此对应的待办事项条目应移至"部分处理"列。最后，在 ADD 的步骤 7

中，一旦迭代完成，并且分析表明选定的驱动因素已经完成处理，则将该条目移至看板的"完全处理"列。建立起"完全处理"的标准非常重要，可以参照 Scrum 中"已完成"的定义标准，例如，可以是驱动因素已被分析或是已在原型中实现。如果驱动因素无法被完全处理，则应保留在"部分处理"列中，并在后续迭代时做进一步处理。

为了便于根据优先级来区分开看板上的条目，可以借助一些方式，例如，根据优先级使用不同颜色的便利贴。

通过使用看板，设计进度的跟踪将一目了然，我们可以快速查看本轮设计中正在或已经处理的关键驱动因素的数量。这也能帮助我们决定是否需要增加迭代次数，理想情况下，当大多数驱动因素（至少是具有最高优先级的驱动因素）位于"完全处理"列时，设计阶段就结束了。

4.9 总结

本章详细介绍了属性驱动设计 3.0 版本，并讨论了在设计过程的各步骤中，需要着重考虑的不同层面的问题，包括待办事项的使用、ADD 应用于不同系统的各种方式、设计概念的识别和选择、如何通过设计概念生成结构、接口的定义以及生成初步文档。

尽管在整个架构开发的生命周期中，记录和分析架构常被视为独立于设计的活动，但我们认为，无须在这些活动间定义清晰的界线。我们建议定期执行一些轻量级的记录和分析活动，并将它们视为设计过程不可分割的一部分。

4.10 扩展阅读

ADD 3.0 版本中的部分概念最早提出于：

H. Cervantes、P. Velasco 和 R. Kazman，"A Principled Way of Using Frameworks in Architectural Design"，*IEEE Software*，46-53，2013 年 3/4 月。

ADD 2.0 版本最初记录于：R. Wojcik、F. Bachmann、L. Bass、P. Clements、P. Merson、R. Nord 和 B. Wood，"Attribute-Driven Design（ADD），Version 2.0"（SEI/CMU Technical Report CMU/SEI-2006-TR-023, 2006）。

使用 ADD 2.0 版本的扩展示例记录于 W. Wood 的"A Practical Example of Applying Attribute-Driven Design（ADD），Version 2.0"（SEI/CMU Technical Report CMU/SEI-2007-TR-005）。

架构待办事项的概念讨论于 C. Hofmeister、P. Kruchten、R. Nord、H. Obbink、A. Ran 和 P. America 的"A General Model of Software Architecture Design Derived from Five Industrial Approaches"（*Journal of Systems and Software*, 80, 106-126, 2007）。

ARID 方法讨论于 P. Clements、R. Kazman 和 M. Klein 合著的 *Evaluating Software Architectures*：

Methods and Case Studies（Addison-Wesley，2002）。

CBAM 方法提出于 L. Bass、P. Clements 和 R. Kazman 合著的 *Software Architecture in Practice, Third Edition*（Addison-Wesley，2013）。

架构记录方法的大量论述记录于 P. Clements 等人的 *Documenting Software Architectures：Views and Beyond, Second Edition*（Addison-Wesley，2011）。更多的文档记录的敏捷实践讨论于 S. Brown 的 *Software Architecture for Developers*（Lean Publishing，2015）。

记录设计原理的重要性和挑战讨论于：A. Tang、M. Ali Babar、I. Gorton 和 J. Han 的"A Survey of Architecture Design Rationale"（*Journal of Systems and Software*, 79(12), 1792-1804, 2007）。一种用于记录设计原理的极简技术讨论于：U. Zdun、R. Capilla、H. Tran 和 O. Zimmermann 的"Sustainable Architectural Design Decisions"（*IEEE Software*, 30(6), 46-53, 2013）。

4.11　讨论问题

1. 在 ADD 的步骤 2 中，如果选择的迭代目标过于庞大，会发生什么？
2. 在为成熟领域设计全新系统时（参见 4.3.1 节），建议先确定支持主要功能的结构，然后再处理其他驱动因素，例如质量属性。为什么如此建议？能否在考虑如何支持主要功能之前就处理质量属性？
3. 如果架构师决定对系统的所有用例都执行 ADD 迭代，将产生什么后果？
4. 如果不执行 ADD 操作的步骤 6，而是将所有文档活动都留到以后执行，会有什么风险？
5. 与在 Scrum 的标准产品待办列表中简单添加架构任务相比，采用架构待办列表及其关联看板有哪些优势和劣势？

以 API 为中心的设计

随着 2001 年"敏捷宣言"的发布，软件开发中的敏捷概念开始流行。如今许多公司，尤其是公司内软件开发团队，已经采用了敏捷实践和技术。但敏捷实践不能只限于软件开发团队使用，而是需要推广至整个组织，当下不少公司依然处于这个敏捷转型期。本章中，我们将讨论业务敏捷性的概念，以及以 API 为中心的设计如何推动其实现。

本章导读

本章并不讨论特定 API（Application Programming Interface，应用程序编程接口）技术的细节，而是讨论基于服务并以 API 为中心的设计动机和原则，如何和 ADD 相结合，以及如何推动业务敏捷性。

5.1 业务敏捷性

敏捷联盟对业务敏捷性的定义如下：

业务敏捷性是指企业能够感知内外部变化，并做出相应的调整，从而持续为客户创造价值的能力。

软件团队的敏捷性要求开发团队能够针对需求变更快速调整计划，从而迅速交付有价值的产品。业务层面的敏捷性则期望整个公司能够适应市场变化及机遇，快速做出反应。然而，仅在软件团队层面应用敏捷实践无法实现业务层面的敏捷性，从一些仍在采用瀑布式敏捷开发方法的组织中也能观察到这一点。实现业务敏捷性要求将敏捷实践应用于公司的各个部门，不仅包括软件开发团队，还应涵盖领导与战略、运营、财务、营销等部门。

5.1.1　从项目转向产品

与组织层面的这些变化相呼应，人们对软件开发的思维方式也发生了转变。许多敏捷公司不再拘泥于项目视角，而是转向产品视角。这些公司关注的重点从项目的执行转变为为客户创造价值。这也改变了团队的组建方式——过去团队通常为了完成具体项目而组建，并在项目结束后解散。当组织转向以产品为中心时，团队将长期负责特定产品，贯穿从初始阶段到最终淘汰阶段的整个生命周期。这种长期负责制要求团队具备多种职能，能够胜任产品开发和运营的所有活动。在这种模式下，每个产品都有一个不断更新的待办事项列表，负责的团队则致力于以最快的速度将列表中的项目投入生产使用阶段。敏捷性和可部署性为这种范式转变提供了基础支撑。

5.1.2　业务敏捷性的驱动因素

大型组织通常管理着共享信息的一系列产品。以一家提供出行、食品配送服务的拼车公司为例，为了满足乘客、司机、餐饮商家、终端客户等不同用户群的需求，该公司需要管理多个移动应用程序和网站。此外，随着业务的发展，公司还会引入新的业务，比如为管理者开发网站。客户在创建包含付费信息的账户后，可以用单一账户访问不同的产品。由此可见，不同的产品常常需要访问公共的信息。

当面临新的市场机会时，公司希望尽快将具备基本功能的产品投入市场。该公司可能希望迅速将这一新产品投入生产，即使它只是以最低可行产品（Minimum Viable Product，MVP）的形式出现，即具有足够可用功能的产品版本。新产品必须能够访问现有信息，例如客户的详细信息。它还可以复用其他产品的业务流程，例如计算配送路线或添加新的支付方式。这个例子展示了业务敏捷性和产品导向性的概念：新产品需要在短时间内被创建并投入使用，随后不断地快速演进，以适应市场变化。

类似的场景在今天的大公司中十分常见，这要求软件架构设计必须考虑可组合性、可部署性等关键质量属性。

可组合性

根据维基百科的定义，可组合性是"一种处理组件之间相互关系的系统设计原则。一个高度可组合的系统，可以选择其组件并以各种方式组合，以满足特定的用户需求"。可组合性与可重用性密切相关，可重用性衡量的是组件可被用于不同环境的能力，而可组合性则关注集成多个可重用资产的能力。

在拼车公司的示例中，新产品可能由多个可重用的服务构成，例如访问用户信息的服务，或是管理业务流程的服务，这些服务都将成为新产品的一部分。

能够重用和组合公司现有的资产，才能快速开发新产品。例如，计算配送路线的服务是公司成熟核心业务的一部分。在开发新产品时，重用和整合此类服务可以降低时间和人力成本，为企业带来竞争优势。

可组合性作为一项至关重要的质量属性，甚至被用来衡量组织成为"可组合企业"的标准。然而，可组合性也伴随着一些需要权衡的因素，例如，可组合服务的设计复杂性更高，并且一旦被多个客户端采用，就会增加其变更难度。

可部署性

为了支持业务敏捷性，可部署性是除可组合性以外另一项不可或缺的重要质量属性。可部署性是指尽快交付系统的初始版本，以及持续快速更新版本的能力。这种质量属性不仅是对产品的要求，也是对产品中可重用服务的要求。

可组合性和可部署性是所有组织实现业务敏捷性的基石，我们将在第 6 章详细讨论可部署性的定义、实现方式以及设计方法。

其他质量属性

以 API 为中心的设计是满足质量属性（例如高可用性）的关键因素。例如，位置无关性、可伸缩性以及平台和技术独立性等优势，都源于精心设计的、基于 API 通信的业务架构。

5.2 以 API 为中心的设计关注点

API 已经有很长的历史，它通常用于建立两个或多个程序之间用来交互的接口或约定，并隐藏实现细节。以往的 API 设计常常局限于系统集成的特定场景，较少考虑未来如何演进或如何在新增客户端进行复用。在今天追求业务敏捷性的背景下，我们更关注那些通过网络被不同客户端复用的 API（Web API）。这类 API 是支持可组合性的基础模块，甚至被认为是现代的、分布式的、面向服务的架构基石。接下来我们将详细讨论架构师在以 API 为中心的设计中需要注意的事项。

5.2.1 API 和可组合性

在业务敏捷性的背景下，经过适当抽象的 API 将作为实现可组合性的基础模块。区别于面向集成的传统 API，这类 API 更侧重于业务层面而不是技术层面，因此常被称为"业务 API"。业务 API 通常围绕服务和实体构建，既可代表业务领域中的资产，例如，在拼车公司中，这些资产可以是客户、行程或账单；也可代表业务中的流程，比如执行行程的过程。它们通常遵循高内聚、低耦合的原则，高内聚指 API 提供的方法相关性强，聚焦于单一服务或资源；低耦合指 API 不暴露内部的实现细节，同时 API 实现方式的变化不会影响其使用者。

API 是描述与业务资产相关联的一组操作的约定，例如创建、检索和更新实体实例，触发特定业务流程的执行，以及执行货币转换之类的计算。在拼车公司的例子中，许多产品都可以通过访问客户 API 来获取客户信息。API 可以是私有的，也可以是公共的。私有 API 通常为公司内部使用而设计，公共 API 则面向外部使用者。

API 的重要特性之一是支持自助服务，即开发人员通过文档就可以自行查找和使用 API。良好的文档将极大地促进 API 的可组合性。可发现性和可用性也不可或缺，我们将在 5.2.4.2 节中对此展开讨论。

在可组合业务的基础设施中，需要一组 API 来支持不同产品的运营，或对合作伙伴及外部客户提供信息访问服务。这组 API 通常称为"API 平台"，它提供了组织中不同产品的后端服务。图 5.1 展示了一个 API 平台，以及构建在其上的一组内部应用程序和一个外部应用程序。

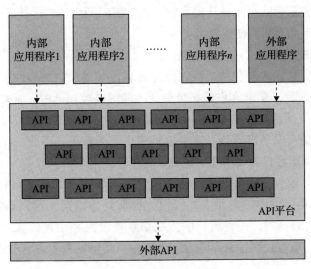

图 5.1   API 平台以及构建在其上的一组应用程序

5.2.2 API 优先设计

当公司采用具备组合性的 API 平台时，API 作为重要资产，将构成架构规划和推演的基础。API 优先设计是指在设计初期就将 API 设计为可重用资产。为支持可组合性，必须仔细规划 API 的设计。在 API 发布并有大量客户端使用后，再对其进行重大的更改就会非常具有挑战性。本节将讨论为支持 API 优先设计，在设计和定义 API 时需要考虑的各个方面。

5.2.2.1 API 的架构关注点

除了确保 API 能提供预期功能之外，设计 API 还需要考虑以下问题：

1. 设立目标并确定合适的粒度

在设计 API 时，需要考虑使用者的不同需求。例如，预期会被不同产品广泛使用的 API 必须具备可复用性，而专为支持单个前端而设计的 API［例如前端专属的后端（Back-end For Front-end，BFF）模式］则必须优先考虑客户端的可用性，而不必过多关注可复用性。

API 设计的挑战在于确定合适的抽象级别。粒度过粗将导致可重用性受限，而粒度过细将造成请求过多，或者响应信息冗余等问题。Web API 通常围绕域和资源进行组织，我们可以通过领域驱动设计等方法来识别出域和资源的恰当的表示形式。

2. 根据 API 类型遵循既定的设计原则

不同类型的 API（参见 5.2.3.1 节）在设计上需遵循不同的原则。例如，API 若要被视为 RESTful，则必须满足一定的条件。根据 Web API 对 REST 原则的遵循程度，Richardson 成熟度模型将其分为四个级别（从 0 到 3），只有达到级别 3 的 API 才能被视为 RESTful。此外，API 的命名和设计还需要符合行业标准和公司规范。

端点和资源的表示形式也是设计需要解决的重要问题之一。这要求仔细考虑命名原则，以及数据类型、关系和参数的使用原则。

3. 支持 API 演进

API 的变更通常是无法避免的，可以分为兼容性变更和非兼容性变更。非兼容性变更涉及对已有定义的修改，要求客户端必须更新才能继续使用 API，而兼容性变更则不要求客户端进行更新，虽然添加了给新客户端使用的特性，但不影响老客户端沿用已有特性。对于拥有大量客户的公共 API 来说，非兼容性变更尤为棘手。因此，在对 API 进行变更之前，应分析影响以确定客户需要的变更类型。

API 版本控制对于管理定义的变更至关重要。需要注意的是，API 定义的版本与其具体实现机制的版本有所区别（参见 5.2.4 节）。根据具体情况，可以选择不同的 API 版本控制策略。对于 REST API，一种流行的方法是在资源路径中包含 API 版本（例如，`/v1/products`）。此外，版本控制还会影响通过 API 端点传输的资源表示形式。

4. 管理错误

错误管理是 API 设计中需要重点考虑的一个因素。API 需要以统一的方式返回错误，当多个 API 参与调用时（例如跨 API 层调用），还需要定义传播错误的机制。对于基于 REST 的 API，除了 HTTP 状态编码，错误信息中还可能包含自定义编码，或其他具备可读性的信息。设计错误响应时还必须考虑安全性，例如，避免在错误响应中包含堆栈跟踪信息，这样可能会泄露实现细节。

5. API 的安全性

无论是公共 API 还是私有 API，API 的安全性都需要在设计早期考虑。如何进行身份验证和授权，是保护 API 时需要考虑的基本问题。为此，OAuth 2.0 等行业标准支持令牌和权限范围等机制，通过授权服务器生成访问令牌，使得 API 客户端在调用 API 操作时能够使用这些令牌。此外，客户端和 API 提供者之间通常采用安全通道进行通信。API 的安全性是一个广泛的议题，与身份验证和授权相关的其他事项，例如请求模式验证、防止数据渗漏和证书管理等，也需要综合考虑。

6. 其他注意事项

还有一些需要注意的常规事项，比如监控 API 的使用情况并建立限制使用（例如限流）的机制。一些特定事项，包括调整响应结果大小的分页机制，以及时区、货币和语言的国际化管理，也需要关注。最后，必须考虑调试功能，例如，分布式跟踪机制有助于定位运行时问题。

5.2.2.2　定义 API 规范

API 是一份契约，在早期设计阶段，并不需要对它进行编码。OpenAPI 等规范定义了对 REST API 进行建模的语言。代码清单 5.1 展示了使用 OpenAPI 定义 API 规范的代码片段。该示例展示了如何定义 API 的常规信息，包括版本信息、安全机制、参数路径、返回值和错误值、API 返回和接收的对象的模式，以及允许使用和测试 API 的服务器信息。尽管示例中 API 的细节可能会随着时间推移而发生变化，但其核心功能基本会保持不变，并通过 OpenAPI 或其他规范语言进行准确的传达。

代码清单 5.1　使用 OpenAPI 规范语言的示例 API

```
openapi: 3.0.1
info:
  title: Products API
  version: '1.0'
  description: Sample Open API specification.
  contact:
    email: john.doe@gmail.com
    name: John Doe
security:
  - BearerAuth: []
paths:
  /v1/products:
    get:
      summary: Allows a product to be retrieved using an optional filter
      operationId: getAllProducts
      parameters:
        - name: productType
          in: query
          description: Product type filter
          required: false
          schema:
            type: string
          example: Toys
      responses:
        '200':
          description: The list of products was retrieved successfully
          content:
            application/json:
              schema:
                $ref: '#/components/schemas/productListDto'
        '400':
          description: Invalid filter parameter
```

```
              content:
                application/json:
                  schema:
                    $ref: '#/components/schemas/errorDto'
            '500':
              description: Internal error during query
              content:
                application/json:
                  schema:
                    $ref: '#/components/schemas/errorDto'
        tags:
          - products
…
components:
  schemas:
    productListDto':
      type: object
      properties:
        products:
          type: array
          items:
            $ref: '#/components/schemas/productDto'
…
servers:
  - url: https://products-system.mocklab.io/
    variables: {}
    description: Mock server
  - url: http://localhost:8080/
    variables: {}
    description: Dev server
```

作为 API 优先理念的一部分，将定义 API 规范置于编写代码之前有诸多益处，理解架构设计价值的人对此深有体会。首先，使用 API 规范语言，可以利用专门的工具来验证 API 契约并动态生成 API 文档，这对于支持自服务至关重要。例如，使用 OpenAPI 规范语言的 API 规范可以呈现为交互式网页，允许潜在用户快速了解 API 的特征，包括路径、参数和错误值等。由于规范中包含足够的信息，能够生成 API 的测试用例，因此这些潜在用户可以成为 API 的消费者、生产者和测试者。其次，接口一旦定义完成，就可以支持并行开发，允许接口实现者和客户端开发者独立工作。此外，根据 API 规范，还可以轻松创建客户端、服务器和模拟实现，从而大幅加快开发和测试过程。这一切都基于 API 规范包含了足够的信息，并支持与其他服务的无缝交互。

1. 有关 API 的信息

用户可以通过 API 文档中的常规信息快速识别该 API 是否适用。根据 OpenAPI 规范的定义，可包含的信息示例如下：

❑ 标题：API 的标题。

❑ 描述：API 的简短描述。

❑ 服务条款：API 服务条款的 URL 地址。

❑ 联系人：API 的联系人信息。

❑ 许可证：有关 API 的许可信息。

❑ 版本：文档的版本。

2. 方法或操作

API 的重要组成部分是一组可调用的方法或操作。方法包含传递的参数和返回值，其数据格式需要清晰定义。通常，描述方法时必须包含以下要素：

❑ 方法名称。

❑ 方法描述：该方法用途的文字描述，可包含摘要。

❑ 参数：调用方法时传递的数据（详见本节后续内容）。

❑ 返回值：调用方法时返回的数据（详见本节后续内容）。

3. 参数

参数是调用方法时传递的数据。在某些类型的 API 中，参数可以通过多种方式进行传递。例如，对于 Web API，参数可以嵌入路径（例如，/products/{id}）、查询（例如，/products/?id=1234）、标头（例如，Content-Type:application/json）或消息正文中。此外，参数还可以具有其他属性，例如：

❑ 名称。

❑ 描述（可能包括示例）。

❑ 类型。

❑ 是必需的还是可选的。

❑ 允许值和默认值。

❑ 内容类型（用于作为消息正文传递的参数）。

4. 返回值

返回值是方法调用后返回的数据。与参数类似，根据 API 的类型，数据可以采用多种方式返回。对于 Web API，响应通常包括 HTTP 状态码和可选的有效负载。响应可以具有以下属性：

❑ 描述。

❑ 类型。

❑ 内容类型（如果返回值包含有效负载）。

5. 其他特性

API 可以定义如下附加特性：

❑ 安全方案。

❑ API 服务器的位置。

5.2.3 以 API 为中心的设计概念

正如前面所提到的，API 的设计需要非常谨慎，因为一旦发布并被广泛使用，任何更改都会付出高昂的代价。本节将介绍一些 API 的设计概念。

5.2.3.1 API 类型

设计 API 时，选择合适的 API 类型是一个关键决策。接下来我们将讨论几种常见的 API 类型。

1. 面向 REST 的 API

REST 是分布式超媒体系统的架构类型，包含一组架构约束和特性：

❑ 客户端–服务器分离：该约束强调了关注点分离原则，允许这两个组件独立发展。

❑ 无状态性：客户端和服务器之间的通信必须是无状态的。会话状态信息不在内部保留，而是保存在客户端的每个请求中，或保存在服务器的外部存储中。

❑ 可缓存性：根据请求或响应中的数据是否可缓存，隐式或显式地标记该属性，以便客户端能够采取相应的操作。

❑ 分层系统：可以在客户端和服务器之间添加客户端无感知的层次结构，用于处理如负载均衡等具体问题。

❑ 统一接口：组件必须具有统一的接口，这引入了四个接口约束。

　○ 资源标识：资源可被独立标识。

　○ 通过表述操作资源：资源可以采用不同的表述方式（例如 JSON 或 XML）。

　○ 自描述消息：返回给客户端的消息中包含足够的信息，指导客户端进行相关处理。

　○ 超媒体作为应用程序状态引擎：在资源表述中嵌入超链接，用以发现对资源的可用操作。

❑ 按需扩展：这是可选功能，客户端通过下载并执行小程序或脚本代码来扩展功能。

无论上述约束满足（RESTful）与否，基于 REST 的 API 都已成为现今 Web API 的事实标准。

2. 面向 RPC 的 API

远程过程调用（Remote Procedure Call，RPC）API 使客户端能够以类似本地调用的方式实现远程调用过程。RPC API 通常使用接口描述语言（Interface Description Language，IDL）来描述，通过该描述生成存根和框架，负责客户端与服务器之间的通信。客户端以与本地组件相同的方式与存根进行通信，存根将调用请求转发给服务器端的框架，框架再执行实际代码并返回响应，存根接收响应数据并传递回客户端。目前已有多种 RPC 标准，其中由 Google 创建并支持流数据的 gRPC 较为流行。

选择 RPC API 通常出于性能考虑。这种方法导致了客户端和服务器的紧耦合，通常适用于组织内部的 API，不适合对外公开的 API。RPC 也可用于原型设计或快速开发，但由于开发人员可能对其不够熟悉，加上协议的可读性较差，因此调试和维护会变得较为困难。

SOAP 和 WSDL 基于 HTTP 实现了传统 RPC 技术的功能，但使用起来非常复杂。尽管它们仍在使用，但逐渐被面向 REST 的 API 所取代。

3. 面向查询的 API

面向查询的 API 旨在解决 RESTful API 等其他方法的不足。在 RESTful API 中，使用不同的参数组合对端点进行灵活的查询可能很难实现。此外，为获取所需数据，需要对不同的端点进行多次调用，每次调用可能都会返回冗余信息，这样的交互模型效率低下，导致性能欠佳。

在面向查询的 API（例如 GraphQL）中，每个客户端都能精确指定所需的数据。API 公开的类型则使用模式描述语言进行描述。该模式建立了一个契约，规定了客户端如何从单个端点获取数据。

查询由服务器端的专用组件执行，该组件负责从多个信息源检索数据，并将结果返回给客户端。与标准 RESTful API 往往返回多余数据不同，GraphQL 只返回查询中指定的数据。只要查询模式支持，用户可以仅修改查询而无须更改服务器端代码。此外，GraphQL 在修改服务器数据时使用变更操作，而非查询操作。

面向查询的 API 是一项相对较新的技术，虽然它解决了一些其他类型 API 面临的问题，但也带来了新的挑战，如更陡峭的学习曲线。面向查询的 API 主要用于前端，适用于带宽有限的场景，以及需要在拥有大量实体和复杂关系的领域模型内进行查询的情况。

4. 异步 API

前面讨论的方法都基于同步的"请求 – 响应"交互模式，该交互由客户端发起。虽然这种方法适用于很多场景，但在某些情况下并不适用。例如，如果客户端需要在资源变化时收到通知，"请求 – 响应"方法就无能为力了。通过定期轮询可以实现此功能，但该方法通常烦琐且效率低下。更好的方法是由托管资源的服务器发起交互，并在资源发生变化时通知客户端。

异步 API 实现了这种方法。事件或命令由事件发布者发送，并由一个或多个消费者接收。事件或命令的发送可以使用不同的策略，例如选择消息分发或流式传输机制，采用网站回调或服务器推送技术。类似于"请求 – 响应"API，人们也在致力于规范异步 API，例如定义 AsyncAPI 规范。目前，异步 API 的应用还不如"请求 – 响应"API 广泛。

5. WebSocket API

WebSocket 是一种双向有状态协议，允许客户端和服务器互相发送消息，这与无状态且单向的 HTTP 截然不同。它支持连续的数据传输，被广泛应用于实时应用程序开发，例如游戏和实时体育赛事更新。

5.2.3.2 模式

与其他设计领域一样，为解决以 API 为中心的开发过程中的问题，许多模式（和反模式）应运而生。以下列举了一些相关模式的示例。

1. 前端专属的后端模式

当使用单个后端支持多种不同类型的前端（如移动端和 Web 端）时，可能会引发代码膨胀和维护困难等问题。为了解决这些问题，前端专属的后端（BFF）模式应运而生。该模式的核心思想是为每个前端提供一个专属后端，因此被称为前端专属的后端。BFF 能够针对特定前端的需求定制 API，这大幅提升了用户体验以及系统的性能、安全性和可维护性。在这种模式下，用户应用程序由前端及其对应的后端共同构成。BFF 通常作为不直接暴露给前端的其他服务的接口（façade 模式），负责查询这些服务并将结果聚合为单一响应返回给前端。这种方法不仅提升了性能，还通过隐藏其他 API 增强了安全性。此外，BFF 还可以处理日志记录等其他任务。然而，这种模式的缺点在于，需要为每个前端开发多个专属后端。

BFF 与面向查询的 API 密切相关，两者的共同点是响应内容均根据客户端需求定制，并且可能包含从多个其他服务收集的信息。

2. 分层 API

如 3.5.2.1 节所述，分层架构通过将模块按职责分组，使模块能够独立演进。各模块被归类到不同的层级中，通常只能依赖于同层或更低层的模块。

分层架构也可以应用于 API 设计，即根据 API 的职责将其分到不同的层级中。实现 API 的组件（例如微服务）只能依赖于位于同一层或更低层的 API。例如，如图 5.2 所示，API 主导连接（API-Led Connectivity）模式将 API 分为三个不同的层级：

- ❑ 系统 API：位于底层，负责访问后端系统的数据，并将其转换为适合 API 使用者的格式。系统 API 通常不直接提供对外访问。
- ❑ 流程 API：负责编排系统 API，实现业务流程和逻辑，通常也不直接提供对外访问。
- ❑ 体验 API：位于顶层，实现前端专属的后端模式。这类 API 针对单一类型的用户应用定制，提供优化的用户体验。由于本身并不包含业务逻辑，其实现依赖于底层 API 的调用。这些 API 通常对外开放，因此需要特别关注安全性。

API 通常通过网络实现组件之间的调用。在分层架构中，为避免遍历各层时带来的延迟，来自上层（例如体验 API 层）的实现组件可以直接跨层调用底层 API（例如流程 API 和系统 API）。正如 3.5.2.1 节所述，这是一种在可修改性与性能之间做出的权衡。

采用分层 API 设计有助于实现 API 的定制化。另外，在一些场景中，API 调用可能会导致遍历多个组件的链式请求，进而形成复杂的网络结构，分层模式有助于避免该种情况。

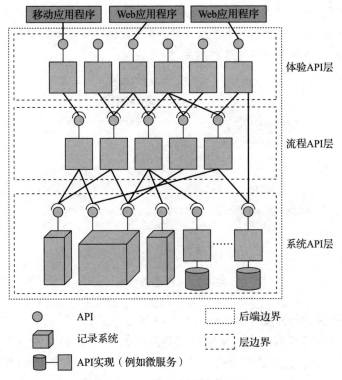

图 5.2 API 分层架构示例

3. API 网关

API 网关模式是一种界面（façade）模式，通过为客户端提供单一的入口点实现对其他 API（通常是内部 API）的访问。这种网关不仅可以处理功能性问题，还可以处理质量属性问题。在功能方面，API 网关通过暴露单一的 API，为特定的客户端优化数据的提供方式——类似于前端专属的后端模式。在非功能方面，API 网关负责管理安全性、监控、流量限制等质量属性。许多云服务提供商的 API 网关就属于这种类型。

4. 其他模式

其他几种模式解决了 5.2.2.1 节中讨论的问题。例如，版本标识符模式支持版本控制，错误报告模式支持错误管理（更多信息，请参阅 5.5 节）。

5.2.3.3　API 实现

API 和模式可以通过多种机制来实现，但具体的实现机制应对 API 使用者保持透明。实现机制是支持可部署性的关键，这将在 6.2.2 节中详细讨论。

5.2.4　API 管理

一旦组织开始构建基于 API 的基础设施以支持业务敏捷性，就需要在组织层面建立一套管理实践以确保成功。这些管理实践统称为 API 管理，在 API 整个或部分的开发生命周期中，可通过专门的 API 管理工具来提供支持。API 管理模型包括如图 5.3 所示的各个组件，我们将在接下来的小节中详细讨论这些组件。

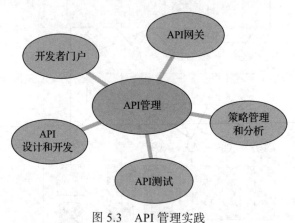

图 5.3　API 管理实践

5.2.4.1　API 设计与开发

API 设计与开发需要借助工具来实现。我们在 5.2.2 节已经讨论过定义机制，使用的工具包括规范编辑器、验证器以及代码生成器，其中代码生成器能够基于规范生成实现框架。

5.2.4.2　开发者门户

自助服务是基于 API 开发的关键要素，它允许开发者发现 API（开发时的可发现性）并理解如何使用它们（可用性），因此开发者门户至关重要。如果开发者无法找到现有 API，或者不清楚使用方法，那么他们可能会创建新的接口来处理现有接口已解决的问题，导致不必要的重复工作。

人们开发了各种工具，一些工具通过规范可视化来提供更好的可读性，还有一些工具通过调用的方式与 API 直接交互。此外，开发者门户网站还可以提供代码片段，方便开发者编写 API 客户端。

5.2.4.3　API 测试

API 测试是开发过程中不可或缺的环节。现有的工具可以直接使用 API 规范生成模拟实现（在线或离线），这有助于测试和并行开发。在开发过程中，自动化的 API 测试套件，诸如 Postman 这样的工具，在开发过程中也常被使用。另外，一些在线工具也支持对性能等质量属性进行测试，例如对 API 进行压力测试。

5.2.4.4　API 网关

在 5.2.3.2 节中，我们介绍了 API 网关模式，作为访问后端平台的入口点，API 网关在管理策略中同样起着关键作用。由于所有请求都经过 API 网关，因此它可以作为代理来管理多种质量属性，例如安全性、速率限制、分析与监控以及计费。云服务提供商的 API 网关通常使用 OpenAPI 规范作为配置的基础。

5.2.4.5　策略管理和分析

策略管理涉及对流量管理、安全等运营策略进行细粒度的控制。由于策略更改可能会对系统质量和客户端产生重要影响，因此必须谨慎操作。

另一项重要的 API 管理活动是分析。通过对监控数据的分析，可以为多个关键决策提供支持，例如是否收费，是否允许更改已发布的 API，或是否移除未使用的 API。

5.3　以 API 为中心的设计和 ADD

本章已经探讨了许多以 API 为中心的设计考量，接下来我们将重点探讨如何应用 ADD 来支持该设计。实质上，以 API 为中心的设计属于架构设计，因此我们特别关注 API 的配置和结构。

5.3.1　ADD 和 API 规范设计

ADD 提倡的迭代设计，在 API 设计中也非常有用。接下来，我们讨论在做出遵循以 API 为中心的设计理念的决定后，如何将 ADD 的步骤映射到 API 的设计过程中。

步骤 1：审查输入

与其他设计一样，API 设计也需要明确驱动因素：这是内部 API 还是外部 API？它的作用是什么？它是为特定前端设计的，还是供多个客户端复用的？谁是目标用户？数据类型和预期数据量是多少？在设计过程中是否需要考虑特定的质量属性，例如可扩展性或安全性？API 需要支持哪些操作（例如，仅查询，还是也包括对资源的修改）？此外，还需要确认是否需要遵循现有的 API 设计指南，例如组织层面的规范。

步骤 2：通过选择驱动因素建立迭代目标

迭代目标可能是创建 API 的初始版本，也可能是完善 API 的先前版本。创建初始版本时，应收集 API 使用者的需求。确定从哪些 API 开始设计非常重要，例如，如果要基于现有组件构建 API，那么可以先从易于复用的通用功能 API 开始，然后再处理那些面向特定领域的 API。

步骤 3：选择系统元素进行细化

在初始设计迭代中，需要将 API 作为一个整体来进行考虑。之后的迭代可以专注于 API 的特定部分，也就是元素，例如资源的路径或特定操作。

步骤 4：选择满足选定驱动因素的设计概念

在 API 设计之初，首先要选择 API 的类型，例如，REST、GraphQL 或异步。其他的重要早期决策还包括如何选择设计概念，用以处理资源表述、版本控制、授权和身份验证以及错误管理等方面问题。在后续决策中，还需要考虑如何满足特定驱动因素，例如，在不影响客户端的情况下，如何支持 API 的后续扩展，如何优化调用 API 返回的数据量等。

步骤 5：实例化架构元素、分配职责并定义接口

设计概念一旦选定，就需要将其应用于设计中的 API。例如，在实例化活动中，需要确定 REST API 的版本控制方案是位于资源标识符的路径上，还是作为消息头字段的一部分。

API 设计的主要活动是接口定义。正如 4.6 节中所讨论的，时序图是常用的工具。操作方式一旦确定，就可以为其分配职责。例如，某些操作负责检索数据，而其他操作则负责创建或修改数据。需要根据 API 的类型，并从可用性出发，仔细设计操作的方式，以及通过操作交换的数据。在此步骤中，识别资源表述形式及其属性和关系也是必不可少的。

在实例化过程中，可以创建 API 原型。例如，可以使用诸如 OpenAPI 之类的规范语言来创建规范。产生的规范可用于生成文档或模拟实现，这对于收集反馈非常有用。

步骤 6：绘制视图草图并记录设计决策

在 API 设计中，文档固然至关重要，但应当内嵌于 API 之中，而不是记录在外部文件中。我们可以在模式或规范中通过添加注释来记录 API 的设计决策。

步骤 7：执行当前设计分析，并审查迭代目标和设计目标的实现情况

在迭代结束时，需要评估当前设计是否满足要求，是否可以进入实现阶段。为此，可以邀请同行进行评审，或使用自动化工具来检查，判断是否符合标准并识别是否存在设计缺陷。对于复杂的 API，可能需要多次设计迭代。

5.3.2 在以 API 为中心的设计的其他领域使用 ADD

ADD 还可用于本章讨论的以 API 为中心的设计的其他领域。

5.3.2.1 实现机制的设计

API 实现机制的设计也可以应用 ADD 方法。例如，一旦 API 定义完成，就可以采用微服务来实现它，微服务设计可以使用第 4 章中描述的 ADD 标准步骤。在这种情况下，除了 2.4 节中提到的其他因素，API 规范也将成为一个重要的驱动因素。

5.3.2.2 全新 API 平台的设计

从零开始设计 API 平台的机会并不多见，在设计之初，就需要建立基础设计决策，包括跨层 API 的构建方式、粒度级别、版本控制、错误管理和安全策略等。应尽早就这些问题形成结论，并在团队内达成共识，从而避免由于缺乏明确的指导，在后续开发中形成不一致的 API。在 API 投入使用后再进行重构，成本将非常高昂。

一些产品或应用程序的 API 会跨越多个平台或不同层级，例如，前端使用的 API 还依赖于其他 API。从这些产品或应用程序入手，通过多次架构决策迭代来完善设计，将有助于为整个 API 平台建立基础设计决策。

5.3.2.3　从单体结构迁移到 API 平台

传统 IT 基础架构以单体应用为中心，将其迁移到支持业务敏捷性的 API 平台，是许多公司正面临的挑战。在这种情况下，第 4 章中介绍的扼杀者模式会有所帮助。

将单体应用转化为 API 平台，可以基于 API 层来进行平台设计。为此，我们需要构建大量的 API（通常是系统 API 和流程 API），并通过单体应用实现它们（参见 6.2.2 节）。新的应用程序将使用这些 API 并与旧单体应用分离，旧单体应用则通过扼杀者模式逐渐被替换。在这种情况下，ADD 既可以用于平台的设计，也可以用于 API 的设计。

5.4　总结

本章概述了以 API 为中心的设计，并探讨了如何通过可组合性实现业务敏捷性。以 API 为中心的设计不仅涵盖了设计和定义 API 规范，还包括 API 的实现方式，以及如何将 API 组织成平台。此外，API 管理对于支持自助服务及其他治理功能也至关重要。最后，本章还讨论了如何将 ADD 应用于以 API 为中心的设计的不同领域中。

5.5　扩展阅读

业务敏捷性的定义源于敏捷联盟网站：www.agilealliance.org/glossary/business-agility/。

年度敏捷状态报告讨论了当前采用敏捷实践的趋势，参见 http://digital.ai/resource-center/analyst-reports/state-of-agile-report/。

有关可扩展敏捷框架（Scaled Agile Framework，SAFe）的文档，包括业务敏捷性的定义和讨论，参见 https://scaledagileframework.com/business-agility/。

REST 架构风格定义于 Roy Fielding 在其 2000 年的博士论文 "Architectural Styles and the Design of Network-Based Software Architectures" 中。Richardson 成熟度模型的解释可以在 https://martinfowler.com/articles/richardsonMaturityModel.html 上查阅。

许多书籍和在线资源都涵盖了 API 设计主题，包括：

❑ A. Lauret 的 *The Design of Web APIs*（Manning Publications，2019）。

❑ O. Zimmerman、M. Stocker、D. Lübke、U. Zdun 和 C. Pautasso 的 *Patterns for API Design: Simplifying Integration with Loosely Coupled Message Exchanges*（O'Reilly，2022）。

❑ Google Cloud/Apigee 团队的 "Web API Design: The Missing Link, Best Practices for Crafting Interfaces that Developers Love"，参见 https://cloud.google.com/files/apigee/apigee-web-api-design-the-missing-link-ebook.pdf。

本章介绍了几种支持以 API 为中心的开发技术。更多相关信息，请访问以下链接。

❑ OpenAPI：www.openapis.org/

❑ AsyncAPI：www.asyncapi.com/

❑ OAuth：https://oauth.net/specs/

❑ gRPC：https://grpc.io/

❑ SOAP：www.w3.org/TR/soap/

❑ GraphQL：https://graphql.org/

❑ WebSocket：www.w3.org/TR/2021/NOTE-websockets-20210128/

Mulesoft 的 API 引领的连接性模式定义了三种不同的 API 层。更多信息请访问 www. mulesoft.com/resources/api/types-of-apis。

API 管理在 Brajesh De 的著作 *An Architect's Guide to Developing and Managing APIs for Your Organization*（Apress，2017）中有所论述。

5.6　讨论问题

1. 本章讨论的以 API 为中心的方法与传统的面向服务的架构（Service-Oriented Architecture，SOA）有何不同？

2. 什么是死亡之星（Death Star）架构？如何运用本章所讨论的概念避免出现这类问题？

3. 目前 OpenAPI 规范仅定义了与安全相关的结构，而不支持其他质量属性。你认为原因何在？请列出支持其他质量属性（如性能或可用性）的结构。

4. 将 GraphQL API 的示例与 OpenAPI API 的示例进行比较，并分析 GraphQL 文档与 Swagger 文档各自的优缺点。

5. 对于希望构建 API 平台的组织来说，不遵循 API 管理实践会带来哪些风险？

6. 在什么情况下，你会倾向于采用以 API 为中心的架构设计，而非更传统的方法？哪些业务目标或驱动因素会促使你做出这种选择？

7. 找出一个已发布的 API 示例，并使用 Postman 调用它。该 API 文档是否提供了足够的信息来正确使用该 API？为了让不熟悉所选 API 的开发者获得更好的体验，还可以补充哪些信息？

8. 考虑使用 OpenAPI 定义 API。完整定义此 API 以支持开发人员进行自助服务，难度有多大？比较你定义的 API 与问题 7 中所用 API 的可用性差异。

第 6 章 *Chapter 6*

可部署性设计

在第 5 章中，我们重点讨论了可组合性的重要性，以及以 API 为中心的设计如何助力业务敏捷性。然而，在设计基础设施和系统时，仅依靠 API 和关注点分离是不够的。虽然优秀的可组合性设计能让你轻松调整代码库，避免技术债务的累积，但这并不意味着这些改动可以顺利地将产品推向市场。为此，我们还需要关注可部署性。本章将可部署性视为一种质量属性，提出相关设计概念，并在 ADD 的背景下进行讨论。

本章导读

如今，DevOps 实践已被广泛采用，成为众多业务模型的关键组成部分，有效缩短了开发周期。其中，可部署性作为一项基本质量属性发挥着至关重要的作用。本章将介绍可部署性，并深入探讨如何利用 ADD 设计实现该属性的大规模应用。

6.1 可部署性原则和架构设计

可部署性与其他重要的系统质量属性一样，需要在设计和管理时加以重视。在深入讨论具体的实现方式之前，首先需要了解 "可部署性" 的概念。

6.1.1 可部署性的定义

可部署性是软件的一项核心属性，用来衡量软件能够以预期的时间和人力部署到执行环境的能力。若部署过程完全自动化，不需要人工干预，则称为持续部署。设计软件架构时，需要考虑部署流水线，这包含一系列工具和活动，涵盖从开发人员提交代码到将应用程序功能部署到执行环境的完整流程。可部署性既是产品的关键质量属性，也是产品中各组件（例如前面讨论过的 API）的重要质量属性。

部署不仅仅是将系统或其组件交付到最终环境。作为开发过程的一部分，除了开发环境，还需要将系统部署到其他环境中，并在每个环境中执行特定的测试集。测试从开发环境中对单个模块的单元测试开始，然后扩展到集成环境中对服务组件的功能测试，最终涵盖预生产环境中的质量测试和生产环境中的使用监控。常见的环境和测试如下（见图 6.1）：

- ❏ 开发环境：以模块为单位完成代码编码并进行单元测试。代码通过测试后，可能需要经过审查才能推送到版本控制系统，进而触发集成环境中的构建活动。
- ❏ 集成环境：这是一个预生产环境，用于构建组件或服务的可执行版本。持续集成服务器将提交的更改代码与其他代码共同编译，生成待部署的可执行镜像。集成环境的测试包括对编译后代码的单元测试，以及对待部署系统的集成测试。测试通过后，构建的版本将转入预生产环境。
- ❏ 预生产环境：在部署到生产环境之前，预生产环境用于测试系统的各项质量指标，包括性能测试、安全测试、许可证一致性检查，甚至验收测试。只有通过所有预生产环境测试（可能包含现场测试）的系统，才能采用蓝 / 绿发布或滚动升级的方式，部署到生产环境。有时还会进行部分部署，以控制质量，或测试市场反应。
- ❏ 生产环境：一旦该服务或组件在生产环境中稳定运行，并获得质量认可，便可视为系统的正常组成部分。

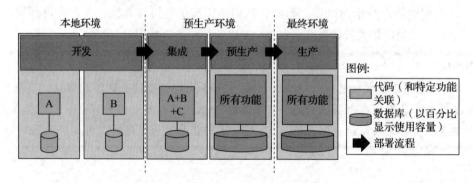

图 6.1　系统部署环境

这些环境，以及用于配置环境、版本迁移、测试和监控的工具，是部署流水线的核心组件。

表 6.1 概述了可部署性的一般场景。此类场景通常需要考虑以下问题：部署的触发源是什么？需要变更什么？使用什么环境？应该如何响应触发？如何衡量部署是否成功？

表 6.1　可部署性的一般场景

场景	描述	可能的值
来源	部署触发的来源	最终用户、开发人员、系统管理员、操作人员、组件市场、产品所有者
激励	部署触发的原因	允许更新软件元素。这通常是用新版本替换软件元素的请求，用以修复缺陷、应用安全补丁、升级到组件或框架的最新版本、升级到内部开发的元素的最新版本

（续）

场景	描述	可能的值
激励	部署触发的原因	允许新增软件元素 回滚现有软件元素 / 元素集
工件	更改的对象	特定组件或模块、系统平台、用户界面、系统环境或互操作的其他系统。因此，工件可能是单个软件元素、多个软件元素或整个系统
环境	工件部署的位置	集成环境 预生产环境 生产环境
响应	具体的举措	全面部署 部分部署，部署到以下指定部分的子集：用户、虚拟机、容器、服务器、平台 监控新组件 回滚至先前的部署
响应度量	通过成本、时间或流程效率，评价部署效果	成本体现在： • 工件的数量、大小和复杂性 • 平均 / 最坏情况的人力 • 完成时间 • 金钱（直接支出或机会成本） • 引入的新缺陷 此部署 / 回滚对其他功能或质量属性的影响程度 失败部署的数量 过程的可重复性 过程的可追溯性

请注意，尽管可部署性被归类为质量属性，但与其相关的一系列实践被称为 DevOps，因为它们连接了开发和运维的不同问题。DevOps 还涵盖了其他考量，例如如何监控生产环境中的系统。

6.1.2　持续集成、部署和交付

为了支持敏捷开发，系统或其组件的新版本需要频繁交付，这意味着开发环境中的更改必须迅速通过前述各个预生产环境，最终部署到生产环境。这是 DevOps 的基本原则，而实现这一原则的关键在于尽可能地自动化整个流程。

当流程不需要人工干预，并且完全实现自动化时，则称为持续集成（Continuous Integration，CI）或持续部署（Continuous Deployment，CD）。如果流程自动化只覆盖到组件交付完成，而生产环境的部署因法规或政策要求需要人工干预，则称为持续交付。

在许多系统中，交付可以随时进行，甚至可能一天交付多次，而每次都可能由不同的团队发起。只要功能测试通过或错误修复完成，新的功能、错误修复和安全补丁就可以立即发布，无须等待后续计划版本。

然而，在有些场景中，持续部署并不适用，甚至是不可行的。如果软件处于具有众多依赖关系的复杂生态系统中，则无法在不协调其他部分的情况下单独发布。此外，对于许多嵌入式系统、安全关键型系统、难以访问的系统以及未联网的系统，持续部署理念并不完全适用。在这些情况下，可采用频繁部署到预生产环境而减少生产环境的部署频次的策略。

如果新部署的系统无法满足规范要求，为了在预期的时间和人力成本内将系统恢复到先前的状态，则可能（在某些情况下必须）执行回滚操作。随着虚拟化和云基础架构的普及（详见第 7 章），以及软件密集型系统部署规模的持续增大，做出支持高效、可预测部署的设计决策已成为架构师的重要职责。尤其是快速有效地回滚部署的能力，是最大限度降低整体系统风险的关键。

6.1.3　可部署性设计的探讨

为了设计具备良好可部署性的系统，需要在以下两个方面做出关键决策：（1）待部署系统的架构；（2）部署基础设施的架构。尽管这两者是相关的，但它们又彼此独立，因此可以单独设计。在 6.1.3.2 节中，我们将深入探讨部署基础设施的架构。

6.1.3.1　支持可部署性的系统设计

为了确保系统具备良好的可部署性，架构师需要明确如何在宿主机平台上更新可执行的文件，以及如何运行、测量、监控和控制更新后的程序。因为受限于带宽和数据大小，移动系统在更新部署方面尤为困难。以下是一些部署软件的关键问题：

- ❑ 如何将新的可执行文件传输到宿主平台？例如，是采用推送更新（未经请求的自动部署），还是拉取更新（用户或管理员主动请求）？
- ❑ 软件部署如何与系统交互？能否在不影响当前系统运行的情况下进行软件的更新？
- ❑ 传输介质是什么？ U 盘还是网络传输？
- ❑ 如何打包？例如，打包成可执行文件、容器镜像、应用程序或是插件？
- ❑ 与当前系统集成会产生什么结果？
- ❑ 部署流程的效率如何？
- ❑ 部署流程的自动化程度和可控性如何？例如，能否在尽量减少人工干预且不中断系统运行的情况下，实现新版本的切换和回滚？

为回答上述问题，架构师需要考察下列架构关注点并进行相关风险评估：

- ❑ 粒度：部署的范围，可以是整个系统，也可以是系统的部分元素。如果架构提供细粒度的部署方式，则有助于降低风险。
- ❑ 可控性：该架构应支持在不同粒度级别进行部署，能够监控已部署单元的操作，并在部署失败时进行回滚。
- ❑ 效率：架构应支持快速、低成本的部署和回滚。

架构选择（策略和模式）对软件系统的可部署性有着深远的影响。例如，在采用微服务架构模式（参见 6.2.2 节）时，负责每个微服务的团队可以将所有运行时依赖项打包成一个独立的可执行文件，从而自主选择技术栈。这种方式消除了以前到集成阶段才可能发现的不兼容问题，例如不兼容库版本之间的冲突。由于微服务之间的独立性，这些技术选择不会引发问题。

持续部署的理念要求我们在开发的早期阶段就要考虑对基础设施的测试。因为持续部署依赖于持续的自动化测试，所以这种提前规划至关重要。此外，回滚或功能禁用的需求会引发关于功能开关、接口向后兼容等机制的架构决策，尽早做出这些决策无疑是明智的。

6.1.3.2 部署基础设施设计

可部署性依赖于部署基础设施的支持，而部署流水线则是这一基础设施的核心组成部分。所谓部署流水线，指的是从代码提交到版本控制系统开始，直至系统成功部署结束，用户或其他系统采用的一系列工具和活动。

在部署流水线的各个环节中，一系列工具负责编译、集成、自动测试新提交的代码，验证集成代码的功能，测试系统在不同压力下的性能、安全性和许可证合规性，并在所有质量标准都达标后，将新服务推送至生产环境。

当然，软件开发并不总是一帆风顺。当软件部署到生产环境后，你可能会通过监控发现问题，或者收到用户提交的错误报告，这时，通常需要将系统回滚到引入问题之前的版本。为了实现这一点，理想情况下，部署流水线应具备一键回滚的功能，因此，回滚机制必须集成在部署流水线中。

部署流水线通常包括以下工具：代码分析工具、测试自动化工具、持续集成服务器、部署自动化工具、监控工具和工件存储库。部署基础设施的设计通常由开发运维（DevOps）或开发安全运维（DevSecOps）工程师与架构师共同完成。在小型组织中，这些工作可能由同一个人承担；而在大型组织中，这些工作可能会由不同的个人或团队来分工负责。

6.2 支持可部署性的设计决策

为了对可部署性进行设计，需要分析阻碍快速高效部署的瓶颈。我们希望软件具备以下特性：

- ❑ 易于更改：更改不应引起连锁反应，同时支持并行开发，使开发人员的更改互不干扰，从而简化测试和部署，提升交付速度。
- ❑ 支持自动化测试：如果测试无法完全自动化，那么流水线将需要人工干预，这将影响速度。
- ❑ 易于监控：能够快速发现新版本引入的缺陷，例如性能问题或安全漏洞。
- ❑ 易于回滚：当发现问题后能够快速回滚。
- ❑ 支持弹性伸缩：在逐步替换实例时，确保不会对正在运行的应用程序的性能产生影响。
- ❑ 对单点故障具有鲁棒性：确保单个服务的更新失败不会导致整个系统崩溃。

不难发现，这份清单上列出的属性，包括可修改性、性能、可用性和可测试性，都是复杂系统不可或缺的属性，也是架构师一直以来孜孜以求的目标。为了实现可部署性，我们希望在任何时候这些属性都能得到满足！本章将重点关注那些直接影响可部署性的质量属性，但请注意，忽视其他维度的质量属性可能会影响可部署性的最终实现。

6.2.1 可部署性策略

当系统中新增或更改的软件元素需要发布时，将触发部署过程。如果部署在认可的时间、成本和质量限制内完成，则视为成功。

图 6.2 展示了可部署性策略的分类，主要分为两类：管理部署流水线和管理已部署系统。前者聚焦于部署基础设施的设计决策，而后者则关注部署功能的设计决策。接下来，我们将分别对此进行详细阐述。

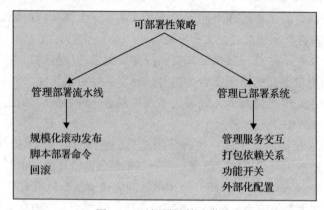

图 6.2　可部署性策略分类

管理部署流水线的策略包括：

- ❏ 规模化滚动发布：新版本并非一次性部署到所有用户，而是逐步对部分用户进行发布。这种方式能够监控和评估新版本的效果，并在必要时进行回滚。
- ❏ 回滚：如果部署时发现问题，则可以将系统恢复到之前的状态。由于部署可能涉及多个服务和多次更新，因此回滚机制必须能够跟踪这些更新，或消除其影响，理想情况下应实现完全自动化。
- ❏ 脚本部署命令：需要将部署中执行的复杂且需要精确协调的步骤编写成脚本。该方法吻合"基础设施即代码"的趋势。

管理已部署系统的策略包括：

- ❏ 打包依赖关系：将元素与其内部依赖项（即执行所需的组件）打包在一起，以便它们能够一起部署。
- ❏ 管理服务交互：对于和外部实体有交互的服务，需要协调部署以避免兼容性问题。
- ❏ 功能开关：新功能部署后若出现问题，可以在运行时通过功能开关来禁用该功能，而无须重新部署。功能开关降低了缺陷带来的风险。

❏ 外部化配置：系统不应包含任何硬编码的配置，这限制了系统在不同环境之间的迁移能力（例如，从测试环境迁移到生产环境），应使用存储在外部仓库中的环境变量来进行配置。

6.2.2　可部署性模式

与策略类似，可部署性架构模式也分为两大类。第一类模式用于构建待部署的服务，第二类模式则关注如何部署服务。这两大类别并非完全相互独立，因为某些服务的部署模式依赖于服务本身的结构属性。第二类模式又可细分为两个子类：全量替换部署和部分部署。

我们先探讨构建待部署服务的模式。考虑到可部署性，构建系统时通常采用以下选项：微服务架构、分层架构、负载均衡集群或单体架构（可能采用模块化设计）。我们将概述这些架构模式。

6.2.2.1　微服务架构

微服务架构模式将系统构建为可独立部署的服务集合，服务间仅通过服务接口的消息进行通信。这些服务的构建意味着系统具备以下属性：

❏ 高可维护性与可测试性。

❏ 松耦合。

❏ 可独立部署。

❏ 围绕业务能力组织。

❏ 由一个小团队负责。

其他形式的进程间通信，包括对其他服务的数据库的直接连接和直接读取、共享内存模型和任何形式的后门，都不被允许。由于开发团队较小，服务也相对较轻，因此这类服务被称为微服务。这类服务通常是无状态的，服务之间不会形成环状依赖关系。服务发现是此模式的重要组成部分，它可以确保消息被适当地路由。

微服务提供 API，同时也使用其他的 API 来履行其服务合约。这些 API 通常采用同步请求 – 响应模式，但也可能是异步的（收发异步事件）。微服务所使用的 API，特别是请求 – 响应类型的 API，构成了服务间的依赖关系。

在微服务架构中，确定合适的微服务粒度以及 API 粒度是一个极大的挑战。粒度的分解和集成有许多驱动因素。粒度分解是指单一服务的拆分，集成则是指不同服务的整合。粒度分解的驱动因素包括：

❏ 服务范围和功能：服务是否承担了不相关的职责？

❏ 代码易变性：代码变更是否只会影响服务的单个部分？

❏ 可伸缩性和吞吐量：服务的某些部分需要单独采用不同的扩展方式吗？

❏ 安全性：服务的某些部分是否需要采用比其他部分更高的安全级别？

❏ 可扩展性：服务是否总在为添加新特性而扩展？

粒度集成的驱动因素包括：

❑ 数据库事务：在不同服务之间是否需要满足 ACID 的事务交互？
❑ 工作流和编排：服务间是否需要相互通信、频繁交互？
❑ 共享代码：服务之间是否需要共享代码？
❑ 数据关系：服务可以拆分，但它们使用的数据也可以拆分吗？

管理微服务之间的依赖关系极具挑战性。例如，所使用的内外部 API 可能都需要凭据，如何给这些 API 提供凭据？可以使用不同的令牌委派模式来解决这一问题。错误管理也是一项挑战，例如，当 API 调用失败时，可能会导致 API 的提供方出现错误。如何在存在依赖的微服务之间传播错误信息，以便充分跟踪错误并为用户提供有用信息，成为亟待解决的难题。对于 API 调用失败的问题，可以使用断路器模式等解决方案。另外，如果 API 端点要求微服务的事务调用多个 API，事务一致性的管理将成为挑战，对此可以使用长时间运行事务（SAGA）模式等解决方案。

在微服务架构中，服务发现、负载均衡、扩展、监控和配置管理等问题都需要妥善处理。一种解决方案是在依赖的微服务之间引入挎斗（sidecar）代理。通过采用这种策略，用于解决上述问题的代码被封装在挎斗中，从而与微服务本身进行了分离。这些挎斗根据控制器定义的规则拦截数据，构成了服务网格（service mesh）的基础。

6.2.2.2　单体和模块化单体

单体架构是指将系统的所有模块编译成单个可执行文件，并将其作为一个单元进行部署。代码的任何更改都将导致整个系统的重新部署。在微服务架构出现之前，大多数系统都是采用这种方式来构建的。与其他架构模式一样，单体架构优劣并存。近年来，因为单体架构控制部署的能力较弱，以及可伸缩性较差，许多组织已经放弃了这种架构。

在微服务架构中，广泛存在与分布式事务相关的问题。使用单体架构的一个潜在优势是，它并非分布式系统，因此，不会出现分布式事务的问题。此外，与管理多个代码单元的部署相比，管理单个代码单元要简单得多。微服务架构的复杂性促使一些组织最近又重新转回单体架构。

模块化单体是传统单体的一种变体，最近非常流行。在模块化单体中，模块包含完成特定功能所需的所有部分，并且数据与其他模块的数据隔离，这与微服务中的功能和数据的打包方式类似。模块化单体和微服务非常相似，区别在于模块不会作为独立的可执行文件进行部署，不会形成分布式系统，并且存储的数据通常相互隔离（参见图 6.3）。尽管在部署和可伸缩性方面，模块化单体依然存在与传统单体相同的局限性，但这种方法的优势在于，当未来需要时，单体内部的模块化组织便于将其拆分为不同的部署单元。

在本节中，我们介绍的前两种模式（微服务和单体模式）是系统或服务的内部结构选项。现在我们将注意力转向不同类别的模式——用于管理部署的模式，即如何部署系统或服务。

6.2.2.3　N 层部署

另一种常见的部署形式是 N 层部署，它通常用于提升性能和可伸缩性。创建层级会增加额外的成本，例如，网络延迟增加、复杂性提高和部署工作量加大，但也带来了诸多益处，例如，能够独立优化和扩展层级、隔离故障以及增强安全性（安全性通过将敏感资源放置在外部客户端无法直接访问的内部层级来增强）。此外，还可以对层级采用不同的安全策略，并在层级之间添加防火墙。分布式部署常见的选择包括双层、三层和四层。

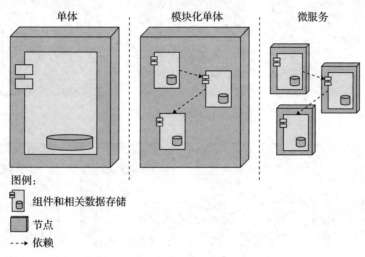

图 6.3　单体、模块化单体与微服务对比

1. 双层部署（客户端 – 服务器）

双层部署是分布式部署最基本的方式。如图 6.4 所示，客户端和服务器通常部署在不同的物理层。

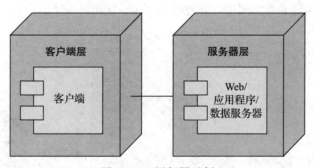

图 6.4　双层部署示例

2. 三层部署架构

如图 6.5 所示，在这种模式中，应用程序和数据库部署在分离的层级中。这种架构在 Web 应用程序中十分常见。

3. 四层部署

如图 6.6 所示，这种模式将 Web 服务器和应用程序服务器部署在不同层级中。这种分离通常是为了提高安全性，因为 Web 服务器通常位于可公开访问的网络中，而应用程序服务器则位于受保护的网络中。此外，层级之间还可以设置防火墙。

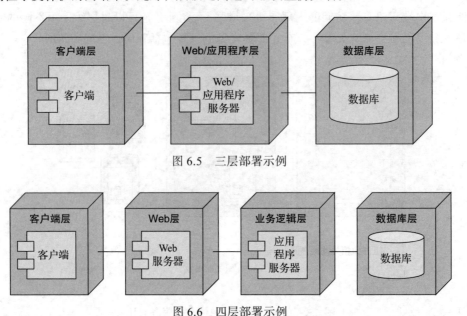

图 6.5　三层部署示例

图 6.6　四层部署示例

6.2.2.4　负载均衡集群

在这种部署模式下，应用程序会被部署到多台共享工作负载的服务器上（参见图 6.7）。客户端请求由负载均衡器接收，根据服务器的负载情况，负载均衡器会将请求重定向到其中一台服务器。应用服务器实例可以并发处理请求，从而提高性能。

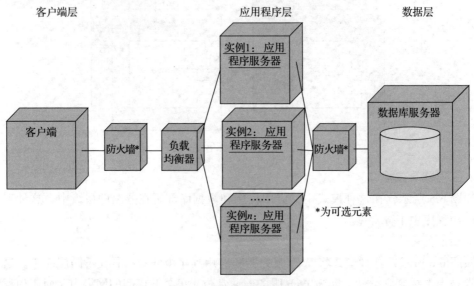

图 6.7　负载均衡集群部署

前文介绍的模式为构建部署应用程序的软硬件架构提供了多种方式。现在我们将目光转向另一类模式，它们支持不同的部署方式和回滚机制。蓝 / 绿部署和滚动升级是两种广为人知的全量替换模式，它们都是规模化发布策略的具体实现。

假设系统正在运行服务 A 的 N 个实例，你希望将所有实例替换成新版本。为保证客户的服务质量不受影响，必须保证始终有 N 个服务实例正在运行。

6.2.2.5　蓝 / 绿部署

在蓝 / 绿部署中，你将创建服务 A 的 N 个新实例，并将其称为绿色实例。在 N 个新实例部署完成后，更改 DNS 服务器、负载均衡器或发现服务，使其指向新实例。只有在新实例确认工作正常后，才会移除原始服务 A 的 N 个旧实例。

在移除之前，如果通过监控等方式在新版本中发现问题，只需切换回原始版本（蓝色实例），这几乎不会对服务的客户端造成任何影响。

6.2.2.6　滚动升级

滚动升级是指将服务 A 的实例逐一（或一次一小部分）替换为新版本实例的过程。其步骤如下：

1）为服务 A 的新实例分配资源。

2）部署新实例。

3）开始将请求定向到新实例。

4）选择服务 A 的一个旧实例，等待其完成所有进行中的处理进程。

5）销毁该实例。

6）重复上述步骤，直到所有旧版本的实例都被替换。

以上两种模式的优势在于，能够在不中断系统服务的情况下，完全替换已部署的服务版本，从而提高系统的可用性。但其成本是资源占用：蓝 / 绿部署的峰值资源利用率为 $2N$ 个实例，而滚动升级的峰值资源利用率可以低至 $N+1$ 个实例。

另外，如果你使用蓝 / 绿部署，在任何时间点上，新旧版本之一为客户端提供服务。但如果采用滚动升级，两个版本将同时处于提供服务的状态，这可能会引入两个问题：

❑ 时间不一致：客户端 C 向服务 A 发出的一系列请求中，可能出现某些请求由旧版本服务处理，而另一些请求由新版本服务处理的情况。如果不同版本的服务处理方式不同，将导致客户端 C 得到错误或不一致的结果（可以使用管理服务交互策略来防止这种情况）。

❑ 接口不匹配：如果新版本服务 A 的接口与旧版不同，那么尚未根据新接口更新的客户端调用将会产生不可预测的结果。这种情况可以通过扩展（而非修改）现有接口，或使用适配器模式将旧接口转换为新接口来避免。

如果你并不希望采用全量替换模式更换服务的所有实例，部分替换模式可以为不同的用户组同时提供服务的多个版本，这种模式常用于质量控制（金丝雀测试）和营销测试（A/B

测试）等目的。

6.2.2.7 金丝雀测试

在全面发布新版本之前，先在生产环境中进行小范围用户测试是一种更加谨慎的做法。金丝雀测试是 Beta 测试的持续部署方式。这种方法以 19 世纪将金丝雀带入煤矿的做法命名。煤矿开采会释放爆炸性和有毒气体，由于金丝雀对这些气体比人类更敏感，因此煤矿工人带它们进入矿井，观察它们的反应。金丝雀如同矿工的预警装置，用以判断环境是否安全。

金丝雀测试选取一小部分用户来测试新版本。这些测试人员有时被称为高级用户或预览版用户，他们通常来自组织外部，与使用频率较低的典型用户相比，更有可能覆盖代码的各种执行路径和边缘用例。这些用户也许没有意识到自己在扮演小白鼠（金丝雀）的角色。另一种方法是使用软件开发部门的测试人员。例如，谷歌员工几乎从不使用外部用户所使用的版本，而是充当即将发布版本的测试人员。

在上述的两种情况下，用户作为金丝雀，通过 DNS、负载均衡器设置或发现服务配置，被引流至相应测试版本。测试完成后，所有用户将被引流到新版本或旧版本，同时销毁弃用版本的实例。新版本的部署可以通过滚动升级或蓝 / 绿部署进行，如果使用功能切换来实现金丝雀版本，那么发布或回滚操作将更加简单——只需切换相应的功能开关即可。

6.2.2.8 A/B 测试

A/B 测试是市场实验方法，用于通过真实用户找出哪种方案能带来最佳的业务效果。参与实验的用户数量应足以得出有效结论，通常样本量不大。他们的体验和其他用户之间的差异可能非常细微，比如字体大小或表单布局的更改，也可能涉及更显著的区别。最终表现优秀的方案会被保留，另一方案则会被淘汰，然后再设计、部署和挑选其他的可选方案。例如，银行会向客户提供不同的促销活动，以鼓励开设新账户，这就是 A/B 测试的一个应用场景。另一个著名的案例是，谷歌曾测试了 41 种蓝色阴影，以确定哪一种最适合展示搜索结果。

与金丝雀测试类似，A/B 测试可以通过负载均衡器、DNS 服务器和发现服务配置，将客户请求发送至不同的版本。在测试中，需要监控这些版本的表现，以确定哪个版本能在业务层面提供最佳的效果。

如果构建被替换服务时，考虑了封装和状态外部化的策略，那么无论采用部分替换模式还是全量替换模式，效果都会更好。

6.3 可部署性和 ADD

我们已经深入探讨了可部署性对架构的影响，以及架构师可用的设计选项，接下来将重点关注设计过程。具体来说，我们将研究如何使用 ADD 来支持可部署性设计。

在以下的 ADD 步骤中，假设可部署性已被确定为架构驱动因素，讨论将专注于具体的部署问题。

步骤 1：审查输入

在此初始步骤中，已收集的可部署场景应作为架构设计的驱动因素。在回顾过程，或与利益相关者交流时，我们可以参考表 6.1 所示的一般可部署场景。

步骤 2：通过选择驱动因素建立迭代目标

至此，我们明确了可部署性对系统成功的重要性，并定义了一些可部署性场景。本次迭代中，我们将选择其中一个场景作为主要驱动因素，其余可部署性场景则留待其他迭代处理。

步骤 3：选择系统元素进行细化

6.1.3 节中曾经提到，为了设计可部署性，架构师不仅需要考虑待部署应用程序的架构，也需要考虑部署基础设施的架构。对于待部署应用程序的架构而言，部署粒度是最重要的决策之一，将显著影响整个系统的结构。选择细化哪些系统元素，实际上就是在选择部署的粒度。你可以在以下几种策略之中进行选择：

❏ 大爆炸式部署：将整个系统作为一个单体应用，每次都完整部署。

❏ 微服务架构：将系统功能设计为独立的微服务，允许单独部署。

❏ 介于两者之间的方案：结合单体应用和微服务架构的优点。

这个决策可能非常复杂，因为它受到多个需求和关注点的制约。例如，在高度监管的领域（如安全关键型软件的部署），我们可能倾向于每年发布少量版本，并且每个版本的粒度较粗，甚至可能每次都发布一个完整的单体系统。而在竞争激烈、快速发展且监管较少的行业（如电子商务或娱乐业），我们可能会选择更细粒度的架构，以便单个功能的部署不会对系统的其他部分产生影响。需要注意的是，随着粒度更细，部署基础设施的复杂性也会提高。通常，我们会希望尽可能自动化大部分（甚至全部）的部署过程，以提高效率。

步骤 4：选择满足选定驱动因素的设计概念

在确定了驱动因素和部署粒度之后，接下来需要思考哪些设计概念能够满足这些需求。此时，我们需要选择和定制可部署性策略，例如，在服务部署模式中，选择部分替换模式或全量替换模式。

步骤 5：实例化架构元素、分配职责并定义接口

与其他设计选择一样，步骤 4 中选择的设计概念现在需要被实例化。实例化决策可能包括多种形式。例如，如果选择了微服务架构，我们需要决定微服务的数量、打包方式以及部署位置（如嵌入式设备、云基础设施或托管服务器）。如果我们选择了自动化部署，则需要挑选合适的自动化工具，例如 Jenkins 或 GitLab。

步骤 6：绘制视图草图并记录设计决策

部署决策对系统的关键因素，如可维护性、可测试性、可用性、安全性等，都将产生举足轻重的影响。因此，记录这些决策及其背后的原因至关重要。成熟的 DevOps 项目都会记录系统部署方式并跟踪部署状态，这通常是通过配置管理数据库（Configuration Management Database，CMDB）来实现。部署图可以用 UML 来表示，但也可以采用非正式的符号，例如云服务提供商的图标。部署脚本需要仔细设计，因为它们的生命周期可能很长，并且会随着时间的推移变得相当复杂。每个组件或服务都应有一个部署流程，并且至少定义以下要素：

- ❑ 正在部署哪些工件。
- ❑ 正在执行哪些操作来启动部署。
- ❑ 部署期间应监控哪些指标（用以发现问题并可能停止部署）。
- ❑ 如何停止部署。
- ❑ 如何回滚。

步骤 7：执行当前设计分析，并审查迭代目标和设计目标的实现情况

最后，由于部署决策对系统质量的深远影响，因此需要仔细审查，例如，进行设计评审或代码评审（针对部署脚本）。评审结果中发现的风险或问题都应该添加到待办事项中，并在后续迭代中处理。

6.4 总结

本章介绍了可部署性这种质量属性，并且探讨了如何以规范化、可重复的方式对其进行设计。实现这一目标需要做出两组关键决策：首先是系统架构的决策，例如选择单体架构还是微服务架构；其次是部署基础设施的决策，这包括设计部署流水线，以及确定采用全量部署还是部分部署的模式。可部署性与以 API 为中心的设计共同构成了当今业务敏捷性的基石。

6.5 扩展阅读

本技术报告包含了本章关于模式的诸多想法：R. Kazman、S. Echeverria 和 J. Ivers 的"Extensibility"（CMU/SEI-2022-TR-002，2022）。

这本书专门用一整章阐述可部署性这一质量属性：L. Bass、P. Clements 和 R. Kazman 的 *Software Architecture in Practice*，*Fourth Edition*（Addison-Wesley，2021）。

关于微服务设计原则的精彩讨论，以及其他相关主题，包含大量设计模式，请参阅：https://microservices.io/。

粒度分解和集成的驱动因素来自：N. Ford、M. Richards、P. Sadalage 和 Z. Dehghani 合著的 *Software Architecture: The Hard Parts Modern Trade-Off Analyses for Distributed Architectures*

（O'Reilly，2021）[⊖]。

　　本书从不同的视角探讨了可部署性，并专门用一章内容讨论了部署债务问题，重点关注如何识别、管理和避免部署债务：N. Ernst、J. Delange 和 R. Kazman 的 *Technical Debt in Practice: How to Find It and Fix It*（MIT Press，2021）。

　　在持续工程尚处于萌芽阶段，正逐步走向主流的时期，本书对其原则进行了早期探讨：Jez Humble 和 David Farley 的 *Continuous Delivery: Reliable Software Releases through Build, Test, and Deployment Automation*（Addison-Wesley，2010）。

　　有关 DevOps 对架构影响的讨论，请参阅 L. Bass、I. Weber 和 L. Zhu 合著的 *DevOps: A Software Architect's Perspective*（Addison-Wesley，2015）[⊖]。

6.6　讨论问题

1. 在 6.1 节中，我们提到过，为了设计可部署性，需要就待部署的系统的架构和部署基础设施的架构做出决策。能否使用 ADD 来设计部署基础设施？如果可以，这与使用 ADD 设计系统本身有何不同？

2. 列举三种不适合持续交付的系统，并说明哪些策略和模式不适用于这类系统，以及原因。

3. 在 6.1.3 节中，我们声称，注重可部署性的架构师需要关注架构的粒度、可控性和效率。你将如何确定架构中待部署部分的"正确"粒度？

4. 哪些业务驱动因素会促使你选择蓝/绿部署模式而非滚动升级部署模式？两种模式各自的优缺点是什么？

5. 哪些业务驱动因素会促使你选择金丝雀测试而不是 A/B 测试？两种测试方法各自的优缺点是什么？

6. 当微服务架构在生产环境以外的其他环境中被复制时，考虑到无论是对第三方应用还是基础设施资源，都可能存在的众多依赖关系，这会带来哪些挑战？

⊖　该书中文版《分布式系统架构：架构策略与难题求解》由机械工业出版社翻译出版，书号是 978-7-111-72422-3。——编辑注

⊖　该书中文版《DevOps：软件架构师行动指南》由机械工业出版社翻译出版，书号是 978-7-111-56261-0。——编辑注

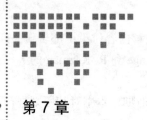

Chapter 7 第 7 章

设计基于云的解决方案

在本书中，我们深入探讨了软件架构，以及如何通过它来满足各种驱动因素和质量属性。然而，对于许多软件密集型系统，仅依靠软件设计决策还不足以满足某些关键质量属性，基础设施设计的决策也同样重要。本章将重点讨论基础设施设计，特别是云基础设施设计，这也是架构设计中的一个关键组成部分。

本章导读

由于云架构解决方案涉及广泛的技术，本章将不深入探讨其具体细节。我们将重点讨论云开发中的驱动因素的类型和设计概念范畴，并重点关注如何将这些概念与 ADD 方法结合运用。因为后续的案例研究都将基于云基础设施，所以掌握这些设计概念对于深入理解后续案例至关重要。

7.1 云计算概述

云计算一词最早出现于 1997 年，但直到 2006 年，第一家云服务提供商才开始面向公众提供资源，从那时起，云计算得到了广泛的应用和普及。

7.1.1 什么是云计算

云计算让用户能够在无须管理硬件的情况下使用计算机系统资源。在云计算出现之前，搭建基础设施通常意味着与物理硬件打交道，需要耗费大量的精力。如今，通过选择和配置虚拟硬件资源即可搭建云基础设施，而无须关注物理硬件。

云计算主要有三种部署模型：私有云、公有云和混合云。私有云由组织独立拥有和管理，资源通常仅供内部使用，以满足安全和隐私法规的要求，或充分利用现有基础设施。公有云的基础设施资源则向所有用户开放。混合云则是私有云和一个或多个公有云资源的结合。本章重点介绍亚马逊（AWS）、谷歌（GCP）和微软（Azure）等公有云服务提供商提供的资源。

云计算被广泛采用，主要原因在于相较于购买和安装物理硬件，使用虚拟资源具有诸多优势：

云计算使得成本高昂的专属硬件基础设施不再是必需品。

❑ 资源可按需获取，同时支持按使用付费，并可通过手动或自动方式进行弹性扩展。

❑ 可以轻松创建多副本基础设施，支持不同的部署环境（例如，集成环境、预生产环境、生产环境，参见 6.1.1 节）。

❑ 与重新配置物理硬件相比，云基础设施的重新配置更加简便。

❑ 云服务提供商具备拥有专业知识和丰富经验的团队，尤其在安全和物理基础设施等领域更是如此，小型公司若选择本地部署系统，通常难以负担相应的成本。

❑ 云服务提供商提供资源管理，用户无须担心硬件或操作系统的更新。

❑ 将基础设施的需求外包，使企业能够专注于其核心差异化能力。

7.1.2　服务模型

云服务商提供了多种资源交付模型，通常被称为服务模型。以下为几种主要服务模型，每种模型为客户管理的资源类型和数量都不相同，且这些模型的后者均建立在前一个模型的基础上：

❑ 基础设施即服务（Infrastructure as a Service，IaaS）：云服务提供商负责管理虚拟化、物理服务器、存储和网络等基础设施。客户可以访问虚拟硬件，并负责管理操作系统以及上层软件，包括运行时环境、中间件、数据和应用程序等。

❑ 平台即服务（Platform as a Service，PaaS）：云服务提供商不仅管理基础设施，还提供包括操作系统、运行时环境和中间件的应用程序执行环境。客户可以访问平台，在该平台上管理自己的数据和应用程序。该环境支持弹性扩展、容错和健康监控等特性。

❑ 功能即服务（Function as a Service，FaaS）：云服务商负责几乎所有方面的管理，并提供支持客户开发的函数（不是 PaaS 下的整个应用程序）的执行环境。该模型是无服务器计算的一种形式，按函数的实际执行时间计费。与 PaaS 一样，该执行环境支持弹性伸缩和容错等特性。

❑ 软件即服务（Software as a Service，SaaS）：云服务提供商管理从应用程序到基础设施的所有内容，客户只需付费使用应用程序即可。用户可以通过用户界面访问应用程序，也可以通过调用应用程序 API 进行集成和使用。此外，第三方也可以提供应用程序成为 SaaS 供应商，在这种情况下，应用程序由第三方管理，但部署在云服务提供商的基础设施上。

这些资源交付模型在成本、用户管理资源所需的精力以及对云提供商的依赖程度（供应商锁定）方面各有不同。一个系统可以根据情况，选择一种或多种服务模型，例如，某些部分采用 FaaS，其他部分采用 SaaS 或 PaaS。

7.1.3　托管资源

云服务提供商管理的资源被称为托管资源，如虚拟机，数据库引擎或消息队列等，这些资源不需要用户启动或安装，只需在云环境中选择并实例化即可。其中，一些资源是所有云服务提供商都具备的，例如 MySQL 数据库引擎，而另一些资源则只有部分提供商会提供，例如用户管理功能。

托管资源具有许多优势，例如，易于启动和自动更新。它们还能与云服务提供商提供的工具进行无缝集成，如监控、日志记录、安全性和备份等工具。此外，云服务提供商都提供了支持这些资源进行弹性伸缩的机制，以应对性能需求的变化，并通过多副本来提高可用性。因此，运行在弹性托管资源之上的软件必须适应这种机制，例如需要支持无状态性。

然而，使用托管资源也存在一些缺点。最重要的是，应用程序可能会与特定的云服务提供商紧密绑定，导致迁移到其他提供商的难度加大（供应商锁定）。此外，与在虚拟机上运行开源解决方案相比，托管资源通常成本更高。最后，托管资源的可选范围是有限的。例如，虽然可选择的关系数据库通常使用最新、最流行的数据引擎，但其种类和版本的选项依然有限。

云服务提供商会公开对应的 API，以便用户能够通过 API 来管理和配置资源。这种方法使得基础设施可以像代码一样被处理，因为资源可以通过计算机处理的定义文件来管理和配置，而不需要手动操作。这种模式被称为"基础设施即代码"，它使在预生产环境和生产环境之间复制基础设施变得简单高效。

7.2　驱动因素和云

本节将介绍与云基础设施的使用直接相关的架构驱动因素，包括质量属性和约束条件。

7.2.1　质量属性

某些质量属性无法仅通过软件决策实现，还需要结合基础设施的决策。本章将介绍一些常见的此类质量属性。在 7.3.1 节中，我们将深入探讨云服务商提供的相关功能，并在7.3.2 节探讨如何利用这些功能来实现与质量属性相关的策略。

7.2.1.1　性能和可伸缩性

云计算使得资源能够灵活调整，从而可以通过增加 CPU、内存或存储来实现垂直扩展，或者通过增加副本数量来实现水平扩展。根据资源交付模型，扩展方式可能是手动的，也可能是自动的（即弹性扩展）。此外，我们可以将资源部署在彼此靠近的位置，甚至同一个数据中心内，从而减少通信延迟（参见 7.3.1.1 节）。

7.2.1.2　可用性

提高可用性的关键决策之一是资源的复制。云基础设施支持资源在不同地理位置的复制和实例化，从而避免因自然灾害引发的故障。云服务提供商还提供了资源的监控工具，用于在故障发生时迅速采取补救措施。不过，跨地理位置分布的资源虽然可以提升可用性，但也可能降低性能。

7.2.1.3　安全性

安全性是一个需要在基础设施层面采取多重措施的质量属性，这些措施的实施和维护通常都极其复杂。云服务商通常提供诸如虚拟专用网络（Virtual Private Network，VPN）、防火墙、授权与身份验证服务、分布式拒绝服务（Distributed Denial-of-Service，DDoS）攻击防护和网关等功能。

7.2.1.4　可部署性

如第 6 章所述，可部署性是指能够以最少的人工干预和工作量，按计划持续地交付系统或其组件的新版本的能力。这包括从预生产环境到最终生产环境的部署。云基础设施为部署流水线的设置与执行、服务的部分或全量替换，以及在出现问题时的回滚提供了支持。

7.2.1.5　可操作性

可操作性是指根据既定的操作要求，保持系统处于安全可靠的运行状态的能力。此质量属性的一个关键方面是系统的可观测性和监控能力，以便在问题发生时能够快速检测并采取行动。云服务提供商提供的资源监控功能，有助于更好地进行系统运维。

7.2.2　约束条件

在本节中，我们将探讨使用云基础设施时需要考虑的限制。

7.2.2.1　成本优化

使用云资源会产生相应的成本，并且每增加一项功能都会提高基础设施的开销。此外，诸如 CPU、内存和存储大小、托管类型、付费模式等因素均会影响总体成本。

成本始终是开发过程中的一个制约因素，因此，能够估算并分析各种替代方案的成本至关重要。云服务商提供了如图 7.1 所示的计算器，用来帮助用户估算特定基础设施的预期费用。这些工具非常实用，能够在设计阶段为成本优化决策提供支持。

在部署完成后，监控实际运营成本也是必不可少的。通过适当的优化措施，例如，在周末关闭不必要的集成环境，或在预生产环境中使用更廉价的资源，都可以有效地降低成本。

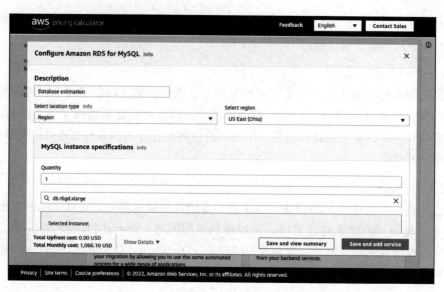

图 7.1 云服务提供商成本估算计算器

7.2.2.2 云原生和供应商锁定

在过去十年中，许多企业将其 IT 基础设施迁移至云端。然而，由于这些企业的应用程序通常设计于云计算出现或普及之前，迁移过程往往充满挑战。"直接迁移"（lift and shift）是一种相对简单的迁移策略，无须对本地应用程序进行重大更改。这种方法通常与 IaaS 资源交付模型相关联，要求在云端获取与本地类似的基础架构资源。尽管直接迁移可以作为上云的第一步，但它是一种相对简单的策略，无法充分利用云资源的优势。

另一种迁移策略是改写应用程序，使其能够有效地利用云资源，从而构建云原生应用程序。云原生应用程序是基于云构建的，它充分利用了云服务提供商的托管资源或平台。选择云原生策略可以是项目约束，因为只需考虑云服务商提供的资源，会简化资源选择决策。

此外，一些企业可能希望采用云平台无关（cloud-agnostic）的策略，以避免供应商锁定。客户可能要求系统不依赖特定的云服务提供商，从而在必要时可以轻松迁移到其他平台。这种约束限制了可用资源类型和资源交付模型的选择。在这种情况下，典型的解决方案是避免使用供应商的特定托管资源，而是使用在云端部署的开源产品，或者选择 IaaS 作为资源交付模型。

7.2.2.3 法律考虑

提供云资源的数据中心通常分布在全球各地，但并非每个地区都设有特定云服务提供商的数据中心。这意味着客户的应用程序和数据可能无法始终位于本区域的数据中心，从而会违反某些法律要求，这些法律规定敏感信息不得由外地或其他公司托管。

此外，许多人对云服务提供商的信息处理和安全措施缺乏信任，这进一步限制了他们将应用程序托管在公有云上的意愿。

7.3　基于云的设计概念

构建云端解决方案的设计概念涵盖了一系列核心功能，以及围绕这些功能制定的策略和模式。本节将详细探讨这些设计概念。

7.3.1　外部开发组件：云功能

尽管云服务提供商众多，但提供的基本云功能大同小异。因此，云功能可以视为外部开发的组件。接下来，我们将介绍一些最常见的云功能。

7.3.1.1　区域功能

如前所述，云资源分布于全球各地的数据中心。云服务提供商通常按以下层次来组织资源：

- ❑ 区域（region）：独立的地理区域，通常包含一个或多个数据中心。例如，美国西部就是一个区域。
- ❑ 可用区（availability zone）：通常对应于区域内的特定数据中心。应用程序可以跨可用区实现分区部署，以确保即使某个数据中心发生故障，应用程序依然能够正常运行。
- ❑ 本地资源（localized capability）：靠近用户的资源，例如，部署在电信运营商网络边缘甚至企业内部场所的资源。

7.3.1.2　计算功能

云服务商提供的核心功能之一是计算资源：

- ❑ 虚拟机：云端配置了特定操作系统和硬件（例如内存、CPU、硬盘容量）的虚拟服务器，通常与 IaaS 资源交付模型相关联。
- ❑ Web 应用程序执行环境：为使用不同编程语言编写的应用程序提供执行环境。其配置选项通常包括平台（例如 Java 或 .NET）及其相关选项。这些环境通常与 PaaS 资源交付模型相关联。
- ❑ 无服务器执行环境：与虚拟机不同，该类环境不依赖特定的硬件配置，即可为函数级服务提供执行环境。
- ❑ 容器执行环境：为容器和容器编排提供运行环境。容器镜像不仅指定了操作系统，还配置有对应的硬件资源，如分配的 CPU 和内存。这类环境支持自动配置、弹性伸缩和健康监控等功能。

部分执行环境（特别是那些非 IaaS 环境）支持自动扩展，并集成了其他功能，例如安全和日志功能。

7.3.1.3　网络功能

为了连接计算和存储等其他云服务，云服务商还提供相应的网络功能。以下是一些常见的网络功能示例：

❑ 虚拟专用网络（VPN）：应用程序通过虚拟专用网络来使用云功能，该网络与特定区域相关联。VPN 内部可以创建包含一段 IP 地址范围的子网，这些子网与可用区相对应。连接到 Internet 的子网被称为公共子网，而仅限内部使用的为私有子网。

❑ 域名服务器（DNS）：域名服务器用于解析 VPN 内部资源的名称。

❑ 网关（Gateway）：网关用于将 VPN 与其他网络连接，包括互联网。API 网关（参见 5.2.4.4 节）是网关的一种，用于发布、保护、监控和维护 API。

❑ 内容分发网络（CDN）：由分布在不同地理位置的服务器组成，通过选择靠近用户且连接快速的服务器来交付数据，降低延迟。

❑ 服务网格（Service Mesh）：用于管理微服务之间通信的基础设施层。服务网格引入了称为挎斗的代理组件，用于处理通信、监控等功能。

7.3.1.4 存储功能

云服务提供商允许用户将信息存储在文件系统内，此类功能的示例如下：

❑ 实例存储：这是虚拟机的存储功能，类似于虚拟机的硬盘驱动器。

❑ 网络文件系统（NFS）：这类托管文件系统支持多实例共享，并能够按需扩展。

❑ 对象存储：这种可扩展的机制支持不按文件系统目录层次存储，而是以对象为单位进行存储。

❑ 备份服务：这类服务用于创建和管理资源备份。

7.3.1.5 数据库功能

数据库存储是另一项云服务提供商普遍提供的重要功能，这类功能的示例包括：

❑ 关系型数据库：此类数据库由云服务提供商管理，用户可选择不同的数据库引擎，例如 MySQL 或 PostgreSQL。硬件、可用性、可靠性、备份、安全性和监控等特性均可配置。

❑ 非关系型数据库：这类数据库，也称 NoSQL 数据库，具备多种类型，例如文档数据库、键值数据库、图数据库、列数据库和时序数据库。

❑ 内存型缓存和数据库：这类数据库用于内存型数据存储和缓存。

7.3.1.6 开发和 DevOps 功能

云服务商还提供支持软件开发的功能，涵盖从代码仓库到持续集成、持续部署 / 交付（CI/CD）流水线的各种功能，以促进 DevOps 方法实践。这些功能包括：

❑ 代码仓库：这是托管式版本控制系统，最常见的是 Git 仓库。

❑ 工件仓库：这类托管式工件仓库为软件包的存储、发布和共享提供了便利。

❑ 流水线：这类托管式持续集成和部署 / 交付服务器能够自动执行构建、测试和发布任务。

❑ 部署服务：这类服务管理不同环境中的部署。

❑ 分析和调试工具：这类工具用于分析和调试分布式系统，例如，可以使用分布式跟踪技术。

❑ 基础设施即代码服务：允许使用领域特定语言来描述物理架构。使用该描述，用户可以轻松地在多种环境中设置基础设施，无须手动实例化和配置所有云资源。

❑ 监控服务：这类服务从日志、事件等各种来源收集数据，并提供可视化仪表盘，用于数据分析，还支持根据预设阈值来触发警报和操作。

7.3.1.7　安全功能

安全性是软硬件设计都需要考虑的一项基本质量属性。在硬件层面，云服务商提供了诸多安全功能，例如：

❑ 认证和授权服务：这类服务支持用户管理，并提供访问令牌以授予访问权限。

❑ 防火墙：这类网络安全机制用于保护 VPN。

❑ 证书管理器：这类服务支持 SSL/TLS 证书的配置、管理及部署。

❑ 机密管理器：这类服务支持对密码等敏感信息的管理。

❑ 威胁检测服务：这类服务能够识别多种威胁，例如，对计算能力的恶意使用或存储功能中的可疑活动的检测。

❑ DDoS 防护服务：这类服务专门用于抵御 DDoS 攻击。

7.3.1.8　应用程序集成功能

应用程序集成对于构建分布式系统以及实现应用间的通信至关重要。云服务商提供了多种服务用来支持应用程序集成，例如：

❑ 消息队列：这类服务提供消息代理和相关操作。

❑ 通知服务：这类服务提供发布 / 订阅消息机制和相关操作。

❑ 事件流服务：这类服务提供事件流平台及其运营。

7.3.1.9　分析功能

运营数据是支持企业日常运营的核心数据，通常存储在数据库中。分析数据源自运营数据，但其用途不同，主要用于支持商业智能，帮助制定长期战略决策和指引方向。以下是一些常见的数据存储与分析功能：

❑ 数据湖：这些集中式仓库存储结构化和非结构化数据。数据经过注入和清洗之后，才能被安全地存储。

❑ 数据仓库：数据仓库是存储精选结构化信息的中央存储库，专门用于数据分析。数据仓库的数据来源于各种数据库、交互系统以及其他系统，并以安全的方式进行存储和管理。

❑ 搜索与查询服务：这类服务用于在海量数据中执行搜索和查询操作。

7.3.1.10　附加功能

云服务商提供了许多附加功能，用以支持常见开发需求。下面列举了一些最受欢迎的功能：

❑ 机器学习功能：这类服务有助于机器学习模型的构建、训练和部署。

❑ 区块链功能：这类服务支持创建和管理区块链。

❑ 物联网（IoT）功能：这类服务支持物联网应用程序的开发，包括在设备上部署和执行代码，设备连接上云以及设备管理。

❑ 游戏开发：这类服务有助于游戏的开发，尤其是大型多人游戏。

7.3.2 策略

在本节中，我们将审视与 7.2.1 节中介绍的质量属性相关的策略，并展示如何使用上节中讨论的功能来实现它们。

7.3.2.1 性能和可伸缩性

一些云功能支持的性能策略（参见 3.3.1 节）属于资源管理类。这类策略包括：

❑ 维护数据 / 计算的多个副本：在云环境中能够轻易地复制虚拟机和数据库等功能，并通过负载均衡器跨副本分发相应请求。托管数据库通常自动处理数据复制。

❑ 增加资源：一些云功能支持资源的水平和垂直扩展，例如，可以轻松地为虚拟机配置更强的 CPU 和更大的内存。

7.3.2.2 可用性

云功能支持的可用性策略（参见 3.4.1 节）包括：

❑ 状态监控：某些云功能，诸如容器执行环境，可由云基础设施对其进行监控，并在发生故障时自动启动新的容器实例。

❑ 冗余备用：云基础设施通过采用跨区域、跨可用区多副本复制来实现该策略，并通过数据库等机制来保证副本的一致性。

❑ 软件升级：云基础架构允许在不影响服务运行的情况下进行升级。在旧版本软件处理请求的同时启动并运行新版本软件，流量随后定向到新版本。

❑ 重新导入：云基础设施还能简化故障组件的重新导入。例如在故障发生后，执行环境可以相对轻松地启动容器。

❑ 回滚：部署等类型的回滚操作可由云基础设施来处理。

7.3.2.3 安全性

安全性是一种云功能广泛支持的质量属性。可使用云功能来实现或部分实现的安全策略（参见 3.6.1 节）包括：

❑ 检测入侵：云服务商提供针对入侵和恶意资源使用的检测服务。

❑ 检测服务拒绝攻击：使用 DDoS 防护服务来防御此类攻击。

❑ 用户验证：使用身份验证和授权服务来实现此策略。

❑ 限制访问：通过虚拟私有云（VPC）或 API 网关等机制来限制对资源的访问。

❑ 加密数据：使用数据库对静态数据进行加密，通过 TLS 协议对传输中的数据进行加密。

❑ 用户通知：威胁检测服务发现恶意活动时，使用通知机制告知用户。

❑ 审计：使用监控和存储功能对信息、审计日志等进行收集、存储及进一步分析。

7.3.2.4　可部署性

可部署性策略（参见 6.2.1 节）包括了对部署流水线和已部署系统的管理策略。云服务提供商提供了诸多功能，用以管理部署流水线。

❑ 规模发布：云服务商提供支持规模化发布的服务。

❑ 脚本部署命令：云服务提供商通过专有机制或开源解决方案，提供基础设施即代码功能。

❑ 回滚：在支持规模发布的同时，服务也支持部署的回滚。

7.3.2.5　可操作性

云服务商并不直接提供可操作性的策略目录，但会通过相应功能来支持可监控性和可观测性。例如，用户可以使用监控服务、分析和调试工具以及仪表盘，来收集包括日志在内的各类运维信息，然后将信息可视化，并进行系统健康状况的分析。此外，还可以配置警报和通知机制，以便及时检测和应对问题。收集到的数据还可以用于优化成本，例如，识别未使用或利用率低的资源。为了更好地支持可观测性，通常需要在软件架构设计时做出相关决策，例如，选择集成用以收集指标的库。

7.3.3　模式

许多资源提供了基于云开发的模式信息，例如参考架构和设计模式。

7.3.3.1　参考架构

参考架构为开发特定类型的应用程序提供了蓝图，其中一些架构利用云功能来解决开发和运维中的问题。云应用程序的参考架构通常与某个云服务提供商的功能紧密结合，但也具备迁移至提供同样功能的其他云服务商的能力。图 7.2 展示了 AWS 上的典型微服务应用程序的示例。

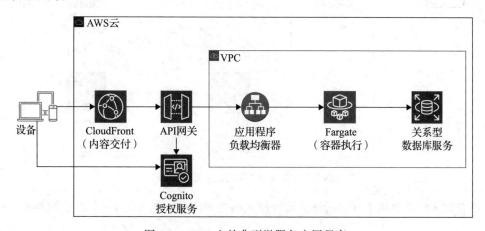

图 7.2　AWS 上的典型微服务应用程序

7.3.3.2 设计模式

为了支持不同的质量属性，如性能、可伸缩性、可用性和安全性等属性，云的应用可以采用多种模式。

命令查询职责分离（Command and Query Responsibility Segregation，CQRS）模式是一个典型的架构设计模式。在这种模式中，更新（命令）和读取（查询）操作被分离开来，由不同的组件处理。命令端的更新请求通过事件等机制传递至查询端。命令和查询组件可以使用不同的数据存储方式，例如，命令端使用关系数据库，而查询端使用文档数据库，这种分离使得命令端和查询端可以独立扩展。CQRS 模式提高了可用性、性能和安全性。由于命令端和查询端的故障不会相互影响，因此增强了系统的整体可用性。性能得益于查询端能够接收来自多个数据源的信息，从而可以高效地处理不同系统或领域的数据查询。此外，查询端和命令端的独立扩展性，使得查询数据不会影响命令端的性能。通过限制命令端的访问权限，并禁止查询端的客户执行更新操作，安全性得以增强。CQRS 模式的缺点在于其实现较为复杂，数据库的分离也带来了数据一致性的问题。

尽管 CQRS 模式与云服务提供商无关，但它的实现可以使用云服务提供商提供的特定功能，图 7.3 展示了其中的一个例子。

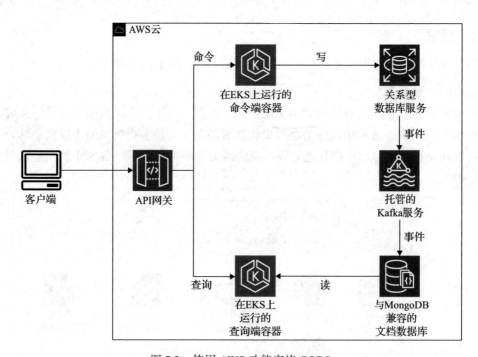

图 7.3　使用 AWS 功能实施 CQRS

还有许多资源提供了有关云计算设计模式的更多信息。请参阅 7.6 节以获取参考资料。

7.4　云解决方案中的 ADD

在本节中，我们将讨论使用云基础设施涉及的 ADD 步骤。

步骤 1：审查输入

在此步骤中，请务必关注云基础设施使用的限制条件。这些限制可能来自组织的企业架构团队，例如，规定必须使用特定供应商的资源、避免供应商锁定，或者因法律法规而限制应用程序及其数据所在的地理区域位置等。此外，还需明确实施和运营的预算限制，这些因素将对设计决策产生直接影响。

步骤 2：通过选择驱动因素建立迭代目标

早期迭代的目标通常是设计应用程序的基础设施。在这种情况下，质量属性将成为选择的驱动因素。通过结合软件和基础设施的决策以及考虑预先确定的约束条件，这些属性得以实现。随着产品的发展，可能需要更改现有基础设施，此时迭代目标将转变为细化先前定义的基础设施。

步骤 3：选择系统元素进行细化

需要细化的通常是软件元素，细化过程包括识别承载相应软件元素的基础设施。例如，先前的迭代已经构建了基于微服务的架构，那么在本轮迭代中，就需要识别并细化这些微服务，例如选择实现微服务的功能以及存储数据的位置。如果迭代目标是细化先前定义的基础设施，则选择的元素可以是先前迭代中确定的基础设施组件。

步骤 4：选择满足选定驱动因素的设计概念

在初始迭代期间，设计决策可能包括选择云类型（公有云、私有云、混合云）、可用的资源交付模型（IaaS、PaaS）以及参考架构。应基于服务构建方案（例如单体、微服务）、应用程序的预期负载、需要管理的数据类型以及未来的扩展方式，做出相关决策。在后续迭代中，选择应与先前决策保持一致。

在为基础架构选择设计概念时，必须与软件的设计概念一致。例如选择了可托管的弹性计算功能，则要求在其上运行的软件能够被复制（例如，通过分离应用程序状态和计算资源的生命周期来实现）。

云计算的优势之一在于能够轻松地实例化功能，以高效地进行实验和原型设计，这对于选型过程尤为重要。成本是选型中的制约因素之一，借助成本计算器将有效地指导决策。

步骤 5：实例化架构元素、分配职责并定义接口

在实例化云功能时，需要做出具体的配置决策。例如，对于数据库功能，实例化包括选择数据库引擎（例如 MySQL 或 PostgreSQL），以及选择数据库大小（例如小型、中型或大型实例）和配置支持质量属性（例如安全性或可用性）。

步骤 6：绘制视图草图并记录设计决策

云基础设施架构图通常采用非正式的符号来表示，例如，如图 7.2 所示，使用云服务提供商的特定图标。设计决策可以使用架构决策模板来单独记录。

步骤7：执行当前设计分析，并审查迭代目标和设计目标的实现情况

作为 ADD 中的最后一个步骤，通常需要分析当前设计决策是否充分完善。这一分析可能会推动后续迭代。

7.5 总结

本章探讨了基于公有云托管的基础设施的解决方案设计。如今，云服务商提供了丰富的功能，这些功能可显著加快开发速度，并满足软件和基础设施的各项质量属性。

虽然云计算具有许多优势并且应用广泛，但由于成本和适用性的问题，云基础设施可能并不总是最佳选择。因此，在决策时需要进行谨慎评估。

7.6 扩展阅读

云服务提供商在其网站上提供了丰富信息。主要的网站包括：

- ❏ 亚马逊网络服务：https://aws.amazon.com/
- ❏ 谷歌云：https://cloud.google.com/
- ❏ 微软 Azure：https://azure.microsoft.com/en-us/

微软在其网站上提供了一个云设计模式在线目录。尽管该目录由微软托管，但模式本身并不局限于特定的云服务提供商。详见 https://learn.microsoft.com/en-us/azure/archi-tecture/patterns/。

下面这本书阐述了在开发使用云托管微服务的应用程序时涉及的一些重要概念：K. Indrasiri 和 S. Suhothayan 的 *Design Patterns for Cloud Native Applications*（O'Reilly，2021）。

下面这本书探讨了在构建部署于云端的分布式架构时，必须解决的众多问题，并提供了用于解决这些问题的设计决策指导：N. Ford、M. Richards、P. Sadalage 和 Z. Dehghani 的 *Software Architecture: The Hard Parts: Modern Trade-Off Analyses for Distributed Architectures*（O'Reilly，2021）。

7.7 讨论问题

1. 使用 IaaS 资源模型可能会降低云服务提供商的计费成本。使用此模型时，除了云服务提供商的计费成本之外，客户还有哪些成本呢？
2. 当使用基础设施即代码模型时，基础设施可以轻松地在集成、测试和生产环境中进行复制。这三个基础设施应该完全相同吗？
3. 在搭建不同的执行和测试环境时，可以采取哪些措施来降低成本？

4. 你能否想到一个场景，需要使用来自两个或多个云提供商的资源？

5. 哪些重要的架构决策不会因为选择不同云服务提供商而受到影响？

6. 除了本章讨论的质量属性之外，还有哪些其他质量属性需要软件和基础设施设计共同决策解决？

7. 一家公司希望将基于 Web 的单体应用程序迁移到云中。在尝试充分利用云基础设施时，可能面临哪些挑战？

第 8 章

案例研究：酒店定价系统

在本章中，我们将展示一个案例研究，其中运用了 ADD 方法来设计成熟领域中的绿地系统。此案例研究介绍了设计的早期轮次，包括四次迭代，并且基于真实示例。我们首先描述系统的业务环境，然后总结其需求。接下来，我们逐步总结了 ADD 迭代期间进行的各项活动。

本章导读

通过实例学习最为有效。本章将帮助你将之前介绍的众多概念在实际环境中进行情境化和可视化。我们将通过一个详细的例子来解决一个现实世界的问题，即一个酒店定价系统以及一个架构解决方案。

8.1　商业案例

AD&D Hotels 是一家中型商务酒店连锁企业（目前运营着约 300 家酒店），近年来发展迅速。公司的 IT 基础设施由许多不同的应用程序组成，如物业管理系统、商业分析系统、企业预订系统和渠道管理系统。在这些系统中，酒店定价系统处于核心位置，如图 8.1 所示。虽然这个系统已经部署在云端，但采用的方式是"直接迁移"，因此，该系统没有充分利用云资源。

酒店定价系统（Hotel Pricing System，HPS）是销售经理和商务代表用来为公司旗下不同酒店在特定日期的房间制定价格的工具。这些价格与不同的费率相关联，例如公开费率和折扣费率，并且对应不同费率的大多数价格都是通过采用基准价格并对其应用业务规则来计算的（尽管某些费率也可以是固定的，而不依赖于基准费率）。经理通常会调整基准费率和固定费率的价格。然后，HPS 使用此信息计算所有酒店所有房间的全部价格，这些价格也根据每家酒店可用的房间类型而有所不同。HPS 计算的价格被公司内的其他系统用于预订，并且还会通过渠道管理系统（Channel Management System，CMS）发送给不同的在线旅行社。公司的系统托管在云服务提供商处，该提供商提供用户身份服务，用于管理用户并提供单点登录功能。

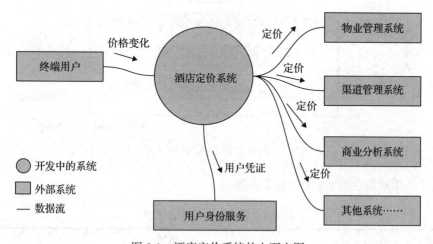

图 8.1　酒店定价系统的上下文图

AD&D Hotels 希望实现 IT 基础设施的现代化。第一步是彻底更换现有的定价系统，该系统是几年前开发的，存在可靠性、性能、可用性和可维护性方面的问题，这些问题已经导致了财务损失。此外，该公司还遇到了困难，因为其众多系统都是使用传统的 SOAP 和 REST 请求 – 响应端点连接的：对一个应用系统的更改经常会影响其他应用系统，并使将单个更新部署到特定应用系统变得复杂。而且，一个应用系统的故障可能会传播到整个系统。此外，一些应用系统使用现在众所周知的反模式进行交互，例如通过共享数据库进行集成。组织内最近修订的企业架构原则要求将系统迁移到更为解耦的模型。本章的其余部分描述了使用 ADD 方法创建的该系统架构设计的前三个迭代过程。

8.2　系统需求

公司之前已经进行了需求获取活动。本节将概述我们收集到的最重要的需求。

8.2.1　主要功能

HPS 的功能在概念上很简单。该系统的主要用户故事在图 8.2 中进行了展示。

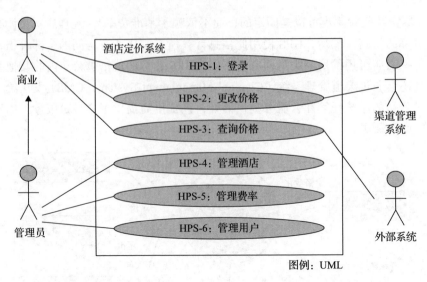

图 8.2　酒店定价系统的初始用例图

所有这些用例均在表 8.1 中进行了描述。

表 8.1　酒店定价系统的用例

用例	描述
HPS-1：登录	用户（商业用户或管理员）在登录窗口中提供他们的凭证。系统会将这些凭证与用户身份服务进行核对，如果核对成功，用户即可访问系统。登录后，用户只能对他们被授权的酒店进行查询和更改
HPS-2：更改价格	用户选择一个他们有权更改价格的特定酒店，并选择他们想要对价格进行更改的日期，价格的更改基于基础费率或固定费率的调整。此时，所有针对该酒店和所选日期的价格都会被计算出来，这些价格的费率也是基于基本费率计算而来的。系统允许在实际更改之前对价格更改进行模拟。当价格被更改后，它们会被推送到渠道管理系统，并可供外部系统查询
HPS-3：查询价格	用户或外部系统通过用户界面或 API 查询指定酒店的价格
HPS-4：管理酒店	管理员添加、更改或修改酒店信息。这包括编辑酒店的税率、可用费率和房型
HPS-5：管理费率	管理员添加、更改或修改费率。这包括定义不同费率的业务计算规则
HPS-6：管理用户	管理员更改指定用户的权限

8.2.2　质量属性场景

除了上述用例之外，我们还提取并记录了许多质量属性场景。表 8.2 展示了其中七个最相关和最重要的场景。对于每个场景，我们还标识了与之关联的用例。

表 8.2 酒店定价系统的质量属性场景

标识	质量属性	场景	关联用例
QA-1	性能	在正常运营期间，如果某特定酒店和日期的基本费率价格发生变动，那么系统需确保该酒店所有相关费率和房型的价格在 100ms 内更新并发布，以供即时查询	HPS-2
QA-2	可靠性	用户对某个酒店进行多次价格调整；系统需保证 100% 的价格变动都成功更新并发布，以供查询，并且这些价格变动也被渠道管理系统正确接收	HPS-2
QA-3	可用性	在维护窗口之外，定价查询正常运行时间的 SLA 必须达到 99.9%	所有
QA-4	可伸缩性	该系统最初将通过其 API 支持每天至少 100 000 个价格查询，并且应该能够处理高达 1 000 000 个价格查询，同时确保平均延迟的增加不会超过 20%	HPS-3
QA-5	安全性	用户通过前端登录系统。通过用户身份服务验证用户的凭证，成功登录后，系统只会向用户提供他们有权使用的功能	所有
QA-6	可修改性	系统新增了对使用非 REST 协议（例如 gRPC）的价格查询端点的支持。新端点不要求对系统的核心组件进行更改	所有
QA-9	可测试性	系统及其所有组件都应支持独立于外部系统的集成测试	所有

8.2.3 约束条件

最后，收集了一组关于系统及其实施的约束条件。这些条件在表 8.3 中列出。

表 8.3 酒店定价系统约束条件

标识	约束条件
CON-1	用户必须能够通过网页浏览器在不同操作系统平台（Windows、OSX 和 Linux）以及不同设备上与系统进行交互
CON-4	系统的首次发布版本必须在 6 个月内交付，但系统的初始版本的最小可行产品（MVP）必须在最多 2 个月内向内部利益相关者演示
CON-5	最初系统必须通过 REST API 与现有系统进行交互，但以后可能需要支持其他协议

8.2.4 架构关注点

由于这是一个从零开始的开发项目，最初只确定了一些一般性的问题，这些问题列在表 8.4 中。

表 8.4 酒店定价系统的架构关注点

标识	关注点
CRN-1	建立一个总体的初始系统结构
CRN-2	利用团队在 Java 技术、Angular 框架和 Kafka 方面的知识
CRN-3	将工作分配给开发团队的成员
CRN-4	避免引入技术债务（见第 10 章）

8.3 开发和运营需求

作为架构现代化的一部分，AD&D Hotels 希望在 HPS 的开发过程中整合敏捷（特别是 Scrum）和 DevOps 实践。除了之前讨论的系统需求之外，还需要考虑其他开发和运营需求。

开发过程中的工件会经过四个不同的环境，如图 8.3 所示。

图 8.3　开发过程中不同的环境

- ❑ 开发环境：这是开发人员计算机上的本地环境。
- ❑ 集成环境：这是一个云端环境，用于测试 HPS 的集成版本。在这个环境中，系统没有连接所有的外部系统，因此其中一些外部系统被模拟器代替。
- ❑ 预生产环境：这是一个云端的测试环境，用于在系统部署前进行最终测试（包括负载测试）。在该环境中，系统连接到所有外部系统的测试版本。通常在一个 sprint 结束时，系统会在这个环境中演示。
- ❑ 生产环境：这是实际的执行环境。

公司刚刚开始实施复杂的可部署性实践，因此，目前只需要支持在集成环境和预生产环境的持续部署。这些新的开发和运营要求带来了额外的约束条件、质量属性场景和关注点，将在下文阐述。

8.3.1 质量属性场景

除了作为初始系统需求一部分的质量属性场景之外，还有一些场景是由开发和运营考虑导致的。这些场景记录在表 8.5 中。

表 8.5　酒店定价系统中的开发和运营质量属性场景

标识	质量属性	场景	关联用例
QA-7	可部署性	作为开发过程的一部分，应用系统在非生产环境之间进行迁移，不需要对代码进行任何修改	所有
QA-8	可观测性	系统运营人员希望在运行过程中度量价格发布的性能和可靠性。为此，系统提供了一种机制，允许根据需要收集全部度量指标	HPS-2

8.3.2 约束条件

出于开发和运营方面的考虑，对系统及其实施的额外约束条件已经收集完毕。这些约束条件在表 8.6 中展示。

表 8.6　酒店定价系统中的开发和运营约束条件

标识	约束条件
CON-2	通过云服务提供商的身份服务管理用户，并将资源托管在云端
CON-3	代码必须托管在公司其他项目已经在使用的基于 Git 的专有平台上
CON-6	在设计系统时应优先采用云原生方法

8.3.3　架构关注点

开发和运营方面的需求引入了一个新的关注点，如表 8.7 所示。

表 8.7　酒店定价系统中的开发和运营架构关注点

标识	关注点
CRN-5	搭建可持续部署的基础设施

基于这些输入，我们现在可以按照第 4 章介绍的步骤来描述设计过程。本章仅呈现需求收集过程的最终结果。收集这些需求并非易事，但这些内容超出了本章的范围。

8.4　软件设计过程

我们现在准备好了，从需求和业务关注点的世界跨越到设计的世界。这或许是架构师最重要的工作——将需求转化为设计决策。当然，许多其他决策和职责也很重要，但这正是架构师的核心意义所在：做出具有深远影响的设计决策。

8.4.1　ADD 步骤 1：审查输入

ADD 方法的第一步涉及审查输入并确定哪些需求将被视为架构驱动因素（将包括在设计待办事项中）。这些输入在表 8.8 中进行了总结。

表 8.8　酒店定价系统的输入参数

类别	具体描述		
设计目标	该项目可以视为"绿地"（从零开始）开发，因为它涉及现有系统的完全替换。设计活动的目的是做出初步决策，以支持从头开始构建系统		
主要功能需求	从 8.2.1 节介绍的用户故事中，确定了主要的用户故事为： • HPS-2：更改价格——因为它直接支持核心业务 • HPS-3：查询价格——因为它直接支持核心业务 • HPS-4：管理酒店——因为它为许多其他用户故事奠定了基础		
质量属性场景	现在，HPS 的场景已经按照优先级排序（如 2.4.2 节所讨论的），具体如下：		
	场景标识	对客户的重要性	架构师认定的实施难度
	QA-1：性能	高	高

（续）

类别	具体描述		
	QA-2：可靠性	高	高
	QA-3：可用性	高	高
	QA-4：可伸缩性	高	高
	QA-5：安全性	高	中等
质量属性场景	QA-6：可修改性	中等	中等
	QA-7：可部署性	中等	中等
	QA-8：可观测性	中等	中等
	QA-9：可测试性	中等	中等
	从列表中选取 QA-1、QA-2、QA-3、QA-4 和 QA-5 作为主要驱动因素		
约束条件	所有之前讨论的约束都被作为驱动因素		
架构关注点	所有之前讨论的与系统相关的架构关注点都被作为驱动因素		

8.4.2 迭代 1：建立整体系统结构

本节将展示在设计过程的第一次迭代中，每个 ADD 步骤所执行活动的结果。

8.4.2.1 步骤 2：通过选择驱动因素建立迭代目标

这是绿地系统设计的第一次迭代，因此迭代目标是实现关注点 CRN-1，建立整体系统结构。

尽管第一次迭代是由一般的架构关注点驱动的，架构师也必须牢记所有可能影响系统总体结构的驱动因素。架构师必须注意以下几点：

- ❑ QA-1：性能。
- ❑ QA-2：可靠性。
- ❑ QA-3：可用性。
- ❑ QA-5：安全性。
- ❑ CON-1：通过网页浏览器访问系统。
- ❑ CON-2：云服务提供商。
- ❑ CON-6：开发云原生的解决方案。
- ❑ CRN-2：充分利用团队在 Java 技术方面的知识。
- ❑ CRN-4：避免引入技术债务。

在设计过程的早期考虑安全性尤其重要，这样，这一质量属性就会得到特别关注，即使架构师认为它的实现难度不大。

8.4.2.2 步骤 3：选择系统元素进行细化

由于该项目涉及现有系统的完全替换，因此首先要细化的元素是整个 HPS 系统（如

图 8.1 所示）。在这种情况下，细化是通过分解来实现的。

8.4.2.3　步骤 4：选择满足选定驱动因素的设计概念

在这一初始迭代中，以构建整个系统为目标，根据 4.3.1 节中提出的路线图选择设计概念。表 8.9 总结了设计决策的选择。此外，从设计过程的一开始就考虑了安全性。表中加粗的词语指的是所选择的设计概念。

表 8.9　酒店定价系统中的设计概念选择决策：迭代 1

设计决策和定位	原理说明
按照 CQRS 模式构建系统的后端部分，并把命令和查询组件分离，二者通过事件进行通信	CQRS 是一种将数据更改与数据查询分离的模式。尽管增加了复杂性（见 7.3.3.2 节），但该模式有助于支持性能、可扩展性、可用性和安全性。命令和查询组件通过事件进行通信。这种基于事件的通信方式还支持公司逐步摆脱使用传统请求 - 响应调用连接应用程序的决策。此外，这将允许其他应用程序在未来连接到事件通道，以执行诸如分析或事件存储等任务 被舍弃的替代方案包括将后端开发为单体应用程序。被替换的定价系统就是以单体架构进行构建的。尽管这不是出现问题的原因，但人们认为从单体开始并不符合公司的企业架构原则和当前的最佳实践。此外，如果应用程序被构建为单体，则要扩展它以支持未来增长将需要创建整个应用程序的多个实例。虽然 CQRS 可以在单体架构中实现，但将应用程序分离成不同组件可以让应用程序的查询端独立于命令端进行扩展
将命令和查询组件实现为**微服务**	系统的命令部分和查询部分作为独立的微服务进行开发和部署，并暴露服务 API，使其成为一个面向服务的应用程序。可以设置查询端的多个副本，以支持更大的查询量和更高的可用性。安全性得到了提升，因为访问查询端的客户端无法更改系统的重要方面，例如业务规则计算。除了在支持质量属性方面的好处外，在这种情况下使用这种模式也是合适的，因为并不需要在每次查询时重新计算所有价格，并且业务规则计算的变化不会影响变更日期之前发布的价格。使用微服务还可以解决 CRN-3，因为每个微服务可以由一个小团队来实现
通过实施**参与者的身份验证和授权**策略以及实施**限制访问**和**加密数据**策略保障微服务所暴露的 API 的安全	系统的前端和外部系统将通过 API 与微服务进行交互。对 API 所提供的功能的访问应当得到安全保障 此外，对数据库等其他资源的访问需要受到限制，因为所有交互都是通过 API 或事件进行的。通过 API 交换的所有信息都是加密的
逻辑上使用**互联网富应用程序**参考架构来构建客户端应用程序	系统必须通过网页浏览器（CON-1）访问。系统的前端部分被开发为一个互联网的富客户端应用程序，用于调用后端的 API 被舍弃的替代方案包括将应用程序开发为富客户端或移动应用程序

8.4.2.4　步骤 5：实例化架构元素、分配职责并定义接口

此处所考虑和做出的实例化设计决策在表 8.10 中进行了总结。

表 8.10　酒店定价系统的实例化决策：迭代 1

设计决策和定位	原理说明
使用 Apache Kafka 作为事件总线	Kafka 是一个持久化消息代理，使应用程序能够处理、持久化和重新处理流数据。事件通过"主题"发布和使用。Kafka 通过使用键支持消息排序，这很必要，因为给定日期的酒店价格变动必须按顺序执行。Kafka 还具有将所有消息保留在日志中的优势，日志充当价格的"可信数据源" 被舍弃的替代方案包括 RabbitMQ 和其他团队不太熟悉的消息队列选项（CRN-2）

（续）

设计决策和定位	原理说明
创建一个额外的**微服务**来处理价格变化事件并将其传递给渠道管理系统	渠道管理系统是一个遗留应用程序，无法更改以监听 CQRS 事件。因此，创建了一个额外的微服务，当它从命令端接收到事件时，这些事件将被推送到 CMS 这个微服务不需要数据库，因为消息是从日志（Kafka）中拉取并发送到 CMS 的。如果 CMS 不可用，那么消息将被重新放回日志中，并且会重试发送 将来，如果 CMS 被更新或替换，那么它与定价系统的集成将不需要对 HPS 进行任何更改
使用 Angular 实现前端组件	选择 Angular 是因为团队对这个框架有经验，并且它支持开发响应式前端。这对于支持 CON-1 是必要的 被舍弃的替代方案包括其他 Web 框架，如 React 和 Vue.js，主要因为团队对这些框架不熟悉
利用 Docker 容器提升应用在跨环境部署时的可移植性	由于应用程序必须跨环境移动（QA-7），因此最好将应用程序部署为一组容器镜像。每个微服务都部署在一个容器中。这确保了应用程序从开发到生产都在相同的执行环境中运行 被舍弃的一个替代方案是使用虚拟机，因为虚拟机镜像的体积通常比容器镜像大得多。此外，虚拟机也比容器需要更多的资源（内存、CPU）
使用 TLS（HTTPS）对传输中的数据进行加密	所有传输中的数据（即与前端和外部系统交换的数据）都经过加密。目前尚未对静态数据（数据库中的数据）做出任何决策
通过使用 JSON Web 令牌来保护 API 的安全	访问令牌是一种行之有效的 API 身份验证和授权机制。一旦用户成功提供凭证，用户身份服务就会提供这些令牌
使用 API 网关来限制对暴露这些 API 的微服务进行访问	对微服务的访问并非直接进行，而是需要涉及 API 网关。API 网关可以执行各种功能，包括 API 的保护和监控等。API 接收到的调用请求会被路由到微服务，这些微服务被保护在云中的私有网络内

这些决策的实例化结果将在下一步记录。在初始迭代阶段，通常时机尚早，无法精确定义功能和接口的细节。在下一次迭代中，我们将致力于更详细地定义功能，并开始定义接口相关规范。

8.4.2.5　步骤 6：绘制视图草图并记录设计决策

图 8.4 显示了根据我们所做的设计决策调整后的架构组件视图草图。

本草图采用了非正式的表示方式进行创建，还包含了对各元素职责的简短描述。每个组件具有特定功能的事实促进了高内聚性，从而有助于避免技术债务（CRN-4）。需要指出的是，此时的描述非常粗略，仅指出主要功能职责，未涉及细节。表 8.11 汇总了所记录的初步信息。

表 8.11　酒店定价系统要素：迭代 1

元素	职责 / 描述
前端	表示使用互联网富客户端应用程序的参考架构构建并使用 Angular 实现的客户端应用程序
API 网关	API 网关位于 API 的客户端与暴露这些 API 的微服务之间
Command 微服务	这个微服务封装了 CQRS 模式中命令组件的逻辑。这包括不同的酒店管理、费率设定、房型配置以及价格计算的业务规则

（续）

元素	职责 / 描述
Query 微服务	该微服务的主要职责是处理价格请求。它暴露了两个 API：一个供前端使用，另一个供遗留的内部系统使用
Export 微服务	该微服务的核心任务是接收并处理价格变化的事件，随后将这些信息发布在渠道管理系统上
事件总线	该事件总线作为系统内的通信枢纽，由 Command 微服务负责发布价格变更事件，并由 Query 和 Export 微服务用于使用这些事件
物业管理系统	该元素代表了一个需要查询价格的旧有的物业管理系统
渠道管理系统	该元素代表了旧有的渠道管理系统，价格变动必须通知它。Export 微服务负责通知该系统
外部系统	该元素表示任何需要查询价格的其他系统
用户身份服务	云服务提供商提供的服务，用于管理用户并为访问 API 提供令牌

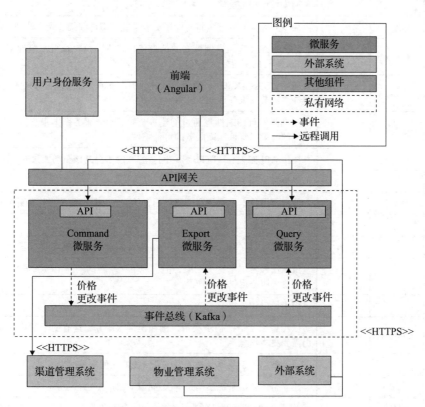

图 8.4　酒店定价系统的主要组成部分

在本次迭代中，团队已就应用程序的初步部署策略达成共识。微服务及事件总线被部署在私有网络中，仅能通过 API 网关进行访问。仍需做出关于具体选用何种云资源的决策。

8.4.2.6　步骤 7：执行当前设计分析，并审查迭代目标和设计目的的实现情况

在本次迭代中做出的决策引发了需要解决的新问题：

❑ CRN-6：选择具体的云技术

表 8.12 运用了 4.8.2 节中讨论的看板方法，对设计进展进行了总结。

表 8.12 酒店定价系统的设计进度：迭代 1

未解决	部分解决	完全解决	迭代期间做出的设计决策
	HPS-1		登录将使用云服务提供商的身份管理服务，但仍需做出额外的决策
	HPS-2		应用程序的整体结构是由支持该用例的需求决定的，但许多细节尚未处理
	HPS-3		使用 CQRS 和创建一个专门的微服务来支持查询是为了支持该用例，但许多细节尚未处理
HPS-4			尚未做出相关决策
HPS-5			尚未做出相关决策
HPS-6			尚未做出相关决策
	QA-1		命令和查询侧的分离将有助于提升性能，但许多细节尚未处理
	QA-2		选择 Kafka 这一高度可靠的消息代理来支持这一场景，但许多决策（例如 Kafka 本身的配置）尚未处理
	QA-3		使用 CQRS、Kafka、微服务以及云提供商的容器管理服务来支持这一场景，但许多细节尚未处理
	QA-4		查询侧的可伸缩性将通过创建多个 Query 微服务副本来支持。还需要做出额外的决策以确保该微服务的可伸缩性
	QA-5		使用 API 网关、HTTPS 和访问令牌有助于提升该驱动因素的满意度
QA-6			尚未做出相关决策
	QA-7		使用容器技术是支持这一驱动因素的起点，但还需要做出额外的决策
QA-8			尚未做出相关决策
		CON-1	前端将运行在网页浏览器中，Angular 框架得到了现代浏览器的良好支持
		CON-2	虽然已经考虑了这一约束，但出现了一个新的问题（CRN-6），即关于选择和配置云服务提供商的产品
CON-3			尚未做出相关决策
	CON-4		已经做出了一些初步决策，例如识别微服务，这有助于估算开发时间，但仍需要更多信息
CON-6			尚未做出关于具体云服务提供商资源的任何决策
		CRN-1	建立整体初始系统结构是本次迭代的目标
	CRN-2		关于如何实现微服务的决策尚未做出，但已选择 Angular 作为前端的实现框架
		CRN-3	将系统分解为不同的微服务允许将工作分配给开发团队的成员（每个微服务一个小团队）
	CRN-4		微服务具有特定的功能，促进了高内聚性和可修改性
CRN-5			尚未做出相关决策
CRN-6			尚未做出相关决策

8.4.3　迭代 2：识别支持主要功能的结构

本节将介绍在 HPS 设计流程的第二次迭代中每一步执行的 ADD 活动成果。在本轮迭代中，我们从第一次迭代中相对抽象的架构视图转向了更为详细的决策制定，以指导实施。

这种从通用到具体的转变是 ADD 方法中的一项有意为之的策略。由于我们不能在一开始就设计好所有内容，因此需要谨慎地决定在何时做出何种决策，以确保设计是以系统化的方式进行的，优先排除最大的风险，然后再逐步处理更细节的问题。在第一轮迭代中，我们的目标是建立整体系统的结构框架。既然这一目标已达成，我们第二轮迭代的目标是考虑实现单元，这将影响团队的组建、接口以及开发任务如何分配、外包和在 sprint 中实施。

8.4.3.1　步骤 2：通过选择驱动因素建立迭代目标

本次迭代的目标是识别支持主要功能的结构。识别这些元素有助于理解功能如何得到支持，并提供更准确的开发时间估算。

在第二轮迭代中，架构师考虑系统的主要用户故事如下：

- ❑ HPS-2：更改价格
- ❑ HPS-3：查询价格

请注意，在本次迭代中，设计重点放在应用程序的后端部分。

8.4.3.2　步骤 3：选择系统元素进行细化

在本次迭代中，我们着手细化的元素源自第一轮迭代中使用的 CQRS 模式，具体包括 Command、Query 和 Export 微服务。

8.4.3.3　步骤 4：选择满足选定驱动因素的设计概念

表 8.13 总结了所做的设计决策。粗体字表示所选择的设计概念。

表 8.13　酒店定价系统中的设计概念选择决策：迭代 2

设计决策和定位	原理说明
为应用程序创建一个领域模型	在着手进行功能分解之前，需要为系统创建一个初步的领域模型，包括识别领域中的主要实体及其相互关系。虽然这本身不是一个架构决策，但它非常重要，并且与所有后续的架构选择相互关联 这个步骤不存在捷径或更好的替代方案。最终必须创建领域模型，否则它将以一种不尽如人意的方式自发形成，导致一个随意的架构，这种架构难以理解和维护
使用**服务应用程序**参考架构逻辑化地构建微服务。微服务公开 API	服务应用程序（见 3.2.1 节）并不提供用户界面，而是专注于提供由其他应用程序使用的服务。这种参考架构适合于逻辑结构化每个暴露 API 的微服务。这些 API 将被客户端应用程序和其他遗留系统使用（CON-5） 关于参考架构，没有被舍弃的替代方案

8.4.3.4　步骤 5：实例化架构元素、分配职责并定义接口

本次迭代中做出的实例化设计决策总结见表 8.14。

表 8.14 酒店定价系统的实例化决策：迭代 2

设计决策和定位	原理说明
为命令端微服务创建领域模型	要创建的领域模型并非针对整个公司，而是专注于酒店价格这一特定上下文中的模型。这个模型存在于命令端微服务中 查询侧和导出侧微服务没有自己的具体领域模型，因为没有充分的理由去创建它们。对于查询侧，价格变更事件直接存储在数据存储中。对于导出侧，则没有存储任何信息（如稍后将看到的）
创建一个 PriceChangeEvent，并使用**单一主题**和 Kafka 的键以确保价格变动的时间顺序	在前一轮迭代中选择了 Kafka，在第二轮迭代中会做出进一步的决策： • 使用单一主题来处理价格变更事件，这些事件包含指定酒店及日期的价格信息 • 定义了一个保证价格顺序的键，这个键允许支持日志压缩
使用**关系型数据库**来实现 Command 微服务	鉴于 Command 微服务管理领域模型中的实体（例如酒店价格、费率、房型），并且这些实体彼此相关，存储它们的最自然和合适的机制是关系型数据库 被舍弃的替代方案包括非关系型数据库和其他类型的存储
使用**非关系型数据库**实现 Query 微服务	由于查询端的数据库不需要处理实体之间的交易和关系，并且存储的价格结构因酒店而异，因此决定使用非关系数据库更为合适。PriceChangeEvent 可以适当地存储在文档数据库中 被舍弃的替代方案包括其他类型的 NoSQL 数据库、关系型数据库以及其他类型的存储
使用 Spring Framework 技术栈来实现微服务，并将系统用户故事映射到服务应用程序参考架构**模块**	选择 Spring Framework 技术栈是因为团队对它比较熟悉（CRN-2）。因此，除了 Java 之外，没有考虑其他编程语言的替代框架 服务应用程序的参考架构和 Spring 框架共同提供了不同层次的模块分类：控制器用于公开 API，服务用于管理业务逻辑，实体用于管理业务实体，存储仓库用于持久化这些实体，等等 用户故事通常可以按照既定的规则映射到各个模块：一个实体可以映射到至少一个控制器、一个服务和一个存储仓库。这一技术确保了所有功能和实体都能得到相应模块的支持和识别 架构师将仅对主要用例执行此任务。这允许其他团队成员在后续过程中识别其余的模块，以便在团队成员之间分配工作（CRN-3） 在建立了模块集之后，架构师意识到需要测试这些模块，因此这里确定了一个新的架构关注点： • CRN-7：确保所有非生成模块都可以进行单元测试 之所以仅关注"非生成"模块，是因为一些模块（如存储仓库）是由 Spring 自动生成的，不需要进行单元测试。Spring 框架的使用提高了可测试性，这归功于基于控制反转（Inversion of Control，IoC）模式的构建方式
定义并暴露 REST API 给前端，并使用 Swagger/OpenAPI 进行文档化	微服务为前端提供的 API 将遵循 REST 范式，并采用 JSON 格式进行数据交换。选择 REST 是因为它通常用于与互联网的富前端进行通信；在这种情况下，没有任何要求限制使用这一范式。此外，JSON 被选为数据交换格式也是出于类似的原因 这个决策引发了一个新的问题： • CRN-8：记录 API 这个新问题通过选择 Swagger/OpenAPI 作为用于文档化 API 的框架来而得到了迅速解决。选择 Swagger 是因为它是一个成熟的框架，能够与 Spring 框架轻松集成
应用**外部化配置**策略以提高可移植性	为了支持在不同执行环境之间迁移时无须更改代码或重新打包，配置被设计为外部化，并使用环境变量来处理数据库连接等配置项

（续）

设计决策和定位	原理说明
使用**云服务提供商管理**的数据库、容器编排和 Kafka 服务	在评估了云服务提供商的替代产品，并考虑了成本、许可、安装和管理的便利性等因素后，我们决定选择由云提供商直接管理的数据库、容器编排和 Kafka 服务 一旦部署完成，我们预计不会将该应用程序迁移到其他云服务提供商，因此舍弃了那些可以在云上部署但需要更多管理的开源解决方案。尽管这些解决方案可能在成本上比托管服务更便宜，但设置它们所需的时间过长，而对托管服务成本的经济分析使管理层确信这些成本是可以接受的（CON-6） 虽然产品已选定，但仍待适当地配置它们。这引发了一个新的问题： • CRN-9：配置托管的云服务

尽管在 ADD 方法的这一步中已经识别别了结构和接口，但这些内容仅在下一步骤中被正式记录。因此，目前没有显示这些细节。

8.4.3.5　步骤 6：绘制视图草图并记录设计决策

图 8.5 显示了将在命令端微服务中使用的初始领域模型。

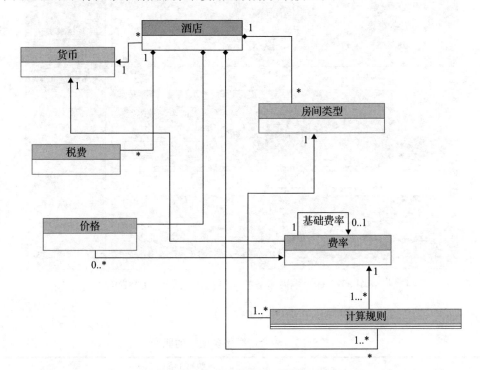

图 8.5　酒店定价系统命令端的领域模型（图例：UML）

领域模型的实体在表 8.15 中进行了描述。

表 8.15　酒店定价系统中的领域模型元素

元素	职责 / 描述
酒店	酒店，这是主要实体
货币	与酒店相关的主要货币
房间类型	特定类型的房间。一家酒店可能有不同类型的房间
税费	与酒店相关的税费
费率	用于计算价格的不同房间的费率
计算规则	用于计算价格的费率规则
价格	基准费率（或固定费率）在特定日期的价格

图 8.6 展示了命令端微服务的模块视图草图，其中模块源自与主要用例（HPS-2）相关的实体。

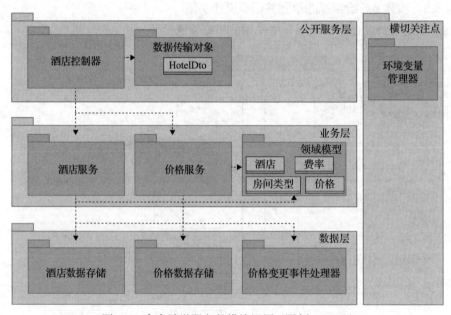

图 8.6　命令端微服务的模块视图（图例：UML）

图 8.6 中标识的元素职责总结在表 8.16 中。

表 8.16　命令端微服务模块的职责

元素	职责 / 描述
酒店控制器	为酒店资源的 CRUD 操作暴露 API 端点，并包含生成 Swagger 文档的注解
数据传输对象	包含由 API 端点返回或接收的对象
酒店服务	验证不适合放在实体中的某些业务规则，并协调领域模型和数据层中的对象以支持控制器所公开的操作。同时管理某些事务操作
价格服务	协调价格变动

（续）

元素	职责 / 描述
领域模型	包含业务实体。这些实体之所以"丰富"，是因为它们包含业务逻辑
酒店数据存储	管理酒店对象的持久化
价格数据存储	存储指定日期的公开价格。其他费率的价格不存储，因为它们是计算后作为事件发送到查询端的
价格变更事件处理器	生成与价格变动相关的事件
环境变量管理器	管理外部化的配置值（环境变量）

图 8.7 展示了查询端微服务模块视图的草图。

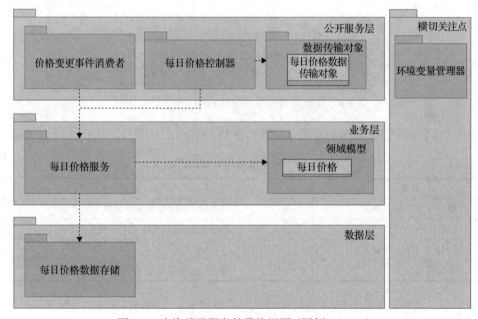

图 8.7　查询端微服务的模块视图（图例：UML）

图 8.7 中标识的各个元素的职责汇总在表 8.17 中。

表 8.17　查询端微服务模块的职责

元素	职责 / 描述
价格变更事件消费者	接收在 Kafka 中发布的价格变动事件
每日价格控制器	公开用于查询价格的 API
每日价格服务	准备将要存储的价格变动事件
每日价格数据存储	将事件存储在（非关系型）数据库中
数据传输对象	以 JSON 或 XML 对象形式返回的价格
领域模型	包含一个存储价格变化事件信息的类
环境变量管理器	管理外部化配置值（环境变量）

图 8.8 展示了导出端微服务模块视图的草图。

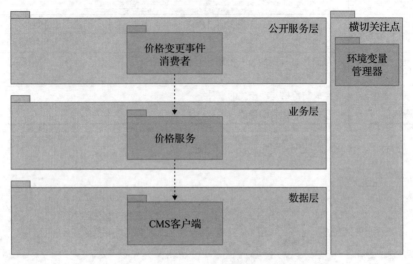

图 8.8　导出端微服务的模块视图（图例：UML）

图 8.8 中标识的各个元素的职责汇总在表 8.18 中。

表 8.18　导出端微服务模块的职责

元素	职责 / 描述
价格变更事件消费者	接收在 Kafka 中发布的价格变化事件
价格服务	准备要发送到 CMS 的有效负载
CMS 客户端	与 CMS 通信
环境变量管理器	管理外部化配置值（环境变量）

接下来，我们将展示 HPS-2 的时序图，这些图用于定义接口（如 4.6 节所述）。

1. HPS-2 命令端

图 8.9 展示了命令端 HPS-2（更改价格）的初始时序图。客户端应用程序调用 POST 方法，该方法触发价格变化。价格服务检索必须更改的酒店和价格，并要求酒店对象计算其他类型的价格。为了提高性能，数据库中添加了一个索引。价格计算完成后，会创建一个事件并将其发送到 PriceChangeEventProcessor（价格变更事件处理器），后者将其发送到 Kafka。

需要注意的是，PriceChangeEventProcessor 在发送消息时必须使用合适的主题和键，以确保事件的顺序性。事件负载的模式仍有待定义。此外，需要确保消息代理中的故障不会导致价格被修改但事件未发送的情况（该方法被注解为 @Transactional，但事务管理器的配置尚未完成）。最后，事件代理的配置必须能够支持足够的性能和可靠性。所有这些方面都可以被视为本次迭代中创建的附加关注点的一部分——CRN-9：配置托管云服务。

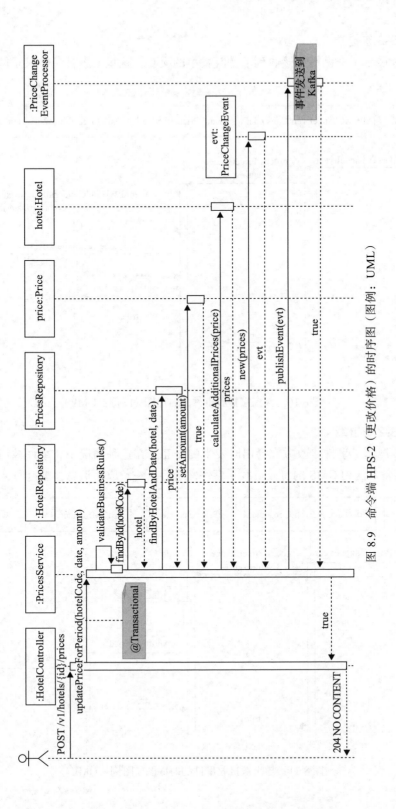

图 8.9　命令端 HPS-2（更改价格）的时序图（图例：UML）

2. HPS-2 查询端

图 8.10 展示了查询端在接收到事件时发生的交互。这里，事件负载只是简单地存储在数据库中。

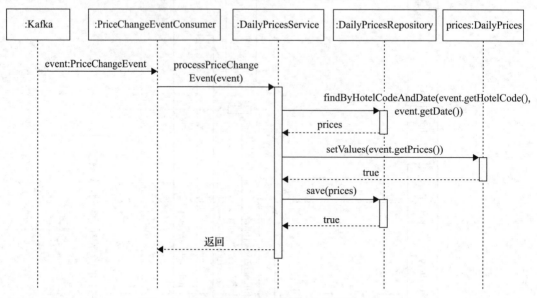

图 8.10　查询端接收事件的时序图（图例：UML）

3. HPS-2 导出端

图 8.11 展示了事件接收方在导出时发生的交互。在这种情况下，事件被消费，事件内容被用于准备发送到 CMS 的有效负载。事件发送后，一条成功消息会被返回给 Kafka。

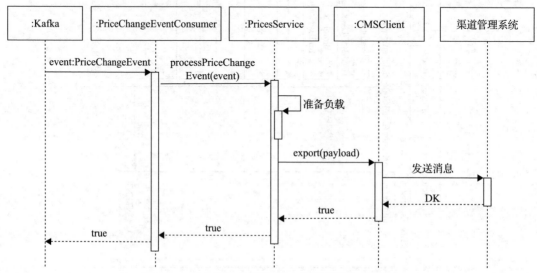

图 8.11　导出端接收事件的时序图（图例：UML）

从图 8.11 中展示的交互过程来看，我们可以定义初始的接口。在这种情况下，可以识别出外部接口（API）和内部接口。对于 API 来说，端点路径是根据领域模型定义的。同样，API 的版本控制（另一个需要考虑的因素）也包含在路径名称中。最终需要对这些方法进行更详细的描述，但这里我们只对其中最相关的方法进行了概述。

4. HPS-2 接口

HotelController

方法名称	描述
POST /v1/hotels/{id}/ prices	允许更新酒店价格，如果更改成功，则返回 HTTP NO CONTENT，如果参数不正确，则返回 HTTP BAD REQUEST。 参数： • 酒店标识符 • 价格变动的日期范围 • 金额

以下模块接口为定义内部接口提供了基础。这里仅描述命令端的部分方法示例。

PriceService

方法名称	描述
updatePriceForPeriod	更新酒店价格并生成价格变更事件。 参数： • 酒店标识符 • 价格变动的日期范围 • 金额 返回值： • 布尔值：成功则为 true，否则为 false 异常抛出： • 价格变更失败时抛出 PriceChangeEventException 异常

PriceRepository

方法名称	描述
findByHotelAndDate	检索与酒店和特定日期关联的价格对象。 参数： • 酒店对象 • 日期 返回值： • 价格对象或 null

Hotel

方法名称	描述
calculateAdditionalPrices	计算该酒店所有费率的价格和房型的价格。返回一个包含价格的数据结构。 参数： • 基础房型价格 返回值： • 其他房型及费率

PriceChangeEventProcessor

方法名称	描述
publishEvent	将事件发布到消息代理的相应主题，并确保使用能够正确排序的键。 参数： • 价格变更事件 返回值： • 其他房型及费率

在部署方面，设计决策使得云环境中的解决方案更加清晰。目前，已经选定了云服务提供商的特定产品，但这些产品仍需要进行适当的配置，以支持质量属性的目标（CRN-9）。图 8.12 展示了使用云托管资源的系统分配视图。

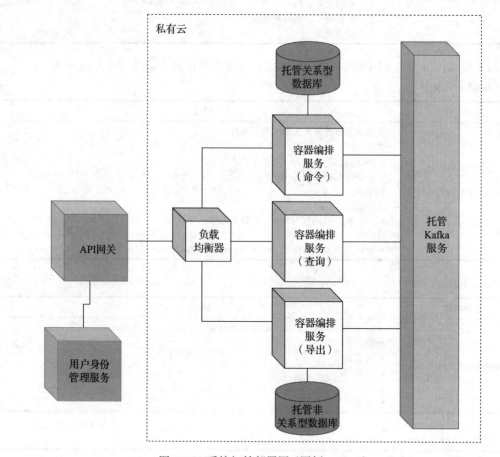

图 8.12　系统初始部署图（图例：UML）

图 8.12 中标识的元素职责总结在表 8.19 中。

表 8.19　酒店定价系统的部署元素：迭代 2

元素	职责 / 描述
用户身份管理服务	管理用户，提供并验证用于访问 API 的访问令牌
API 网关	限制对微服务的直接访问，并保护 API 安全。同时负责监控等其他方面
负载均衡器	将请求转发并均衡分发到私有云网络内的微服务
容器编排服务	为不同微服务的关联容器提供执行环境。该服务还将监控容器的健康状况，并在需要时重启容器（如果发生故障），从而提高可用性（QA-3）
托管关系型数据库	云服务提供商管理的数据库服务
托管非关系型数据库	云服务提供商管理的数据库服务
托管 Kafka 服务	云服务提供商管理的 Kafka 服务

8.4.3.6　步骤 7：执行当前设计分析，并审查迭代目标和设计目的的实现情况

在迭代 2 中所做出的决策初步揭示了系统功能的实现方式。此外，这些设计决策足以构建系统的最小可行产品（MVP），用于向内部利益相关者进行演示，并支持价格变化和相关查询（CON-4）。

本次迭代中做出的决策还引入了一些新的架构关注点：

❏ CRN-7：确保所有非生成的模块都可以进行单元测试

❏ CRN-8：记录 API 文档

❏ CRN-9：配置云服务提供商管理的服务

表 8.20 总结了使用 4.8.2 节中讨论的看板技术所追踪的设计进度。请注意，已在上一次迭代中完全解决的驱动因素已从表中移除。

表 8.20　酒店定价系统的设计进度：迭代 2

未解决	部分解决	完全解决	迭代过程中做出的设计决策
	HPS-1		本次迭代未做出其他决策
	HPS-2		本次迭代致力于识别后端服务支持此用例的模块，但前端部分尚未设计
		HPS-3	本次迭代已解决了通过 API 进行查询的问题
	HPS-4		尚未做出任何相关决策，但 HPS-2 中使用的模块识别规则也可以应用于此用例
	HPS-5		与 HPS-4 相同
	HPS-6		与 HPS-4 相同
	QA-1		为数据库添加索引将加速 HPS-2 所需信息的检索速度，但还需要做出其他决策
	QA-2		Kafka 本身具备高度的可靠性，使用事务管理器来确保在价格变化时发送事件，将提高可靠性
	QA-3		本次迭代未做出任何其他决策
	QA-4		本次迭代未做出任何其他决策
	QA-5		使用 API 网关、HTTPS 和访问令牌有助于满足此驱动因素的要求

（续）

未解决	部分解决	完全解决	迭代过程中做出的设计决策
		QA-6	基于服务应用程序参考架构构建的查询微服务结构将有助于添加其他类型的查询端点
	QA-7		使用容器和外部化配置（通过 EnvironmentalVariableManager）应该能够满足此要求。关于外部化配置方式和容器构建方式，还需要做出一些决策
QA-8			尚未做出任何相关决策
CON-3			尚未做出任何相关决策
		CON-4	本次迭代的分解级别已经提供了足够的信息，可以评估和理解是否能够满足时间限制。本次迭代的结果已经能够支持主要功能，并且可以进行演示
		CON-6	已选择云托管资源
		CRN-2	选择 Spring 框架来实现微服务
	CRN-4		本次迭代中做出的决策提高了内聚性，增强了可修改性
CRN-5			尚未做出任何相关决策
	CRN-6		已确定使用云服务提供商的特定产品。其他产品将在设计过程中逐步确定
		CRN-7	基于 IoC 模式的 Spring 框架的使用，简化了使用 JUnit 和 Mockito 等框架进行单元测试的过程
		CRN-8	使用 Swagger/OpenAPI 来记录 API
CRN-9			尚未做出任何相关决策

8.4.4 迭代 3：处理可靠性和可用性质量属性

本节将介绍在设计过程的第三次迭代中，每个 ADD 步骤所执行活动的结果。虽然上一次迭代中做出的决策足以支持价格变化以及从后端的功能角度对这些价格变化进行查询，但还有几个质量属性尚未解决。这些是本次迭代的重点。

8.4.4.1 步骤 2：通过选择驱动因素建立迭代目标

本轮迭代的目标是识别额外的结构，以支持质量属性——特别是可靠性、可用性和可伸缩性。

❑ QA-2：可靠性——保证 100% 的价格变更被成功发布和导出

❑ QA-3：可用性——正常运行时间的服务水平协议（SLA）

❑ QA-4：可伸缩性——在不降低平均延迟的情况下增加查询容量

在前一轮迭代中，识别出了一个新的问题。这个问题对于质量属性具有重要作用。

❑ CRN-9：云服务提供商管理服务的配置

8.4.4.2 步骤 3：选择系统元素进行细化

对于本次迭代，改进的元素主要位于解决方案的基础设施部分。此外，我们还对导出微服务做了进一步细化，以增强其应对故障场景的能力。

8.4.4.3　步骤 4：选择满足选定驱动因素的设计概念

表 8.21 总结了本次迭代中使用的设计概念。

表 8.21　酒店定价系统的设计概念选择决策：迭代 3

设计决策和定位	原理说明
应用提高性能的策略：**增加资源**并维护**计算和数据的多个副本**	复制是解决可靠性和性能的基本策略
应用可用性策略：**异常处理**	当其中一个微服务发生故障时，需要检测并解决该问题，以确保系统整体能够继续正常运行
应用可用性策略：**冗余备用**	各种微服务所在的云服务可用区可能会发生更普遍的故障。这种情况也需要解决

8.4.4.4　步骤 5：实例化架构元素、分配职责并定义接口

实例化设计决策总结在表 8.22 中。

表 8.22　酒店定价系统的实例化决策：迭代 3

设计决策和定位	原理说明
使用 Kafka 作为 Export 微服务的数据存储机制，而不是数据库	如迭代 2 中所述，导出微服务收到的价格变化事件将转发到渠道管理系统。如果与渠道管理系统的通信失败，则无须存储事件以便稍后重试：可以使用 Kafka 作为存储机制（步骤 6 中对此进行了更详细的描述）。一种被放弃的替代方案是向导出微服务添加数据库，但这会产生额外的成本，并且不会带来额外的好处
配置容器编排服务，以便在**发生故障时重新启动微服务**	云服务提供商的容器编排服务支持在检测到故障时重启容器。一种被舍弃的替代方案是使用开源解决方案来编排容器。然而，之前已经决定在本项目中优先使用托管服务
建立**基础设施配置**以支持**被动冗余**	系统的设计允许复制。这涉及创建托管在不同可用区或地区的基础设施的副本。当检测到故障时，需要启动此副本。 因此，要选择支持冗余的托管服务的配置。 一种被舍弃的替代方案是在不同的可用区或区域中手动复制整个基础设施。然而，建立并管理这种方法所需要的工作使其并不受欢迎
复制查询服务	为了提高性能，查询微服务被复制，并且其请求通过负载平衡器进行分发

这些实例化决策的结果将在下一步骤中记录。

8.4.4.5　步骤 6：绘制视图草图并记录设计决策

在本次迭代中，我们做出了几个决策来解决步骤 2 中列出的驱动因素。在此，我们对这些决策进行了总结。

1. 与渠道管理系统通信失败

在本轮迭代中，考虑了导出微服务与渠道管理系统之间通信失败的场景（与 QA-2 相关）。图 8.13 展示了事件接收时与导出微服务的交互。在这种情况下，事件被发送到渠道管理系统，但调用未成功（例如，发生了超时）。当发生这种情况时，从事件日志中消费的事件会被重新

发送到 Kafka。这意味着，下次导出微服务轮询事件日志时，它将恢复未成功发送的事件。

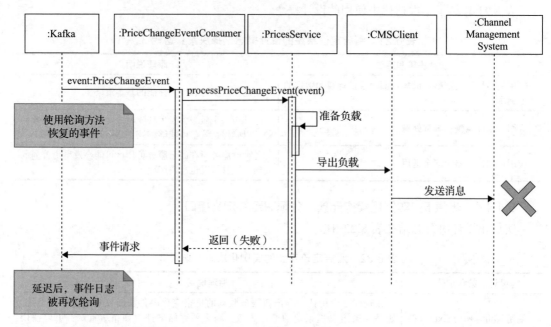

图 8.13　导出端故障场景的时序图（图例：UML）

2. 变更基础设施以支持质量属性

图 8.14 展示了引入复制后的托管服务。

表 8.23 汇总了图 8.14 中所标识元素的职责（仅描述更新过的元素）。

表 8.23　酒店定价系统的部署元素：迭代 3

元素	职责 / 描述
DNS 和监控服务	监控活动副本中服务的可用性。如果检测到故障，则启动备用副本上的容器并将流量重定向到备用副本
用户身份管理服务	管理用户，并提供并验证用于访问 API 的访问令牌。选择了高可用性配置，支持跨可用区复制该服务
容器编排服务	提供与不同微服务关联的容器执行环境。该服务还监控容器的健康状况，并在发生故障时，如必要，重新启动它们，从而提高可用性（QA-3）
托管的关系型数据库	由云服务提供商管理的数据库服务。选择高可用性配置，支持数据库跨可用区域复制
托管的非关系型数据库	由云服务提供商管理的数据库服务。选择高可用性配置，支持数据库跨可用区域复制
托管的 Kafka 服务	由云服务提供商管理的 Kafka 服务。选择高可用性配置，支持 Kafka 跨可用区域复制

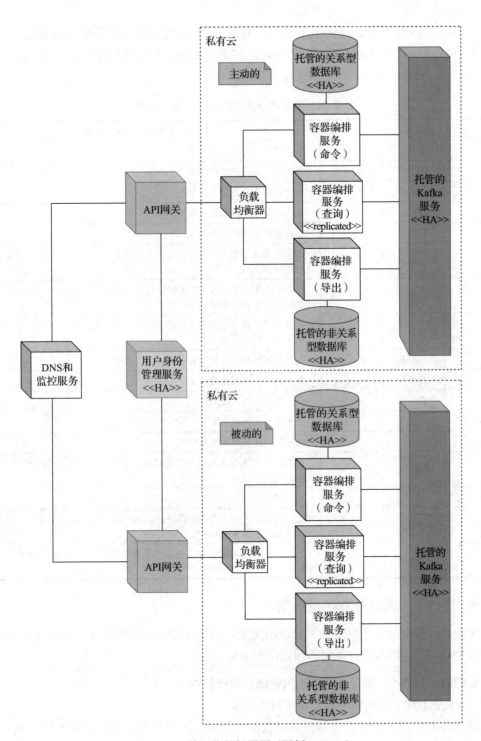

图 8.14　精细化的部署图（图例：UML）

8.4.4.6 步骤 7：执行当前设计分析，并审查迭代目标和设计目标的实现情况

表 8.24 总结了不同驱动因素的状态以及在第 3 次迭代中所做出的决策。请注意，先前迭代中已完全解决的驱动因素已从表中移除。

表 8.24　酒店定价系统的设计进度：迭代 3

未解决	部分解决	完全解决	迭代过程中做出的设计决策
	HPS-1		本次迭代未做出其他决策
	HPS-2		本次迭代未做出其他决策
	HPS-4		本次迭代未做出其他决策
	HPS-5		本次迭代未做出其他决策
	HPS-6		本次迭代未做出其他决策
	QA-1		查询微服务的复制提高了性能和可伸缩性。与质量属性相关措施的验证测试尚待完成
	QA-2		Kafka 高度可靠，由于要确保价格变更的事件发送，因此使用事务管理器以确保将提升系统的可靠性
	QA-3		容器编排解决了容器发生故障的问题，跨可用区域的复制解决了可用区域发生故障的问题
	QA-4		与质量属性相关度量的验证测试还有待完成
	QA-5		尚未做出任何其他决策
	QA-7		尚未做出任何其他决策
QA-8			尚未做出任何相关决策
CON-3			尚未做出任何相关决策
	CRN-4		仔细的分析考虑了增长场景和成本，有助于选择更具前瞻性的技术，从而避免技术债务
CRN-5			尚未做出任何相关决策
	CRN-6		已经确定了来自云服务提供商的具体产品。随着设计的进展，还需要选择其他的云服务产品
	CRN-9		已经为容器编排服务和其他托管服务（数据库和 Kafka）建立了初始配置

8.4.5　迭代 4：满足开发和运维需求

在设计过程中的某个阶段，需要做出决策以满足开发和运营的需求。本次迭代重点关注为满足 QA-7 和 CRN-5 这类需求而做出的决策。

8.4.5.1 步骤 2：通过选择驱动因素建立迭代目标

在本次迭代中，架构师专注于满足以下需求：

❏ QA-7（可部署性）：作为开发过程的一部分，应用程序需要在不同环境之间迁移。迁移操作必须在最多 4 小时内成功完成。

❏ CRN-5：搭建持续部署基础设施。

我们还需要考虑某些约束条件：

❑ CON-3：代码必须托管在专有的基于 Git 的平台上。

8.4.5.2 步骤 3：选择系统元素进行细化

在这种情况下，需要改进的元素是各种微服务。不过，还会添加之前未识别的元素。

8.4.5.3 步骤 4：选择满足选定驱动因素的设计概念

本次迭代中使用的设计概念总结在表 8.25 中。

表 8.25 酒店定价系统的设计概念选择决策：迭代 4

设计决策和定位	原理说明
应用**管理部署流水线**的策略	公司希望实现应用程序部署到预生产环境和生产环境的自动化。这可以通过建立 CI/CD 流水线来实现
应用**管理已部署系统**的策略	一旦构建过程顺利完成，容器镜像需要上传到容器注册表，以便可以在不同的环境中被获取并实例化。这对于初始部署和后续更新都是必要的
应用**脚本化部署命令**的策略来自动化基础设施的实例化（基础设施即代码）	可以在云服务提供商的环境中手动设置所有基础设施，但这样做既烦琐又容易出错。此外，不同环境中的基础设施需要保持相似。与其手动设置，不如在部署配置脚本中描述它们，该脚本可以用于轻松实例化环境。同时，基础设施配置的更改也可以轻松地在不同环境中复制

8.4.5.4 步骤 5：实例化架构元素、分配职责并定义接口

实例化设计决策总结在表 8.26 中。

表 8.26 酒店定价系统实例化决策：迭代 4

设计决策和定位	原理说明
使用专有的基于 Git 的平台支持 CI/CD 流水线	约束条件 CON-3 规定了代码必须托管在专有的基于 Git 的平台上。并充分利用该平台对 CI/CD 流水线的集成支持。每个微服务都作为独立的项目进行管理，并且每个微服务都必须包含单独的流水线 被弃用的备选方案包括使用 Jenkins 等工具设置一个独立的 CI 服务器
使用云提供商的**容器注册表**来托管 Docker 镜像	由于约束条件 CON-6 规定应优先采用云原生方法，因此利用所选服务提供商的托管容器镜像来完成支持是合理的 被弃用的备选方案包括 Docker Hub，因为它需要支付额外的订阅费用，这比云服务提供商的容器注册表的费用更高
使用云提供商**对基础设施即代码的支持**，实现环境实例化的自动化	由于 CON-6 声明应优先考虑云原生方法，因此利用所选云提供商提供的基础设施即代码描述支持是有意义的 已排除的方案包括 Terraform，因为它需要管理外部工具；此外，使用云服务提供商的基础设施即代码功能所产生的成本并不高

这些实例化决策的结果会被记录在下一步骤中。

8.4.5.5 步骤 6：绘制视图草图并记录设计决策

图 8.15 展示了每个微服务如何作为一个独立的项目被构建，并托管在独立的代码库中。表 8.27 描述了图中所示的元素。

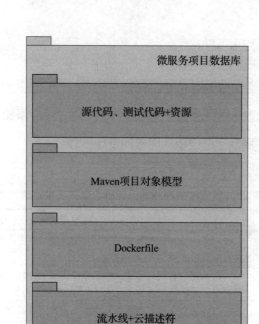

图 8.15　存储库结构的包图（图例：UML）

表 8.27　酒店定价系统的数据存储元素：迭代 4

元素	责任
微服务项目数据库	一个微服务的项目，托管在一个单独的数据库中
源代码、测试代码 + 资源	源代码和测试代码，以及资源
Maven 项目对象模型	用于自动化构建过程的 Maven 描述符
Dockerfile	用于构建 Docker 容器镜像
流水线 + 云描述符	描述符，用于为 CI/CD 流水线步骤提供信息，并完成微服务运行时的云资源配置

图 8.16 展示了触发微服务更新的任务序列。

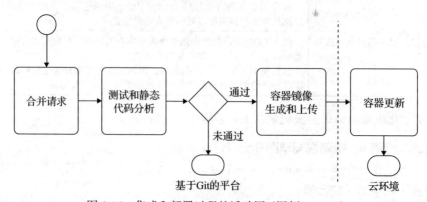

图 8.16　集成和部署过程的活动图（图例：UML）

对主分支进行新更改的分支合并请求会触发测试和静态代码分析的执行（流水线描述符会触发 Maven 任务）。如果上一步骤成功完成，则使用 Dockerfile 生成容器镜像并将其上传到容器注册表（这是从基于 Git 的平台到云环境的转换发生的地方）。上传后，容器将由云服务提供商环境中的编排器更新。

8.4.5.6　步骤 7：执行当前设计分析，并审查迭代目标和设计目标的实现情况

在本次迭代中，做出了重要的设计决策来解决 QA-7 和 CRN-5。表 8.28 总结了不同驱动因素的状态以及迭代期间做出的决策。请注意，表中已移除了在上一迭代中已完全解决的驱动因素。

表 8.28　酒店定价系统的设计进度：迭代 4

未解决	部分解决	完全解决	迭代过程中做出的设计决策
	HPS-1		未做出任何其他决策
	HPS-2		未做出任何其他决策
	HPS-4		未做出任何其他决策
	HPS-5		未做出任何其他决策
	HPS-6		未做出任何其他决策
	QA-1		未做出任何其他决策
	QA-2		未做出任何其他决策
	QA-3		未做出任何其他决策
	QA-4		未做出任何其他决策
	QA-5		未做出任何其他决策
		QA-7	使用 Docker 和配置项的外部化，加上 CI/CD 流水线的建立，可以满足这个需求
QA-8			尚未做出任何相关决策
		CON-3	代码现在托管在一个基于 Git 的平台上
	CRN-4		本次迭代未做出任何相关决策
	CRN-5		已经建立了支持持续集成和持续部署的基础设施。需要进一步做出决策来管理诸如回滚等场景
	CRN-9		对云服务提供商管理的服务进行了额外配置，特别是对容器注册表的配置

至此阶段，已明确既定的决策是充分的，可以直接进入实施阶段，而无须针对系统的首次发布开展进一步的 ADD 迭代。正如 CON-4 中所描述的，系统计划在两个月内拥有一个可用的 MVP，因此，快速过渡到初始实施阶段是很重要的。

8.5　总结

本章展示了在成熟领域中使用 ADD 设计一个绿地系统的例子。我们首先通过三个不同

侧重点的迭代进行了说明：解决应用程序结构的总体问题、解决功能问题，以及解决质量属性的场景问题。然后，我们展示了专注于支持开发和运营需求的第四次迭代。

这个案例遵循了4.3.1节讨论的路线图。值得注意的是，应用程序使用CQRS模式构建，并实现为一组微服务，但这些微服务本身内部使用参考架构进行结构化。此外，在不同迭代过程中，我们选择了外部开发的组件——在这个案例中，是开源框架和云平台提供的产品。该例子还说明了如何在开发过程的早期就实现一个功能性的系统设计，这与敏捷开发实践相一致。最后，这个例子还表明，随着设计的深入，可能会出现新的架构问题。CRN-4的问题与避免引入技术债务相关的问题并未完全解决，因为每次迭代中的设计决策可能会引入额外的技术债务。

这个例子为展示如何在架构设计中解决关注点、主要用户故事和质量属性场景而构建。此外，它说明了架构设计有时需要一定的细节，并不仅仅是"高层"设计的层面。这里描述的迭代并没有完成整个设计过程，还需要额外的迭代来满足未完全解决的驱动因素。然而，在这四次迭代中做出的决策足以展示如何通过ADD来生成初始系统的MVP（最小可行产品）。最后，我们还必须指出，需要创建原型或进行分析以确保与质量属性场景相关的度量得到满足。

8.6　扩展阅读

本章中使用的许多设计概念在本书的第5章～第7章进行了讨论。

8.7　讨论问题

1. 需要在HPS中添加一个价格发布的确认机制，以便用户界面可以显示一些图标，指示价格变更是否已准备好被查询或已导出到渠道管理系统。为满足这一需求，你会对架构进行哪些更改？
2. 你会如何修改设计以支持QA-8（可监控性）？
3. 通过使用云托管解决方案解决了几个质量属性。所有质量属性都可以通过这种方式满足吗？
4. 假设系统中添加了新酒店，并且需要将这些信息传递给公司中的其他系统。你会对架构进行哪些更改以满足这一需求？
5. 考虑在四次迭代中所做的设计决策，你能想到一个不同的排序方式吗？例如，部署和运营的设计决策能否在早期迭代中做出的决策之前做出？
6. 考虑CON-5：系统最初必须通过REST API与现有系统交互，但以后可能需要支持其他协议。为满足这一约束条件，如果有的话，你会对系统设计进行哪些更改？

案例研究：数字孪生平台

与 Serge Haziyev、Yaroslav Pidstryhach 和 Rodion Myronov 合作

我们现在提供一个进阶的设计案例，即工业 4.0 背景下的数字孪生数据，在这一新兴领域的绿地系统中使用 ADD。在撰写本书时，这个领域仍然相对较新并且发展迅速。该领域需要多个学科的结合，如物联网（IoT）、云计算、大数据和分析、人工智能／机器学习（AI/ML）、扩展现实（XR）、模拟、高级自动化和机器人技术。如此大量的领域超出了单一架构师的专业知识，这个案例研究举例说明了来自不同学科的架构师团队如何参与系统的设计（如第 12 章所讨论的）。在这里，没有一个架构师可以仅仅依靠自身的经验来指导他们做设计。相反，他们必须合作并利用每个学科的设计概念和最佳实践。

本章导读

在第 8 章中，我们说从例子中学习效果最好。而进一步，接触多样化的例子则更加有益！在本章中，我们提供了另一个在非常不同的、具有挑战性的环境中使用 ADD 进行设计的例子。这里的系统规模比第 8 章中所介绍的案例要大得多，这就要求设计者在每次迭代中将具体考量和设计选择与整个系统的驱动因素紧密结合。我们希望本章能够向大家展现，尽管增加了复杂性，ADD 都能适用于所有规模的架构设计。

9.1　商业案例

本案例研究的对象是一家大型食品生产商，旗下拥有数十家生产工厂，其中许多工厂包含多条生产线。该公司致力于开发创新的解决方案，作为其使命的一部分，以确保食品安全进步并促进可持续发展。对于这家公司来说，创建一个智能工厂和自动化工业流程对于解决熟练工人短缺问题的关键，也是维护消费者友好定价策略的核心。

对于该公司而言，一项关键投资是创建一个数字孪生平台——一个资产和流程的数字表示的计算平台。该平台能够实现一系列用例，预期支持从简单的跨工厂工业过程远程监控到更复杂的过程模拟和自主决策等多种用例，以尽快适应不断变化的业务环境。平台应该提供实现各种用例的能力，这些用例共同推动实现创建智能工厂的目标。

图 9.1 所示的市场结构图（对系统结构的非正式描述）从功能的角度表示了期望的解决方案。

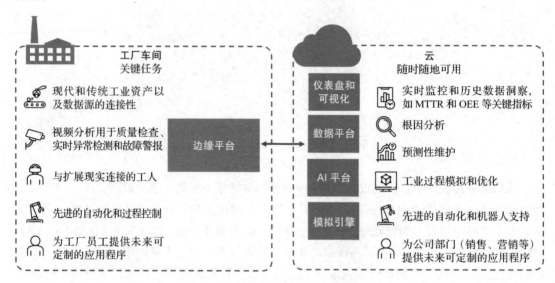

图 9.1　数字孪生平台的市场结构图

9.2　系统需求

在需求获取的活动中，如图 9.2 所示的数字孪生成熟度模型（Digital Twin Maturity Model，DTMM）作为一个重要工具，被用来识别对应于五个数字孪生成熟度阶段中的用例。

在该模型中，每个阶段代表着平台应该支持的特定功能集合，以便为其用户提供价值。在需求获取过程中，为每个阶段选择基本用例，因为该技术允许从全局视角审视系统的功能，而不是仅仅关注系统的一部分。所选择的一些用例是抽象的，需要进一步的开发和创新思维来转化为更具体的形式，因为创新的解决方案通常都需要探索和实验。因此，平台的目标是支持已识别的用例和未来可能出现的类似用例。

下面的小节汇总了我们收集到的关键需求，包括一组主要用例、一组质量属性场景和一组约束条件。

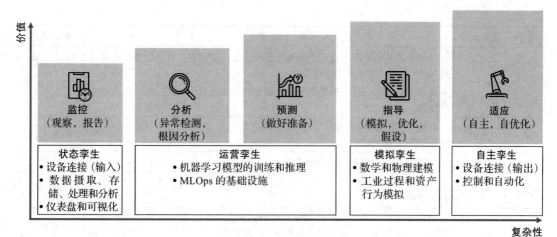

图 9.2　数字孪生的成熟度模型

9.2.1　用例模型

表 9.1 显示了系统的主要用例以及它们与 DTMM 的关系。

表 9.1　数字孪生平台的主要用例

用例	描述	DTMM 阶段
UC-1：实时监控和历史数据洞察	作为一名全局运营人员，我能够实时看到任何工厂及其工业流程的整体设备效率（Overall Equipment Effectiveness，OEE）等信息。这些数据应该实时从设备中采集并存储在云端	监控
UC-2：质量检查自动化	作为一名质量控制人员，我可以通过传感器（包括光学传感器）来控制生产质量。一旦检测到异常，系统应立即生成警报	分析
UC-3：预测性维护和用于维护活动的 XR	作为一名维护工程师，我可以通过访问历史和实时信息来预测设备故障并进行诊断。这些信息应该可以通过免提的扩展现实设备进行访问	预测
UC-4：流程模拟	作为一名工艺工程师，我可以根据原材料和期望的输出质量找到设备设置的最佳参数。参数应该可以通过模拟得到	指导
UC-5：高级自动化	作为一名自动化工程师，我想实现操作决策的自动化，这样工厂就可以在没有人为干预的情况下适应不断变化的条件（如订单、原材料或电源）	适应

9.2.2　质量属性场景

表 9.2 列出了该系统的质量属性场景。

表 9.2　数字孪生平台的质量属性场景

标识	质量属性	场景	关联用例
QA-1	可用性	在云服务或网络连接中断的情况下，生产车间的关键系统功能必须保持 100% 可用。如果发生这样的事件，则数据应该在边缘缓存存储至少 8 小时	UC-2

（续）

标识	质量属性	场景	关联用例
QA-2	安全性	任何未经授权的访问尝试都将被系统拒绝并记录在案，系统管理员将在这些尝试破坏的 15min 内收到警报	所有用例
QA-3	可部署性	启动系统部署，这个部署是完全自动化的，并且至少支持开发、测试和生产环境	所有用例
QA-4	性能	每秒有 100 000 个数据点（每个数据点平均大小为 120 字节）到达系统。系统在 1s 内处理完它们	所有用例
QA-5	性能	全局运营人员的实时仪表盘会自动刷新，刷新间隔为 15s，数据延迟不超过 15s	UC-1
QA-6	性能	工业处理过程，再加上实时异常检测，是连续的可视化检查。检查结果在 5s 内收到	UC-2
QA-7	性能	当数据分析师请求对原始和聚合的历史数据进行类似 SQL 的即席查询时（涉及多关系数据，可能包括来自不同工厂的各种设备），95% 的查询在 30s 内返回结果	UC-3，UC-4，UC-5
QA-8	可扩展性	新的设备和传感器可以在运行时添加到系统中，而不会中断正在进行的数据收集和系统功能	所有用例
QA-9	可扩展性	新的应用程序（如生产、质量、供应链、销售）可以在现有服务的基础上创建，而无须重新架构或更改系统的主要组件（如边缘、数据和人工智能平台）	所有用例
QA-10	可观测性	关键性能指标和错误日志被收集和聚合，并在监控仪表盘上以最大 5s 的延迟进行可视化展示	所有用例

9.2.3 约束条件

表 9.3 列出了系统上施加的约束条件。

表 9.3　数字孪生平台的约束条件

标识	约束条件
CON-1	系统应使用公司现有的 AWS 云基础设施
CON-2	使用云原生策略（首选微服务、容器和托管服务）构建可伸缩的应用程序
CON-3	在选择云服务时，优先选择成本最低以及成本最可预测的服务
CON-4	必须实施 NIST 的物联网网络安全能力来管理网络安全风险

9.3　设计过程

既然我们已经列举了架构上重要的需求，我们就可以开始进行 ADD 的第一次迭代。

9.3.1　ADD 步骤 1：审查输入

该方法的第一步涉及审查输入。表 9.4 对其进行了总结。

表 9.4　数字孪生平台的输入

类别	具体细节
设计目的	这是一个新领域的绿地系统。组织将遵循敏捷过程进行开发，并进行短迭代，以快速接收反馈并继续修改系统。同时，架构设计需要做出慎重的决定，以满足架构驱动因素并避免不必要的返工
主要功能需求	9.2.1 节中概述的用例已进行审查。其中，UC-1、UC-2 和 UC-3 已被选为主要用例。其他用例，特别是 UC-4 和 UC-5，计划包含在平台的未来版本中
质量属性场景	下表说明了质量属性场景的优先级排序，是由客户和架构师完成的（如 2.4.2 节所讨论的）。当然，还存在具有较低优先级的质量属性场景，但这里未列出

场景 ID	对客户的重要性	根据架构师的评估，实现难度
QA-1	高	中
QA-2	高	高
QA-3	中	中
QA-4	高	中
QA-5	中	中
QA-6	高	高
QA-7	中	中
QA-8	高	中
QA-9	高	中
QA-10	中	高

类别	具体细节
约束条件	参见 9.2.3 节

9.3.2　迭代 1：参考架构和整体系统结构

本部分展示了在设计过程的第一次迭代中，使用 ADD 方法执行每个步骤的活动结果。

9.3.2.1　步骤 2：通过选择驱动因素建立迭代目标

鉴于这是绿地系统设计的第一次迭代，迭代的目标是为系统建立一个初始的总体结构。架构师必须牢记所有的驱动因素，但主要是约束条件和高优先级的质量属性。请注意，在本章中，我们将采用第 4 章中提出的路线图的一个变体，并对其进行了修改，以适应该系统的规模很大的特性。

9.3.2.2　步骤 3：选择系统元素进行细化

由于这是初始迭代，因此我们必须完善整个系统。这个系统的构思在市场结构图（图 9.1）中得到了展示，其中建议改进两个主要组件：工厂车间（边缘）和云。

9.3.2.3　步骤 4：选择满足选定驱动因素的设计理念

在这个迭代中，设计概念的选择是基于系统的主要组件：边缘和云。表 9.5 对它们进行了总结。

表 9.5　数字孪生平台的设计概念选择决策：迭代 1

设计决策和定位	原理说明
选择一个公有云提供商	基于 CON-1，系统应利用 AWS 上现有的云基础设施
选择平台即服务（PaaS）和函数即服务（FaaS）的服务模型	在平台即服务（PaaS）和函数即服务（FaaS）的资源消耗模型的情况下，云服务提供商管理基础设施，促进采用云原生策略（CON-2） 系统仍然可以利用基础设施即服务（IaaS，例如，虚拟机），用于 PaaS 或 FaaS 服务不支持的那些组件 更多细节请参见 7.1.2 节
使用**边缘计算**	将考虑以下因素： **网络可靠性**：在处理关键任务的应用程序时，网络可靠性成为允许本地处理的关键因素，即使在与云的连接不稳定或没有连接的情况下也必须如此。至少有两个用例——UC-2（质量检查自动化）和 UC-5（高级自动化），这意味着任务的关键性质 **延迟降低**：边缘计算通过在更靠近数据源的位置处理数据，从而减少延迟。这在需要实时数据处理和决策的应用程序中尤其重要，例如计算机视觉（UC-2） **带宽优化**：通过在边缘处理数据，只将相关信息发送到云，可以减少所需的带宽量。这有助于优化网络使用并降低运营成本（UC-1、UC-2） 另一种选择是将设备直接连接到云端，这会降低可靠性，而且通常不会在制造业中使用
以**数字孪生成熟度模型**为参考模型，确定可以与架构元素相匹配的功能	DTMM（参见图 9.1）可以作为一个参考模型，指导将所需的平台功能映射到架构元素。以下是与数字孪生类型和 DTMM 阶段相关的功能分解： **状态孪生**——监控阶段的功能（UC-1）： • 输入和输出设备的连接 • 数据的获取、存储、处理和分析 • 仪表盘和可视化 **运营孪生**——分析（UC-2）和预测（UC-3）阶段的功能： • 机器学习模型的训练与推理 • MLOps 的基础设施 **模拟孪生**——处理措施（UC-4）阶段的功能： • 数学和物理建模 • 工业过程与资产行为模拟 **自主孪生**——自主（UC-5）阶段的功能： • 输出设备的连接性 • 控制与自动化 **横切关注点能力**： • 访问控制（QA-2） • 未来可以定制的应用程序（见市场结构图）

9.3.2.4　步骤 5：实例化架构元素、分配职责并定义接口

表 9.6 总结了我们所考虑和做出的实例化设计决策。

表 9.6　数字孪生平台的实例化决策：迭代 1

设计决策和定位	原理说明	
基于步骤 4 中选择的功能实例化**边缘元素**	从步骤 4 确定的 DTMM 中的功能列表里，我们选择被认为是最重要的功能子集，并实例化为边缘元素（组件和子系统）：	
	选定的能力	**边缘元素**
	未来可自定义的应用程序	应用程序
	访问控制	访问控制
	控制与自动化	控制与自动化
基于步骤 4 中选择的功能实例化**云元素**	**选定的能力**	**边缘元素**
	数据的获取、存储、处理和分析	数据存储与分析
	机器学习推理	机器学习的模型与推理
	输入和输出设备连接	输入 / 输出
	在步骤 4 中确定的功能子集被实例化为云元素（组件和子系统）：	
	选定的能力	**云元素**
	访问控制	集中式访问控制
	设备管理	设备管理
	与边缘的连接性	物联网消息代理
	数据的获取、存储、处理和分析	数据平台
	仪表盘和可视化	仪表盘
	云端机器学习模型的训练与推理，基础设施的 MLOps	人工智能平台
	云端机器学习模型的训练与推理，基础设施的 MLOps	人工智能模型
	工业过程和资产行为模拟	模拟器
	数学和物理建模	数学与物理模型
	未来可自定义的应用程序	应用程序

由于这个系统的复杂性，因此在早期迭代中不可能定义精确的功能和接口，它们将留给后续的迭代过程。

9.3.2.5　步骤 6：绘制视图草图并记录设计决策

图 9.3 中的图表展示了基于这些实例化决策得出的参考架构。

图 9.3 展示的平台中每个元素的职责汇总记录在表 9.7 中。

表 9.7　数字孪生平台参考架构的边缘元素

边缘元素	职责
应用程序	生产车间员工的应用程序。这些应用程序对用户来说是可用的，无论他们是否有云服务连接
访问控制	管理并执行策略，以确定哪些用户和设备被授权访问，以及它们如何与工厂级别的系统交互

（续）

边缘元素	职责
控制与自动化	执行工业控制算法，如 MPC（Model Predictive Control，模型预测控制）或 PID（Proportional Integral Derivative，比例积分导数），通过边缘设备上的决策，编排和自动化工业流程
数据存储与分析	边缘设备上的本地数据存储，允许存储原始数据和处理过的数据。实时数据处理包括过滤、聚合和转换等
机器学习模型与推理	直接在边缘设备上部署和执行机器学习模型
输入 / 输出	从不同的来源收集数据，如工业设备、PLC（Programmable Logic Controller，可编程逻辑控制器）、SCADA(Supervisory Control and Data Acquisition，监控和数据采集）系统、传感器和其他使用工业协议的设备，如 OPC UA（Open Platform Communications United Architecture，开放平台通信联合体系结构——一个用于工业通信的数据交换标准） 向工业环境中的执行器或其他控制元件发送命令，以实现工业过程的自动化

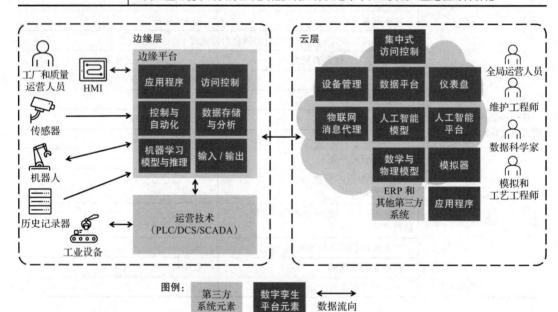

图 9.3　数字孪生平台的参考架构

表 9.8 描述了云服务部分的元素及其职责。

表 9.8　数字孪生平台参考架构的云服务元素

元素	职责
集中式访问控制	管理和执行策略，这些策略确定哪些用户和设备被授权，可在组织级别全局访问系统并与之交互
设备管理	所有边缘部署的单点控制：设备配置、配置、监控和更新边缘软件
物联网消息代理	一个高吞吐量的发布 / 订阅消息组件，可以以低延迟安全地在边缘实例之间传输消息
数据平台	摄取、存储、处理和分析来自各种来源的数据，包括传感器、边缘设备和第三方软件，如 ERP（Enterprise Resource Planning，企业资源规划）、MES（Manufacturing Execution System，制造执行系统）等

（续）

元素	职责
仪表盘	可视化和整合实时和历史数据的用户界面，提供数据分析和洞察的方法
人工智能平台	一组用于构建、训练、测试和部署人工智能模型的工具（主要使用机器学习方法）
人工智能模型	训练各种任务的人工智能模型（例如，计算机视觉、预测性维护、优化、自动化），用于云服务层或边缘层中的推理
模拟器	逼真的虚拟环境和"假设"场景，准确地代表了现实世界的条件，支持在不影响实际物理资产的情况下测试和优化流程和策略
数学与物理模型	利用物理定律和特定领域知识来表示资产、过程或系统的底层物理机制、动态和行为
应用程序	利用平台功能的公司部门（以及潜在的业务合作伙伴）的应用程序

9.3.2.6　步骤 7：执行当前设计分析，并审查迭代目标和设计目标的实现情况

在本次迭代中，我们做出的决策解决了影响整个系统结构的重要早期问题。在以后的迭代中需要做出额外的设计决策，以进一步分解元素，选择候选技术，并提供关于如何支持用例和质量属性的更多细节。

表 9.9 总结了在迭代 1 中使用 4.8.2 节讨论的看板技术的设计进度。

表 9.9　数字孪生平台的设计进度：迭代 1

未解决	部分解决	完全解决	迭代期间做出的设计决策
	UC-1		引入了边缘平台、数据平台和仪表盘元素。尚未就使用何种技术做出详细决策
	UC-2		使用具有机器学习推理的边缘计算。尚未就这项技术做出详细决策
	UC-3		介绍了数据平台、人工智能平台、人工智能模型等要素。尚未就使用的技术和 XR 设备集成做出详细决策
	UC-4		引入了模拟器、数学和物理的模型元素。尚未就技术做出详细决策
	UC-5		引入了边缘（控制与自动化）、人工智能平台和人工智能模型元素。尚未就技术细节做出决策
	QA-1		将边缘计算用于关键功能。尚未就技术细节做出决策
	QA-2		引入了边缘访问控制和云端集中访问控制。尚未就技术细节做出决策
QA-3			将在后续迭代中解决
QA-4			将在后续迭代中解决
QA-5			将在后续迭代中解决
	QA-6		使用具有机器学习推理的边缘计算。尚未就具体技术做出决策
	QA-7		引入了数据平台元素。尚未对是否使用该技术做出详细决策
QA-8			将在后续迭代中解决
	QA-9		在边缘和云端引入了应用程序元素。尚未就技术细节做出决策
QA-10			将在后续迭代中解决
	CON-1		确认云服务的类型为公有云服务
	CON-2		主要的云资源消费模型以及平台即服务（PaaS）和函数即服务（FaaS）
CON-3			未做出相关决策
CON-4			未做出相关决策

9.3.3 迭代 2：工业物联网要素的细化

该设计的第二次迭代侧重于系统的 IIoT（Industrial IoT，工业物联网）方面以及支持系统需求的技术选择。

9.3.3.1 步骤 2：通过选择驱动因素建立迭代目标

表 9.10 根据 9.2 节中识别的信息。列出了支持本次迭代的目标所选择的驱动因素。此外，对于每个驱动因素，讨论了与迭代焦点相关的特定考虑。

表 9.10　数字孪生平台的驱动因素：迭代 2

主要用例

架构驱动因素	工业物联网的具体考虑因素
UC-1：实时监控和历史数据洞察	尽管此用例涉及全局运营人员，但数据来自边缘计算系统，并由边缘计算系统转发
UC-2：质量检测自动化	质量检测自动化系统的至少部分组件必须部署在边缘，例如传感设备

质量属性场景

架构驱动因素	工业物联网中具体的考虑因素
QA-1：可用性	系统在离线模式下的可用性，或者在互联网连接受限情况下的可用性，是边缘解决方案的一个关键方面，也是边缘部分的关键架构驱动因素。它产生了大量的间接需求，比如足够的本地存储、数据同步算法，以及在边缘做出本地决策的能力，这对工业系统运行是至关重要的
QA-2：安全性	在物联网系统中，通过硬件实现安全性至关重要，通常通过可信平台模块或硬件安全模块等组件实现。我们假设已经涵盖了硬件方面，并将重点放在架构的软件方面
QA-3：可部署性	考虑到一个工业公司可能拥有几十个工厂，而每个工厂都有几十个边缘设备，这个驱动因素的重要性便显而易见。手工部署生产系统要么不可行，要么极易出错
QA-5：性能（实时仪表盘）	虽然这个驱动因素似乎与其他架构元素（如仪表盘）更直接相关，但工业物联网系统能够足够快地交付数据的能力对于这些系统实现这一目标至关重要。因此，工业物联网架构师的目标应该是实现远小于 15s 的延迟
QA-6：性能（视觉检查）	数小时的延迟可以允许一些基于云和面向批处理的方法。但是，当我们处理秒级时，很明显，驱动因素将影响边缘架构的决策
QA-8：可扩展性（新设备和传感器）	能够将来自众多供应商的设备和传感器进行扩展是所有 IIoT 系统的关键能力之一
QA-9：可扩展性（新应用程序）	这个驱动因素被选中用于 IIoT 迭代，因为它是面向横切关注点的。事实上，在定义应用程序的边界时，最好是根据用例和实现所需的领域知识，而不是依据其执行的上下文（例如，边缘设备、云物联网流水线、机器学习流水线）来决定
QA-10：可观测性	这个横切关注点的驱动因素将在系统监控仪表盘的感知延迟中表现出来，这不是本次迭代的直接关注点。然而，仪表盘不能响应，除非构建了高性能的工业物联网骨干网。因此，在这个迭代中必须考虑这个场景

约束条件

架构驱动因素	工业物联网的特定考虑因素
CON-4：NIST 物联网网络安全能力必须被实施以管理网络安全风险	这是一种专门针对边缘计算、物联网和安全的约束条件（参见 9.5 节）

9.3.3.2　步骤 3：选择系统元素进行细化

对于这一步，我们选择图 9.4 中突出显示的元素进行细化。

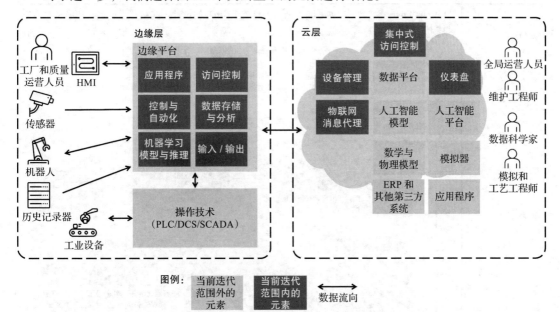

图例：
| 当前迭代
范围外的
元素 | 当前迭代
范围内的
元素 | → 数据流向 |

图 9.4　针对迭代 2 标注的数字孪生平台参考架构

9.3.3.3　步骤 4：选择满足选定驱动因素的设计概念

表 9.11 总结了本次迭代中关于设计概念选择的决策。

表 9.11　数字孪生平台的设计概念选择决策：迭代 2

设计决策和定位	原理说明
在边缘设备上执行计算机视觉	这种设计概念适用于在靠近生产线的专用硬件上执行计算机视觉。以下质量属性受此决策的影响： 　1. **性能**：通过在更靠近数据源产生的地方处理视频（而不是在云中处理视频），延迟显著减少。工业物联网应用程序通常需要实时或准实时的分析和响应，因此将处理过程更靠近数据源可以更快地做出决策。这些决策的快速可用性意味着更快的响应时间，从而提高操作效率并改善整体系统性能 　2. **避免拥塞**：如果所有数据都传输到中心位置（如云服务组件）进行处理，那么工业物联网设备（尤其是视觉传感器）产生的大量数据可能会使网络带宽紧张。通过在离数据源更近的地方执行处理任务，我们可以避免在长距离网段上发送大容量数据，从而确保我们只传输相关的信息。这样做避免了网络拥塞，不仅有利于数据流应用程序的运行，还有利于对工厂中其他进程的顺利运行 　3. **安全性**：来自生产线的视频流可能包含商业机密或其他敏感信息。如果我们要在云端处理数据，那么数据流将暴露在公共互联网，从而面临众多中间环节的安全风险。通过在数据源附近本地处理数据，我们可以减少对潜在安全漏洞的暴露 　4. **弹性**：在互联网链路故障的情况下，云端的数据处理将停止，但本地数据处理可以继续。如果需要的话，积累的数据将更容易存储和传输到云端 　除了这些质量属性之外，此设计决策还有一个优点，那就是成本更低 　**考虑的备选方案**：云端的计算机视觉服务 　**舍弃原因**：如果在云端执行计算机视觉服务，许多质量属性（如性能）将受到负面影响

（续）

设计决策和定位	原理说明
采用 Litmus Edge 参考架构	Litmus Edge 参考架构（如图 9.5 所示）侧重于 IIoT 的设计，并结合了许多在边缘解决方案设计中有用的设计概念 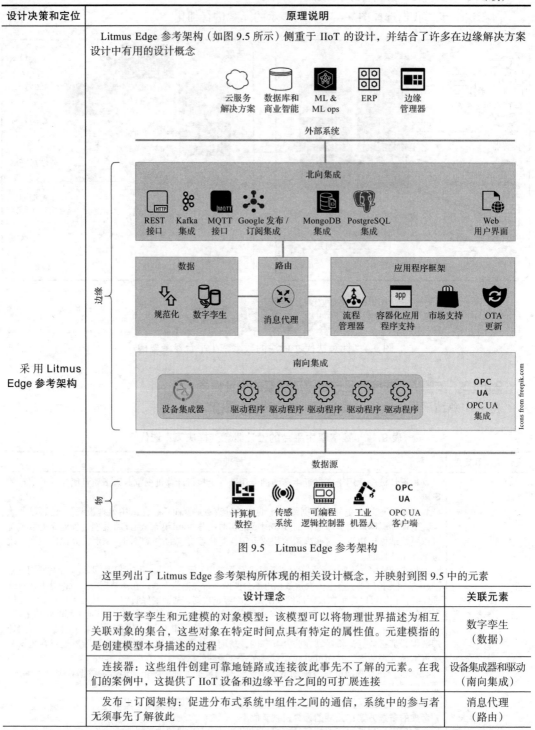 图 9.5 Litmus Edge 参考架构 这里列出了 Litmus Edge 参考架构所体现的相关设计概念，并映射到图 9.5 中的元素

设计理念	关联元素
用于数字孪生和元建模的对象模型：该模型可以将物理世界描述为相互关联对象的集合，这些对象在特定时间点具有特定的属性值。元建模指的是创建模型本身描述的过程	数字孪生 （数据）
连接器：这些组件创建可靠地链路或连接彼此事先不了解的元素。在我们的案例中，这提供了 IIoT 设备和边缘平台之间的可扩展连接	设备集成器和驱动 （南向集成）
发布 – 订阅架构：促进分布式系统中组件之间的通信，系统中的参与者无须事先了解彼此	消息代理 （路由）

（续）

设计决策和定位	原理说明	
	设计理念	关联元素
采用 Litmus Edge 参考架构	流水线和过滤器：关注通过一系列处理步骤的数据流。每个过滤器对输入数据执行特定的任务并产生输出。过滤器通过流水线连接在一起，流水线充当过滤器之间的数据传输器	流程管理器（应用程序框架）
	集中化边缘管理：如果客户拥有庞大的物联网设备，且这些设备位于大量的工厂中，则在单个边缘设备级别创建和维护部署将变得不可行。因此需要一个与边缘设备具有"一对多"关系的元素来集中管理这些设备	边缘管理器（外部系统）
	考虑过的替代方案：AWS Greengrass 参考架构 舍弃原因：AWS Greengrass 是较低级别的产品。它为创建物联网解决方案提供了构建模块，而 Litmus Edge 是一个现成的物联网平台。AWS Greengrass 适用于需要高度定制解决方案的项目。在我们的案例中，物联网需求是典型和直接的，并且很容易被现有的通用解决方案很好地满足	

9.3.3.4　步骤 5：实例化架构元素、分配职责并定义接口

在此迭代中，通过选择合适的技术来实现所选设计概念的实例化。表 9.12 总结了考虑和做出的实例化设计决策。

表 9.12　数字孪生平台的实例化决策：迭代 2

设计决策和定位	原理说明
建立"物联网"与"大数据和人工智能"之间的联系	在迭代 1 的步骤 3 中，我们将系统分为两层：云服务和边缘服务。云服务层包含与大数据和人工智能相关的元素。这些元素被视为黑盒。这些元素将在迭代 3 中进一步充实。但在进行架构决策之前，有必要在"物联网"和"大数据和人工智能"元素之间建立一个契约 这些元素的职责可以重叠。例如，可以在边缘和云上使用物联网产品进行分析和机器学习操作。为了减少职责的模糊性，做出了以下决策 对于分析和机器学习用例的实施，即使相关功能可以在边缘开发，也优先考虑"大数据和人工智能"的技术栈 对于物联网用例的实施，即使原则上可以使用云服务开发相关功能，也优先考虑"物联网"技术栈 我们还决定，采用 Kafka 协议实现从"物联网"元素到"大数据和人工智能"元素的数据流。该协议应用广泛，符合此前选择的"发布 - 订阅架构"设计理念
在边缘设备上利用智能相机实现计算机视觉	智能相机是一种能够实时推断自定义计算机视觉模型的边缘设备。智能相机的采用是实现"边缘计算机视觉"设计理念的一个实例。这解决了使用光学传感器（UC-2，QA-6）的需求。在同一设备内集成传感器和 ML 推理的计算确保了所需的数据带宽可用，并减少了获取图像和检测缺陷之间的延迟（用于快速警报）。由于智能相机支持自定义的机器学习模型，因此可以训练和改进特定于被监控产品和它的常见缺陷的模型 智能相机解决方案的实施基于 NVIDIA Jetson 边缘 GPU 计算机，它提供了必要的计算能力，以实现从图像分类和对象检测到图像分割的场景的实时机器学习推理。借助开源的 NVIDIA TAO 工具包，通过利用预训练的人工智能模型，这些解决方案可以更快地开发出来
通过 Litmus Edge 平台实例化 Litmus Edge 参考架构	Litmus Edge 是一个现成的 Litmus 参考架构的实现，它被选为一个设计概念。这个决定与之前的设计决策是兼容的，因为 Litmus Edge 支持自定义应用程序，所以它可以托管驱动连接的智能相机的应用程序 Litmus Edge 不是免费的。然而，在这种情况下，购买商业产品比在内部构建功能更经济。客户不从事编写软件的业务。对于这家公司来说，物联网平台是实现其业务目标的手段，而不是利润中心。因此，他们没有动力来投资开发新系统。此外，实现安全性很难且代价高昂。而且，由于安全问题是物联网的前沿和中心问题，因此依赖经过实战考验的解决方案通常更安全
使用 Litmus Edge Manager 产品满足参考架构的中心边缘管理需求	Litmus Edge Manager 是边缘设备和应用程序的集中管理平台。它用于设置和管理多个 Litmus Edge 部署的所有方面，实现了参考架构中的"集中边缘管理"设计概念。Litmus Edge Manager 是 Litmus 产品套件的一部分，直接与 Litmus Edge 集成

9.3.3.5 步骤 6：绘制视图草图并记录设计决策

图 9.6 所示的图表展示了先前实例化设计决策的结果。在该图表中，我们强调了一些元素。

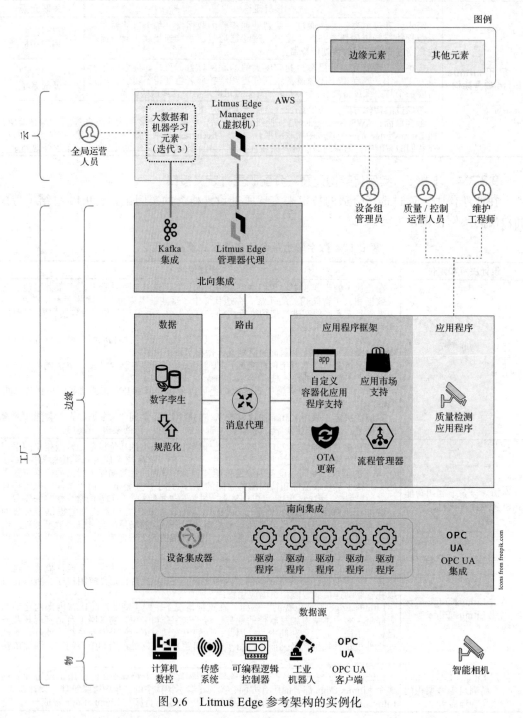

图 9.6 Litmus Edge 参考架构的实例化

数据源

数据源是工厂车间的工业设备集合，在图 9.6 中称为"物"，生成业务数据以及遥测数据。表 9.13 对它们进行了总结。

表 9.13　数字孪生平台的数据源

Litmus 边缘元素

元素	细化前对应的元素 （见图 9.4）	职责 / 描述
南向集成		
设备集成器	输入 / 输出	允许设备与 Litmus Edge 之间进行数据连接。设备集成器管理并使用"驱动程序"来实现与主流制造商设备的连接
数据		
数字孪生	数据存储与分析	提供一种工业资产的表示形式，其中的工业资产是与工业流程关联的对象，包括允许我们分配对象属性、定义输入数据转换和表示属性层次结构的建模能力
规范化	输入 / 输出	将由不同设备发送的数据的度量单位和表示方式进行规范化，确保数据消费者获得统一的视图
应用程序框架		
自定义容器化应用程序支持，应用市场支持，OTA 更新	应用程序控制与自动化	提供从公共或私有容器镜像注册中心或应用市场进行 OTA 安装、更新和启动基于 docker 的应用程序的能力
流程管理器	应用程序输入 / 输出	以图形化的方式定义解决方案，实现在不同组件（如设备、数据库、信息系统和静态文件）之间的数据连接和转换
北向集成		
Kafka 集成	物联网消息代理	向实现 Kafka TCP 协议的客户端发送消息（将在迭代 3 中定义）
Litmus Edge 管理器代理	设备管理，集中访问控制	实现与 Litmus Edge Manager 的通信

其他要素

元素	细化前对应的元素	职责 / 描述
应用程序		
质量检测应用程序	应用程序控制与自动化机器学习模型及推理	为质量控制人员实现管理和操作的前端。根据应用程序需求，生成关于质量控制失败事件的警报。确保智能相机的更新与云服务应用程序兼容，并且这些更新可以被云服务应用程序接收
AWS		
大数据和机器学习元素	参见迭代 3	将在迭代 3 期间进行实例化，这里仅仅预留位置

9.3.3.6　步骤 7：执行当前设计分析，并审查迭代目标和设计目标的实现情况

表 9.14 总结了第二次迭代的设计进度和决策。

表 9.14　数字孪生平台的设计进度：迭代 2

未解决	部分解决	完全解决	迭代过程中做出的设计决策
	UC-1		从工业物联网设备到云端，实时数据流水线已经搭建完成 待定：OEE 监控将在迭代 3 中设计
		UC-2	质量检测是通过智能相机实现的，该智能相机在边缘执行机器学习的相关处理
	UC-3		
	UC-4		本次迭代不考虑
	UC-5		
		QA-1	无论是 Litmus Edge 还是任何应用程序都不会影响生产车间的关键系统功能
	QA-2		Litmus Edge：适用于企业身份管理和访问控制的认证、授权和 RBAC（Role-Based Access Control，基于角色的访问控制）策略 所有接口的访问控制，包括 Web UI。质量控制应用程序：与 Litmus Edge 安全设施集成 云服务部分将在后续迭代中进行
	QA-3		通过使用 Litmus Edge + Litmus Edge Manager 满足要求 云服务部分将在后续迭代中进行
	QA-5		在本次迭代中，性能得到了部分解决，特别是 QA-6，设计决策使用智能相机在边缘执行计算机视觉的相关处理，从而减少延迟。附加的性能测试和分析可以通过创建包含所选元素（作为概念证明）的简单框架实现来完成，并查看它在预计负载下的运行情况
	QA-6		
	QA-7		本次迭代不考虑
	QA-8		通过使用 Litmus Edge（设备集成器和设备驱动程序库）满足需求 云服务部分将在下一次迭代中进行
	QA-9		通过使用 Litmus Edge（应用程序支持）满足需求 云服务部分将在下一次迭代中进行
	QA-10		通过使用 Litmus Edge Manager（管理控制台仪表盘、数字孪生、Grafana 仪表盘、具有多个事件接收器的警报）来满足需求。云服务部分将在下一次迭代中进行
	CON-1		此次迭代不包含此内容
	CON-2		
CON-3			此次迭代不包含此内容
	CON-4		将 NIST 物联网网络安全能力相关的所有限制条件的处理推迟到后续迭代中

9.3.4　迭代 3：大数据和 AI 元素的细化

此次迭代的目标是解决系统中大数据和 AI/ML 方面的问题，并选择支持系统需求的技术。在 ADD 中，我们通常从步骤 2 中的考虑架构驱动因素开始，以确定它们与系统的大数据和人工智能方面的相关性。

9.3.4.1　步骤 2：通过选择驱动因素建立迭代目标

所有五个用例都介绍了大数据和 AI/ML 组件设计的需求。我们将回顾用例（在表 9.15 中），并注意当在步骤 3 中进行元素分解时应该考虑哪些系统元素。

表 9.15　数字孪生平台的驱动因素：迭代 3

主要用例

架构驱动因素	大数据和人工智能 / 机器学习的具体注意事项
UC-1：实时监控和历史数据洞察	需要一个集中的、基于云服务的数据库存储。需要云服务和工厂之间的流数据获取接口、面向云服务的流数据处理，以及支持云服务的数据可视化
UC-2：质量检查自动化	需要实时采集和处理传感器数据 需要实时人工智能 / 机器学习模型进行异常检测。如果在云服务中进行光学传感器的图像处理，则可能会引入通道吞吐量要求。这是在之前的迭代中选择"边缘计算机视觉"选项的一个原因
UC-3：预测性维护和用于维护活动的 XR	需要类似于 UC-1 和 UC-2 的历史数据库存储和准实时流数据出口以及 AI/ML 推理能力。推理结果应能被扩展现实设备消费，因此，通过 API 访问层，它们应该是可用的
UC-4：流程模拟	应该收集原数据、设备设置数据和输出的历史质量数据，并可用于手动或基于机器学习的分析，以创建模拟模型
UC-5：高级自动化	人工智能 / 机器学习模型的推理和模拟结果应该可以被自动化代理使用。这可能需要 API 数据访问，或者需要将消息从数据层推送到控制设备参数的组件。控制本身（以及任何与机器学习相关的自主决策）应该在边缘设备上执行

质量属性场景

架构驱动因素	大数据和人工智能 / 机器学习的具体注意事项
QA-1：在云服务或网络中断的情况下，生产车间的关键系统功能必须可用（适用于 UC-2）	流传感器数据的收集、处理和用于异常检测的 AI/ML 模型应该运行在边缘层，而不是在云端
QA-2：对于发生了未授权的访问尝试。该尝试被系统拒绝并记录在案，系统管理员会在违规尝试后的 15min 内收到警报（适用于所有用例）	数据和 AI/ML 组件应该受到身份验证、授权、访问日志记录和访问警报功能的保护。为每个组件实现或集中实现这些能力是进一步权衡分析的问题。本地部署组件和云服务组件可能需要不同的实现
	对于多个系统的组件，引入集中式访问管理系统可能比在每个组件中单独实现授权、身份验证和登录更好
QA-3：启动系统部署。部署过程完全自动化，并且至少支持开发、测试和生产环境（适用于所有用例）	应该为所有大数据和人工智能 / 机器学习组件实现部署的自动化
QA-4：系统每秒接收 100 000 个数据点（每个数据点平均大小为 120 字节）。系统会在 1s 内处理完所有数据点（适用于所有用例）	在网络组件和数据处理组件的吞吐量规划中应该考虑数据量。与历史数据保留的需求一起，应该使用这些数据来定义存储容量
QA-5：面向全局运营人员的实时仪表盘每 15s 自动刷新一次，数据延迟小于 15s（适用于 UC-1）	需要满足流数据处理解决方案设计和准实时数据存储库响应查询时间的要求。可视化层应该自动刷新仪表盘
QA-6：对工业流程持续进行可视化检查，并结合实时异常检测。检查结果会在 5s 内生成（适用于 UC-2）	UC-2 的流数据处理设计（部署在本地），包括 AI/ML 推理，必须在本地处理。我们应该澄清为什么要求是"5s 内"，这对于异常检测来说并不明显，因为"异常"可能意味着一系列传感器数据超过 5s
QA-7：当数据分析师请求对原始和聚合的历史数据（这些数据可能包含来自不同工厂、各种设备的多关系数据）进行类 SQL 的即席查询时，95% 的查询应在 30s 内返回结果（适用于 UC-3、UC-4、UC-5）	考虑到预期的数据量，这会在基于服务云的数据存储库之上为 SQL 引擎创建响应时间和可伸缩性的需求。这还引入了数据建模需求，例如适当的分区和预聚合，反过来可能需要定期安排 ETL 的处理和执行

（续）

架构驱动因素	大数据和人工智能 / 机器学习的具体注意事项
QA-8：可以在系统运行时添加新设备和传感器，而不会中断正在进行的数据收集和系统功能（适用于所有用例）	用于数据存储库的数据模型和技术应该足够灵活，以支持新设备和新类型的设备，而无须修改数据模型。这可能需要一个元数据存储库来存储物联网资产的层次结构
QA-9：无须重新架构或更改系统主要组件（例如边缘、数据和人工智能平台），即可在现有服务的基础上构建新的应用程序（例如，生产、质量、供应链、销售）	对大数据和 AI/ML 的设计决策没有影响。回顾迭代 3，步骤 7，以确保设计决策没有引入限制条件
QA-10：关键性能指标和错误日志被收集、聚合并可视化显示在监控仪表盘中，最大延迟为 5s	这为大数据和 AI/ML 服务引入了可观测性需求。最有可能的是，它应该集中实现，所有系统组件几乎实时地提供度量指标 / 日志。在单个组件级别实现这一点很可能是低效的

约束条件

架构驱动因素	大数据和人工智能 / 机器学习的具体注意事项
CON-1：公有云（AWS）	解决方案中使用的服务和技术应该是具体的，或者与所选的公共云供应商或兼容。必须特别考虑边缘层和 AWS 云服务的集成
CON-2：使用云原生策略（推广微服务、容器和托管服务）构建可扩展的应用程序	在进行权衡时，应优先考虑云原生服务和技术
CON-3：成本经济性和成本可预测性——特别是在选择云服务方案时	对于使用随用随付（基于消费）计费模型的托管服务的解决方案而言，成本可预测性非常重要 为了满足成本可预测性的需求，解决方案应该明确地记录每个组件 / 服务的成本模型和影响它的因素，优先考虑那些对系统工作负载依赖性较小的组件 / 服务
CON-4：NIST 的物联网网络安全能力必须被实施，以管理网络的安全风险	遵循 NIST 标准中数据保护部分（参见 9.5 节）的建议，该部分侧重于数据加密能力

9.3.4.2 步骤 3：选择系统元素进行细化

基于我们在 9.3.2.5 节定义的系统结构草图（见图 9.3），四个系统元素（见图 9.7）与大数据和 AI/ML 处理相关，应该在迭代 3 中进行细化。

以下云服务元素将在迭代 3 中进行细化：

- ❑ 数据平台
- ❑ 仪表盘
- ❑ 人工智能模型
- ❑ 人工智能平台

9.3.4.3 步骤 4：选择满足选定驱动因素的设计概念

表 9.16 概述了在本次迭代中执行的有关设计概念选择的设计决策。

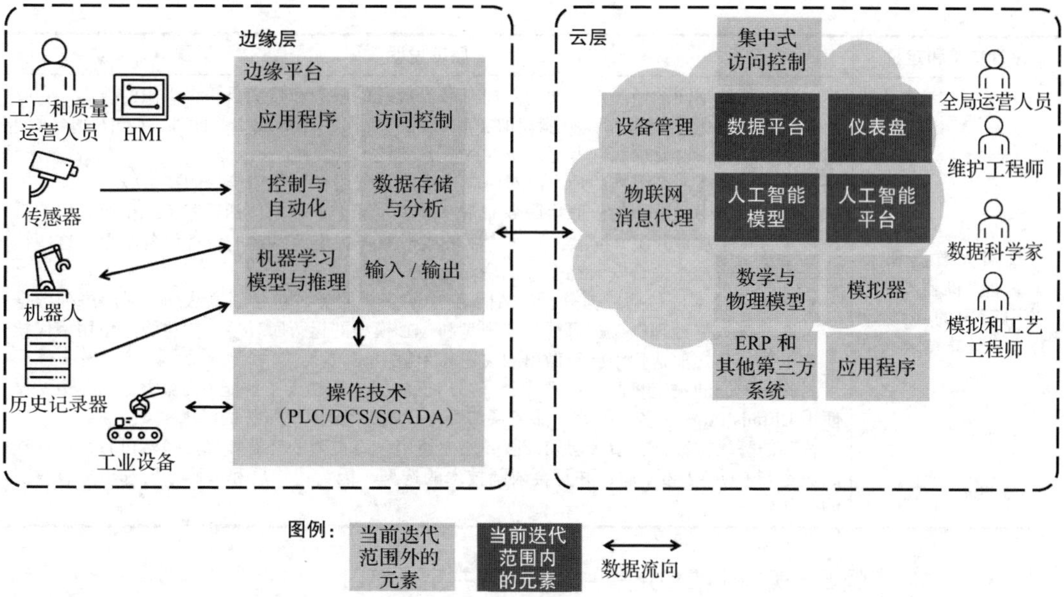

图 9.7　针对迭代 3 标注的数字孪生平台参考架构

表 9.16　数字孪生平台的设计概念选择决策：迭代 3

设计决策和定位	原理说明
在边缘层和云服务层之间以及云服务组件之间引入**消息队列**，用于物联网传感器数据的传输	消息队列提供了系统元素之间的异步通信通道。它通过减少跨组件依赖关系的数量，以及减少同步通信中潜在的性能和可伸缩性问题，简化了设计。在消息使用者暂时不可用时，消息队列还充当着消息缓冲区的角色 　　在前一个迭代中决定了使用 Litmus Edge，这意味着在边缘层上使用消息队列。在 UC-1 和 QA-5 之后，全局运营人员应该在事件发生后 15s 内看到工厂车间的变化，这意味着在边缘批量处理物联网传感器数据并按计划将这些数据传到云端是不可行的选择。将数据从边缘层直接推送到一些基于云的数据存储库的替代方案是可行的，但减少了流数据处理的选项，这也是 UC-1 和 QA-5 所需要的。因此，在边缘层和云服务层为物联网的传感器数据引入消息队列是最优的架构决策 　　**舍弃的替代方案：**将数据从边缘层直接摄取到云中的数据存储服务，例如 S3 对象存储或 AWS 数据库服务之一。这种方法会在解决方案组件之间引入不希望出现的强耦合
采用**流数据处理模式**对单个数据记录进行处理	准实时监控和 AI/ML 推理要求（UC-1、UC-2、QA-2、QA-5）不允许批量数据处理。同时，从物联网传感器获得的原始数据需要额外的清理、情境化和转换，以进行可视化和基于人工智能的分析。这些计算应该针对消息队列中的单个消息执行，这使得流数据处理成为一个很好的架构选择 　　**舍弃的替代方案：**根据预定义的时间表周期性批量处理数据
将数据服务层分离为准实时数据层和历史数据层	流行的 Lambda 架构的许多实现建议将历史数据和准实时数据结合起来，并将所有这些数据提供给可视化层。这隐藏了用于每种类型数据所需的不同数据存储库和技术的复杂性，简化了数据消费。然而，Lambda 架构带来了实现的复杂性和技术上的选择限制。在我们的用例中，历史分析（UC-3、UC-4）和准实时分析（UC-1、UC-2）被清楚地分开了。因此，将这些类型的分析分开处理，并允许为每种类型使用不同的技术和服务（例如，数据存储库、数据访问引擎、可视化工具）是合理的。因此，尽管存在历史数据和实时数据路径，但我们并没有在可视化或数据虚拟化层将它们的数据结合起来 　　值得一提的是，即使有了这个决策，我们仍然可以满足 UC-3 的需求（对设备故障的预测，并通过访问历史和实时信息进行诊断）。UC-3 可以分解为两个子用例：使用历史数据训练 AI/ML 模型，使用准实时数据进行预测并检测故障。每个子用例都可以使用自己的数据时间范围

（续）

设计决策和定位	原理说明
针对大数据和人工智能 / 机器学习，采用**不同的**边缘计算和云计算技术	在其他条件相同的情况下，架构中拥有最少数量的服务和技术是一个理想的目标。它有助于避免重复的实现工作、技能获取工作、维护工作并降低成本。此外，CON-2 要求使用云原生服务，这要求我们考虑基于这些服务的技术栈要统一 然而，我们有两个强烈的理由反对跨越边缘层和云服务层使用统一的技术栈： • 本地环境中，可用的云原生服务非常有限。实际上，它只包括云服务提供商采用的第三方（通常是开源）技术，并作为服务或云服务提供商特定的硬件设备实现，这些技术在经济上不适合安装在多个工厂环境中 • Litmus 技术栈包括数据分析和 AI/ML 中的多个服务，包括消息队列、时间序列数据库、流数据处理框架、可视化仪表盘和 ML 模型的运行时环境。为边缘层使用替代技术栈将与之前迭代中已经做出的决定相矛盾 因此，我们的决定将两个技术栈分开，用于数据分析和人工智能 / 机器学习，在边缘层使用 Litmus Edge 服务，并在云服务层遵循 CON-2 对云原生服务的要求 **舍弃的替代方案：** 在边缘层和云服务层中使用一组类似的开源技术。虽然可行，但这样的决定与 CON-2 相矛盾，并且会限制技术的选型，因为边缘层和云服务层选项具有次优的公共标准

9.3.4.4 步骤 5：实例化架构元素、分配职责并定义接口

在做出实例化决策的第一步中，我们需要识别与设计概念相关的元素。一旦确定了这些元素，我们就可以决定使用哪些 AWS 功能来实现它们。表 9.17 列出了这些设计决策及其背后的基本原理。尽管某些元素的技术选择是由云服务提供商的需求或在以前的迭代中做出的决策所预先定义的，但仍有些元素需要进行额外的权衡分析。

表 9.17　数字孪生平台的实例化决策：迭代 3

设计决策和定位	原理说明
创建消息队列服务并使用 Amazon MSK（适用于 Apache Kafka 的托管流式传输服务）实现该服务	消息队列服务负责系统组件和消息缓冲之间的数据交换，包括边缘层和云服务层之间的数据交换。这是消息队列设计概念的一个实例，与用例 UC-1 和 UC-5 相关。它至少应该向发布者和订阅者提供一个 API 接口。它还应该集成准实时数据存储库和流数据处理服务。AWS 中消息队列服务的两个主要替代方案是 Amazon 的原生 Kinesis Data Streams 和 Amazon MSK 虽然对于这个元素来说，两者都是合适的选择，但 Litmus 只支持 MSK（Kafka）集成
创建准实时数据存储库并使用 Amazon Timestream 实现	这是"无共享数据服务层"设计概念的一个实例，与用例 UC-1 和 UC-2 相关。它负责在云服务网中存储和提供准实时的数据。它应该能够处理相对较窄的窗口，即最近 24 小时的数据。它还应该与消息队列服务和可视化服务集成 准实时数据存储库包含的信息量相对较小，受到滑动时间窗口的限制。它需要频繁和快速地进行单条记录更新。因为它用于流数据处理，所以对于单个行操作（插入、更新、行检索），它也应该表现出低延迟。存储库中的数据将遵循典型的时间序列数据模式，不需要复杂的文档结构或相互连接的表 这样的需求组合，再加上 CON-2 "使用云原生策略"的优先级，留下了两个主要的候选：Amazon DynamoDB 和 Amazon Timestream 虽然所需的数据存储库可以用这两种技术中的任何一种实现，但 Amazon Timestream 的优势在于支持复杂的 SQL 查询，并提供对时间序列数据分析功能的本地支持。这允许我们依赖 SQL 进行聚合，而在 DynamoDB 中，要实现聚合需要额外的数据结构和编码工作 由于成本和性能（对于适合 Timestream 内存存储的数据量）具有可比性，Timestream 似乎是一个更好的选择

（续）

设计决策和定位	原理说明
创建流数据处理服务，并使用 Kinesis Data Analytics 托管的 Apache Flink 来实现	流数据处理服务是"流数据处理"设计概念的实例化，支持 UC-1、UC-2、QA-2 和 QA-5。它负责消息转换，例如聚合和从低级设备数据派生高级 KPI。它应该与消息队列服务集成，并且应该能够访问资产层次结构服务的数据 在撰写本书时，流数据处理技术（忽略专有解决方案）的选择范围包括 Apache Spark、Apache Flink 和 Apache Beam。CON-2（托管服务使用）和 CON-1（AWS）将选择范围缩小到前两个，在 AWS 中由两个托管服务代表：AWS Glue（可以利用 Apache Spark）和 Kinesis Data Analytics 由于它们提供了密切相似的功能，因此在 Spark 和 Flink 之间的选择通常取决于开发团队的技能和偏好。由于没有记录这样的偏好，因此我们将使用 Apache Flink 作为更专注于面向流处理的框架
创建可视化服务，并使用 Amazon QuickSight 实现	可视化服务并不直接实现先前确定的设计概念，但是，必须支持 UC-1、UC-4 和 QA-5。该服务负责用于监控和分析目的的数据可视化。它应该与准实时数据存储库和历史数据存储库集成 可视化服务技术的选择主要是由 CON-1（作为云提供商的 AWS）和 CON-2（托管服务使用）预定义的。在对可视化类型、安全模型、交互功能等没有特定需求的情况下，原生 QuickSight 服务是一种安全的选择，如果需要的话，可以在稍后对它进行修改
创建历史数据存储库，并使用 Amazon Athena 和 Amazon S3 实现	历史数据存储库也是支持 QA-4 和 QA-7 的"无共享数据服务层"设计概念的一个实例。这个存储库负责存储和提供历史数据。它应该能够处理大量数据，并反映多年的系统操作。它应该与可视化服务和 AI 平台服务集成，还应该为最终用户提供数据的即席查询功能 大型分析数据存储库的两个备选方案是 Amazon Redshift（一个列式 MPP 数据库）和 Amazon Athena（AWS 版本的 Apache Presto SQL 引擎，运行在 S3 数据和 Glue 数据目录等附加服务之上） Amazon Redshift 的基本用例是一个类似数据仓库的解决方案，具有定义良好的数据模型和运行其上的一组预定义报表。而 Amazon Athena 的用例是一个类似数据湖的解决方案，在原始数据或稍微预处理的数据之上提供即席查询功能 由于第二个用例更接近 UC-1、QA-7 定义的历史数据处理模式，并且需要训练 ML 模型，因此我们将使用 Amazon Athena
创建一个资产的层级服务并使用 Amazon Dynamo-DB 实现	该服务是"在边缘层和云服务层中使用不同技术"设计概念的一个实例，它直接支持 QA-8。该服务负责存储、管理和服务物联网设备上的元数据，覆盖范围从单个传感器到机器、生产线乃至整个工厂级别。与同名的边缘服务不同，它将仅用于管理较高层级的层次结构，从工厂开始并向上扩展。它应该利用并复制来自边缘实例的较低级别的数据，同时为最终用户提供定义和更改层次结构的功能，并为流数据处理服务提供数据访问接口 资产层次结构是一个相对较小的数据集，具有简单的数据模型，没有特定的性能要求或支持的数据访问模式。因此，我们可以使用各种各样的技术来实现它。这里选择 Amazon DynamoDB 是因为这个数据库已被 Amazon 的 IMC（Industrial Machine Connectivity，工业机器连接）框架用于资产层次结构，它也可以部分地应用于我们的解决方案
创建一个人工智能平台服务，并使用 Amazon Sage-maker 实现它	该服务也是支持 UC-2 和 UC-3 的"边缘层和云服务层中使用不同技术"设计概念的一个实例。它负责 AI/ML 模型的开发、训练、质量控制、演进和执行。它应该提供为最终用户开发和演进模型的功能，可以访问历史数据存储库，并提供导出已开发模型以在边缘部署的功能 之所以选择 Amazon Sagemaker，是因为它为机器学习模型的开发提供了丰富的服务集

（续）

设计决策和定位	原理说明
利用 Amazon Bedrock 的生成式人工智能进行维护和诊断（UC-3）	最近，一项基于生成式人工智能的新服务出现在 AWS 平台上 ——Amazon Bedrock。在对 UC-3 进行全面分析后，该团队提出了一个创新想法，为维修工程师实施基于人工智能的 Co-Pilot。Co-Pilot 的目的是处理设备技术文档，并以自然语言回答用户的问题。通过利用语音转文本的耳机功能，将 Co-Pilot 集成到 XR 应用程序中进行现场维护，从而节省了可能花费在搜索和阅读文档上的时间。AWS Bedrock 通过提供大型语言模型（Large Language Model，LLM）作为完全托管的服务，实现了这种"与文档对话"的场景。用户的查询作为文本提交，通过 API 接收。然后，LLM 检索并处理相应的设备文档，以提供解决用户问题的答案。之前的决策是将 XR 设备与云连接起来，绕过边缘，允许在有限的修改下实现此场景

9.3.4.5 步骤 6：绘制视图草图并记录设计决策

图 9.8 给出了一个简化的数据流图，显示了实例化步骤的结果。云服务层还包括每个元素中使用的云资源。

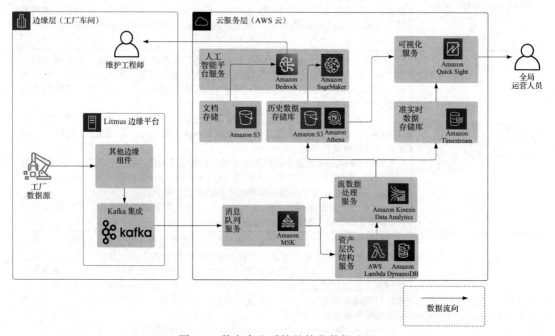

图 9.8　数字孪生系统的简化数据流图

在云服务层，数据流从 Kafka 集成开始，将边缘收集的数据传递给消息队列服务。然后，这些消息由资产层次结构服务（从单个消息构建和存储设备库存）和流数据处理服务提取，用于清理、充实、聚合和其他处理目的。接下来，数据存储在两个独立的存储库中，用于准实时数据分析和历史数据分析。最后，这些数据被人工智能平台服务用于 AI/ML 模型的开发和演进，并被可视化服务用于将数据呈现给最终用户。

注意，图 9.8 为了可读性和架构清晰度简化了实际的数据流。例如，在实践中，消息队列服务和流数据处理服务之间的流几乎总是双向的：先处理原始数据，然后再将其放入消息队列中，以供处理管道的下一层提取。

图 9.9 提供了 UC-1 实时仪表盘的模型。

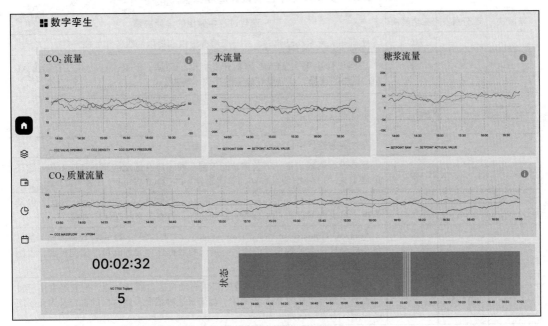

图 9.9　实时仪表盘的模型

图 9.10 展示了 UC-3 中描述的维护活动 XR 用户界面的模型。

图 9.10　用于维护活动的 XR 用户界面

9.3.4.6　步骤 7：执行当前设计分析，并审查迭代目标和设计目标的实现情况

正如在前一次的迭代中一样，我们现在可以总结目前的设计进度并审视所处理的架构

驱动因素。表 9.18 概述了迄今为止取得的进展。

表 9.18　数字孪生平台的设计进度：迭代 3

未解决	部分解决	完全解决	迭代过程中做出的设计决策
		UC-1	所有相关元素均已建立，并与云服务提供商提供的服务相关联
	UC-2		虽然设计决策为 AI/ML 模型开发提供了环境，但这次迭代并没有涵盖 AI/ML 算法的选择，这需要在未来的迭代中解决
	UC-3		
	UC-4		本次迭代不考虑
	UC-5		
		QA-1	在之前的迭代中已涵盖
		QA-2	虽然没有明确讨论，但数据访问控制存在于所有选定的服务和技术中。它还集成了 AWS IAM（身份和访问管理服务）和 Cloud Watch（日志和监控服务）
	QA-3		选择 Amazon CloudFormation 或 Terraform 作为 AWS 中的 IaaC 方法，以及为整个解决方案设计 CI/CD 流水线的任务，将在未来的迭代中进行
		QA-4	Amazon Timestream 和 Amazon Athena，二者均使用 S3 进行数据存储，都具备存储和处理上述数据量的能力。所选的数据处理服务既可以横向扩展，也能够管理这样的数据量
	QA-5		虽然 Amazon QuickSight 本身不提供自动仪表盘刷新功能，但它经常用于将报表嵌入到自定义的 Web 界面中。如果是这种情况，则这样的自定义界面还能够控制仪表盘的刷新频率
	QA-6		本次迭代不考虑
		QA-7	Amazon Athena 提供了一个 SQL 接口来查询历史数据
	QA-8		资产层次体系结构元素的引入部分地解决了这一问题。这应该进一步发展，以定义用于提取设备信息的特定数据模型和边缘消息
		QA-9	对在本次迭代中做出的决策（例如选定的 AWS 服务）以及前一个迭代的决策（Litmus Edge）能够满足需求
		QA-10	通过 AWS 固有的功能和服务，以及 Amazon CloudWatch 的可集成性和前一个迭代做出的决策（Litmus Edge Manager）解决了这一问题
		CON-1	通过使用 AWS 作为首选云提供商，完全解决了这个问题
		CON-2	所有指定的云服务均为托管服务
	CON-3		因为在此迭代中选择了许多托管服务，所以只是部分解决了这一问题。稍后应该引入基于工作负载参数的成本模型来处理 CON-3。这可能导致对所选择的技术进行一些更改
CON-4			本次迭代不考虑

9.4　总结

在本章中，我们探讨了一个在工业 4.0 背景下，在新兴的数字孪生领域中使用 ADD 方法的例子。该领域的复杂性涉及了物联网、云计算、大数据、AI/ML、XR、模拟、先进自动化和机器人等领域，出现了多方面的挑战。如此广泛的范围超出了任何单个架构师的能力。每个迭代都由不同的架构师领导，但是他们的决策需要仔细地保持一致。第一次迭代聚焦于系统的整体结构，迭代 2 和 3 由具有不同背景的架构师执行，他们分析了面临的每个选择背后的驱动因素。这是在第 8 章的案例研究中被省略的一个步骤，但是它被认为是在这个项目中管理复杂性和调整各迭代之间决策的必要步骤。

在本案例研究中，所做出的决策融合了每个原则的不同设计概念、模式和技术。该领域快速发展的本质意味着已建立的信息源，如参考架构和供应商文档，无法针对所有架构驱动因素提供直接指导。因此，架构师需要进行实验并构建原型，以验证他们的架构决策。

正如本案例研究中所描述的，数字化转型计划通常是一个持续多年的过程。参与其中的架构师应该准备好定期审视他们的决策，因为在实现过程中必然会出现新技术或现有技术的更新版本，可能带来潜在的业务拓展和架构优化的机会。这个案例说明，在相对较短的时间内，架构师可以见证新技术能力的出现，需要积极主动地将技术进步不断融入他们的设计中。

9.5　扩展阅读

你可以在这里阅读工业 4.0 的相关资料：https://en.acatech.de/publication/industrie-4-0-maturityindex-update-2020/。

一篇题为 " The Rise of Digital Twins: How Software Is Eating the Real Economy " 的短文讨论了数字孪生及其许多用例：https://info.softserveinc.com/ hubfs/files/ the-rise-of-digital-twins.pdf。

更多关于 Litmus Edge IoT 平台的信息可以在 https://litmus.io/ litmus-edge/ 找到。

AWS 架构博客包含一个非常有趣的 "制造业" 类别：https://aws.amazon.com/blogs/architecture/category/industries/manufacturing/。

NIST 标准描述了物联网的网络安全功能，包括数据保护的建议：https://pages.nist.gov/IoT-Device-Cybersecurity-Requirement-Catalogs/。

关于如何以及何时将原型作为架构设计过程一部分的讨论，可以参阅 H.-M. Chen、R. Kazman 和 S. Haziyev 发表在 *IEEE Software* 2016 年刊上的文章 " Strategic Prototyping for Developing Big Data Systems "。

设计概念目录，包括本案例研究中提到的一些参考架构和技术，是智能决策游戏的一部分，在 H. Cervantes, S. Haziyev, O. Hrytsay 和 R. Kazman 的 " Smart Decisions: An Architectural Design Game " 一文中进行了描述，该论文发表于 *Proceedings of the International Conference on Software Engineering*（ICSE）*2016*（美国得克萨斯州奥斯汀，2016 年 5 月）。更多信息请访问 http://smartdecisionsgame.com。

9.6 讨论问题

1. 在本章描述的大型系统中应用 ADD 方法与第 8 章的案例研究有什么不同？

2. 在本章中，拥有不同专业领域的架构师将进行协作。确保系统不同部分的不同架构师所做的决策一致且兼容的挑战是什么？

3. ADD 方法如何应用于物联网、机器学习或大数据等领域，正如本案例所使用的那样吗？考虑诸如驱动因素、使用迭代的设计和领域概念等方面。它们存在于这些不同的领域吗？

第 10 章 *Chapter 10*

架构设计中的技术债务

在本章中，我们聚焦于探讨设计债务，特别是那些无意中产生的设计债务。我们将分析经过深思熟虑的架构设计决策帮助避免或修复这种债务的方法。首先，我们会介绍技术债务，然后讨论其成因，接着探讨如何通过重构和重新设计来应对债务。我们还将讨论在设计时如何使用 ADD 方法预防技术债务。

本章导读

你应该听说过"技术债务"这个词，并且可能已经对其有所了解，知道它是什么以及潜在的负面影响。但通常情况下，我们很少讨论如何通过设计避免债务，或者如何通过重构进行重新设计以减少债务。在本章中，你将了解什么是"设计债务"以及如何使用 ADD 方法来管理它。

10.1 技术债务

技术债务是随着时间的推移在每个软件项目上积累起来的复杂性负担，这种情况往往是不经意间发生的。我们无意在开发、维护、调试和扩展系统的过程中增加债务，但它还是会发生。导致这种情况的原因有多个：软件本身很复杂，有很多活动部分；各部分之间的依赖关系通常是间接和不可见的；我们对这种复杂性的理解范围有限且不完善。有时我们（再次不经意地）增加了这种复杂性，因为我们专注于手头的任务，修复错误或实现功能，而没有意识到我们的努力正在降低系统的概念完整性。也许我们实现的功能"几乎但不完全相同"，因为系统其他部分已经存在；或者，我们在代码库的两个部分之间建立了直接依赖关系，而没有意识到我们应该通过已发布的 API 使用抽象。这种架构上的退化一直在发生，通常开发人员没有意识到他们已经增加了系统的技术债务。

有时，我们可能会有意选择承担技术债务——为了赶在最后期限前而采取一些权宜之计。我们可能是打算以后再回过头来清理并"偿还"这笔债务。特别是对于初创公司、探索性原型开发而言，或者在面临严格的最后期限且错过这一期限会带来严重的业务后果时，这是一种完全合理的策略。

在复杂的软件项目中，你可能会累积许多不同种类的技术债务——代码债务、文档债务、部署债务、测试债务等。

10.2　设计中技术债务的根源

设计债务（即存在于设计中的技术债务）的成因有很多。它可能源自定义不明确的驱动因素，尤其是质量属性的不确定性。它可能作为快速交付压力的副产品出现，因此项目计划中没有太多时间用于设计。在这种情况下，开发人员觉得通过交付功能能取得更多进展，而不必考虑底层架构的质量如何。这种倾向在大多数项目中因积压工作通常只包含功能和错误修复，不包含架构的"推动因素"而得到了进一步强化。

即使设计被视为优先事项，但由于设计过程复杂，不经意间仍会累积技术债务：面对众多的设计概念而没有明显的最佳选择，在它们之间做出好的选择可能需要大量的分析和原型设计工作（这经常被忽略，因为它似乎"妨碍"了项目进度）。即使明智地选择了设计概念，开发人员也可能对架构缺乏了解，导致实例化和实现错误，从而破坏原有的架构愿景。例如，我们已经看到过许多案例，实际"实现"的架构与原有"设计"的架构大相径庭。

设计并非总是完美的。根据软件工程研究所对 1831 名软件从业者（包括开发人员和架构师）进行的一项调查，不良的架构选择是他们项目中最沉重的债务负担和问题的来源。此外，随着系统的演变，设计债务可能会通过多种途径被引入并积累。这些问题都涉及在某种形式上对耦合性和内聚性的关注不足。

- ❑ 关注点分离不当：在同一个类或模块中实现多个职责，导致类或模块臃肿，难以理解、测试和修改。
- ❑ 克隆并拥有：程序员有时会复制（克隆）一段代码然后进行修改，这通常是因为程序员不了解原始代码的依赖关系，导致害怕修改它或不愿花时间去理解它。
- ❑ 混乱的依赖关系（有时称为"一大团泥球"）：这类架构往往忽视了架构的整体性，依赖关系的引入缺乏规划。随着时间的推移，这种做法最终导致系统复杂性显著增加，难以管理。
- ❑ 无计划的演变：在添加新功能和修复错误时，没有考虑这些更改将如何影响系统的整体结构和概念完整性。如今，这种现象在遵循敏捷方法的许多团队中相当常见，这些团队致力于解决眼前的紧迫问题，例如实现面向客户的功能或修复错误。虽然这种以客户为中心的做法在短期内或许富有成效，但开发人员通常很少关注这些变化对代码库的可维护性、可理解性和可修改性带来的长期影响。

此列表并不详尽，但这些是系统维护阶段最常见的导致设计债务的原因。现在你可能会问，为什么这些做法会导致债务，我们如何知道这一点？很简单，因为它们违反了良好设计的原则：这些做法往往会增加耦合或降低内聚。它们会降低系统的模块化结构，从而使系统更难理解和修改，而且由于系统不断演变，这种可修改性的降低是非常成问题的。

为了理解为什么会出现这种情况，让我们快速回顾一下 SOLID 原则。这些原则自提出至今已经有二十多年，并且代表了良好设计的至高理想。SOLID 原则这一名称，源自五个原则的首字母：单一职责（Single-responsibility）、开放封闭（Open-closed）、里氏替换（Liskov substitution）、接口隔离（Interface segregation）和依赖倒置（Dependency inversion）。虽然这些原则最初是针对面向对象编程而提出的，但实际上超越了任何特定的技术或设计方法。让我们从这些原则的含义及其带来的影响这一角度来看待它们：

- ❏ 单一职责原则：模块变更的原因不应超过一个。这意味着模块应具有高内聚性。
- ❏ 开放封闭原则：软件实体应该对扩展开放，但对修改封闭。一个模块如果可以被扩展（例如通过继承），那么它就是"开放"的，这意味着原始模块具有内聚性，只做一件事。为了使模块对修改封闭，它必须暴露一个定义明确的接口，从而限制了耦合的机会。
- ❏ 里氏替换原则：使用对基类的引用的函数必须能够在不知情的情况下使用派生类的对象。这再次意味着函数只能依赖于类的接口，从而限制了耦合。
- ❏ 接口隔离原则：客户端不应该被强迫依赖于它们不使用的接口。这意味着大型、复杂的接口应该被拆分成更小、更专注的接口。这是对内聚性的管理。
- ❏ 依赖倒置原则：代码应该依赖于抽象，而不是具体。遵循这一原则自然会导致低耦合的软件设计。

在每种情况下，SOLID 所包含的五项原则都是思考并实现低耦合和高内聚的具体方法。早在 50 多年前，David Parnas 就在他的开创性论文 "On the Criteria to Be Used in Decomposing Systems into Modules" 中提到了这个问题。当时谈论的是耦合和内聚，尽管他没有使用这些术语。50 年后，软件行业仍在努力实现这些目标。这是为什么呢？

这个问题可能有很多答案，但我们将其归结为两个主要问题：激励和缺乏衡量。

让我们考虑一个类似的问题来更全面地了解这一现象。为什么美国是全球主要经济体中肥胖人口比例最多的国家？近 70% 的美国人肥胖或超重。根据美国疾病控制与预防中心的数据，为什么美国人口的超重率逐年上升？肥胖问题每年造成数十亿美元的损失。我们认为，真正的问题在于激励。原因很简单，人们天生喜欢蛋糕、冰淇淋和甜饮料。甜食会引发大脑中的多巴胺反应，使我们很容易对其上瘾。从基因上讲，我们被激励着去寻找甜食。虽然我们可以控制这种反应（毕竟基因并不能决定我们的命运），但如果没有良好的反馈和指导，我们往往难以做到这一点。寻找甜食似乎是我们的天性。

这与软件开发有何关联呢？衡量开发人员的绩效标准包括：单位时间内交付的功能数量或修复的错误数量、单位时间内提交的次数或代码行数，或者更宏观的指标，例如在一个周期或一个 sprint 内的总体表现。修复错误、提交代码、实现功能等每一项结果都是短期行为，会迅速获得回报。这相当于软件开发中的多巴胺效应。我们为什么不想拥有更多这样的效果（多巴胺）呢？一些组织会跟踪每个开发人员的软件开发速度，奖励高成就者，惩罚低成就者。人们自然会对这样的激励做出反应。

此外，人类对短期、即时满足的反应比对长期、更广泛的目标的反应要强烈得多。尽管我们都知道应该吃得更健康、多锻炼，但沙发看起来很舒服，那些饼干也很美味。遗憾的是，饼干和沙发往往更容易俘获我们。

事实上，软件开发中的情况比我们之前提到的人类健康的例子还要糟糕。至少我们可以通过镜子看到自己的身体，可以站在体重秤上看看数字是否上升，可以感觉到衣服变得太紧，爬楼梯后可以意识到自己气喘吁吁。软件开发中有哪些等价物可以给我们如此直观的反馈呢？一些组织（少数）确实会测量自己的软件开发速度，正如我们刚才所说。这无疑是一个好的开始。这些组织可以使用这些数据来激励（和惩罚）开发人员，也可以使用这些数据来查看和跟踪不良的软件开发习惯所带来的累积后果。但即使是那些跟踪生产力的组织也很少确切地了解自己是如何陷入这种困境的，甚至很少有具体的计划来恢复正常状态。

尽管组织可能会衡量技术债务带来的后果，但并没有衡量问题的根本原因，即耦合性增加、内聚性降低，或者时间或知识上的匮乏，导致无法做出适当的设计决策和良好的架构选择。这些问题都是设计层面的问题。出现这些问题是因为缺乏对设计的关注。问题可能发生在最初的构思架构阶段，也可能是在架构的演变过程中，但技术债务在很大程度上是一个设计问题，我们该如何应对这一挑战呢？

首先，需要预先认识到技术债务是由设计驱动的。如果我们认识到这一点并收集了一些可维护性或可修改性的场景信息，或者架构师意识到这是一个问题，那么我们可以合理地设计一个低耦合、高内聚的架构，或者我们可以为做出适当的设计决策提供足够的支持。我们通过应用适当的模式和策略并遵循系统化的设计流程（如 ADD 方法）来做到这一点，而且有足够的时间来充分执行这些设计决策。

其次，为了维持一个低耦合、高内聚的架构（即减少积累技术债务的可能性），我们需要监控架构中是否出现技术债务的迹象，并在架构开始出现恶化时采取适当的措施。可以将这视为我们每年进行的体检，在体检过程中，医生可能会为我们量血压，做血液检查，检测心脏指标等。这些检查都是为了确定潜在问题的早期预警信号。一旦发现问题，我们就会采取适当的补救措施。对于我们的身体来说，适当的补救措施可能是调整饮食和锻炼，或服用降胆固醇药物。对于我们的软件系统，适当的措施通常是进行重构和重新设计。

10.3　重构和重新设计

Kruchten 和同事曾经写道，项目的待办列表（以及未来分配给软件的投资和精力）可能有正值或负值，可能是可见的，也可能是不可见的。图 10.1 描述了这些可能性。如果软件的某个部分有正值并且可见，则我们称之为特性。如果它有负值并且可见，则我们称之为错误。到目前为止，情况相对明晰。但是，软件的不可见部分更加棘手。如果软件有正值但却是不可见的，那就是架构和基础设施。这些是软件不可或缺的部分，但没有最终用户意识到它，只把它作为业务成本的一部分。那些既不可见又有负值的软件部分，就是技术债务。

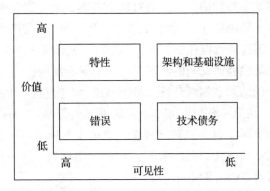

图 10.1　价值和可见性：项目待办事项中条目的维度

每个人都明白错误和特性之间的区别，很少有人讨论我们应该尽量减少前者，同时尽量增加后者。相比之下，架构和技术债务之间的关系更加微妙和紧张。为什么会这样？为了研究这个问题，让我们回顾之前关于激励机制的讨论。

所有软件系统都会随着时间的推移而积累技术债务。这是雷曼软件演化定律中的一个观点："随着［系统］的发展，它的复杂性会增加，除非主动采取措施来维持或降低这种复杂性。"系统总是趋向于无序状态，你可以将其视为一种"熵增"。正如雷曼指出的那样，这种趋势是可以逆转的。为了对抗架构的退化，我们需要重构，以努力恢复系统的秩序（请参考下文"重构"部分）。重构可以采取多种形式，包括删除不合理的依赖关系、重新组织功能以使其更具凝聚力、将大模块拆分为更小的单元、使用已发布的 API 创建抽象、更改之前错误选择的技术等。当然，这些重构措施都会带来一定的成本。

重构

如果重构软件架构（或其中的一部分），那么我们所做的就是保留相同的功能，但更改所关心的一些质量属性。架构师选择重构通常是因为系统的某个部分变得难以理解、调试和维护，或者系统的某个部分运行缓慢、容易出现故障或存在安全隐患。

在每种情况下，重构的目标都不是改变功能，而是提升质量属性的响应性（当然，功能的增加有时会与重构活动混为一谈，但这并不是重构的核心目的）。

显然，如果我们可以保持相同功能的同时改变架构以实现不同的质量属性响应，那么这些需求类型是彼此正交的，也就是说，它们可以独立变化。

假设有一个项目进展顺利，实现了特性并解决了错误。也许每个开发人员的开发速度正在下降，但项目经理通常可以通过增聘人员或提升测试或代码审查等技术来解决这个问题。在这种情况下，这位经理几乎肯定会受到激励，以快速开发更多功能。现在假设一位开明的开发人员查看了项目的历史记录，注意到功能速度（每个开发人员）已经下降，错误率和错误解决时间都有所增加。因此，开发人员来到他们的经理那里，提出通过重构来"偿还"一些累积的债务。经理会如何反应？经理刚刚收到这份提案，要求将宝贵的开发人员资源用于一项不会带来新特性的任务。面对这个提案，大多数经理可能会说："不行！回去继续工作，实现特性并解决错误！"为什么会这样呢？同样，因为激励机制的设定并缺乏适当的措施。很少有经理有动力拥有更干净、更连贯、更有条理的代码库。

相反，如果开发人员能够向他们的经理提出一个商业案例，突出展示重构投资的回报，那么讨论可能会有不同的结果。如果开发人员能够说，"通过这 3 个月的努力投资，我们将提高 30% 的开发速度，在第一年就实现 300% 的投资回报率"，那么他们可能就会得到批准。然而，很少有项目实际上具备这种规范性，也很少有项目收集进行此类评估所需的数据。但他们应该这么做。事实上，我们参与过一些确实做到了这一点的项目，借助工具来帮助建立商业案例，例如 DV8（见 10.6 节）。

现在，让我们把注意力转向技术债务和 ADD 之间的关系。本质上，我们需要问自己：我们如何设计才能尽可能地具备"面向未来"的系统，从而减少技术债务的积累？事实证明，ADD 能够在这方面提供帮助。

10.4 技术债务和 ADD

ADD 方法并不是针对任何单一的质量属性或问题而设计的，然而，它的活动可以很容易地聚焦在特定的问题上。在本节中，我们将介绍 ADD 的一些关键步骤，并讨论如何调整这些步骤，使其专门解决技术债务问题。下面，我们将专注于可修改性这一质量属性，但这些技术也可以适用于其他质量属性。

步骤 1：审查输入

在此步骤中，我们需要确保设计过程的输入之一是强调避免技术债务。事实上，我们认为这应该是几乎每个复杂软件项目都应关注的问题。正如我们将看到的，在设计过程中，我们们通过谨慎地做出设计决策来实现这一目标。例如，我们会有意识地选择策略和模式，以最大限度地减少耦合并增加内聚。这些是必要条件，但不是充分条件。如果创建了一个漂亮的设计但开发人员不遵循它，如果设计没有得到充分的沟通和推广，如果设计在后续维护活动中被破坏，或者如果设计决策没有被恰当记录，那么原始设计中的任何优点都会被破坏。

例如，在酒店定价系统中（详见第 8 章），未来的需求涉及对价格变化进行分析。作为这一步骤的一部分，收集此类演进场景至关重要。

步骤 2：确定迭代目标

在此步骤中，选择驱动因素作为当前迭代的重点。此时，关注技术债务的架构师应引导或创建可修改性场景，以描述系统预期的发展方式。在引导或生成场景时，我们应始终考虑三个条件：（1）系统的预期用途；（2）系统的预期、计划增长案例；（3）探索性场景，其中可以考虑系统演进的更多假设方面。虽然我们永远无法完全预测系统的未来状态，但仅考虑这些场景就会将设计过程引向正确的方向。换句话说，如果不考虑这种可能的状态，就不太可能做出设计决策来使系统"面向未来"。例如，在酒店定价系统（详见第 8 章）中，可以创建一个演进场景，重点是引入一个分析组件来帮助用户更改价格（见表 10.1）。

表 10.1　酒店定价系统的可修改性场景

标识	质量属性	场景	关联用例
QA-10	可修改性	系统引入了一个新的组件，该组件可对价格变化进行不同类型分析，无须更改代码或中断操作即可成功添加该组件	HPS-2

步骤 3~5：选择和实例化元素

在选择和实例化架构元素时，明智的架构师会考虑可修改性策略和模式（见 3.5 节）。技术债务在复杂代码库中最常见的潜伏方式之一是通过无约束的依赖关系。大多数可修改性策略都是为了解决这个问题而存在的——减少耦合并增加内聚。增加内聚的可修改性策略的一个例子是"拆分模块"，将一个大的、非内聚的模块拆分成更小的、更内聚的模块。这是重构中采取的典型活动，但也可以在设计阶段主动实施。如图 3.7 所示，几种可修改性策略直接针对降低耦合问题，例如封装、使用中介、抽象通用服务和限制依赖关系。因此，在选择架构元素时，应高度优先考虑这些策略及其相关模式。例如，客户端 - 服务器模式、发布 - 订阅模式和微服务模式都有助于减少架构元素之间的绑定。

此外，在选择和实例化元素时，明智的架构师会仔细研究所有考虑范围内的替代方案的利弊，然后再做出任何决定。这可能包括，投入时间来调查特定技术，构建原型以允许测试假设，或进行轻量级架构分析，以便基于充分的理由做出决策。

对于步骤 2 中描述的场景，决策是采用基于事件的 CQRS 模式构建系统（参见 7.3.3.2 节）。

步骤 6：绘制视图

当我们绘制视图时，通常会包含所做设计决策的理由。这种理由有助于他人理解做出特定设计选择的原因——也许是随意选择，或者是仓促选择。在这种情况下，如果某个决策导致了问题或产生技术债务，那么这些记录的理由将有利于重新审视和评估，此外，这些理由可能包括对系统演进路径或潜在依赖关系的假设。通过有意识地添加此类信息，我们可以最大限度地减少技术债务，或确保在将来适当处理债务。这些记录的理由还将有助于指导和约束实施过程中的选择。

步骤 7：执行分析

如果该项目包含绿地系统开发，则可进行基于场景的分析，其中可修改性场景被映射到架构描述上，以确定它们将如何得到满足。这种基于场景的分析成本相对较低且易于执行（参见 11.6 节）。它所需要的工具不过是一个白板而已。但是，如果这是棕地系统开发，那么除了执行上述分析之外，团队还可以挖掘项目的现有数据。例如，项目成员可以审查修订历史记录以查明架构中花费最多精力的领域——那些变化和修复次数最多的区域。他们还可以对现有代码库运行分析工具来识别架构缺陷，例如循环依赖、模块化违规、不稳定接口等。然后，这些被识别的问题区域可以作为进一步设计（或许是重构）活动的重点。

考虑到步骤 2 中描述的场景，决策是采用基于事件的 CQRS 模式来构建系统，这一选择被认为是支持 QA-10 的理想方案。价格变化事件可以提供给云服务提供商的分析工具，或者可以创建专注于此任务的附加微服务。这两种解决方案中的任何一种都不会影响系统中的现有组件。此外，由于分析组件可以从日志中读取历史事件，因此无须停机即可实施这些方案。通过基于场景的演练描述这种方法，可以让利益相关者相信这是一个出色的解决方案。

10.5 总结

在本章中，我们简要概述了技术债务，并重点介绍了我们最关心的债务类型：设计债务。这种债务在软件系统中无处不在，随着时间的推移，可能会导致代码库不堪重负而崩溃。我们认为，这种"熵增"是由错误的设计选择以及开发人员无意间破坏软件耦合和内聚的行为造成的。我们进一步指出，只有通过投资于重构才能抵消技术债务。但通常很难获得管理层对此类重构的批准，因为技术债务的成本通常是隐藏的，而且大多数项目缺乏必要的纪律和数据收集，无法为偿还债务提供充分的商业理由。

最后，我们展示了如何主动使用 ADD 设计主动以避免或减轻技术债务。这只需要我们具备适当的心态。调整 ADD 的步骤以专注于避免和补救债务是毫不费力的。这确实是个好消息。

10.6 扩展阅读

关于技术债务隐喻及其后果的简要介绍，可以参阅 Ipek Ozkaya、Philippe Kruchten 和 Robert L. Nord 的 "Technical Debt: From Metaphor to Theory and Practice" (*IEEE Software*, 29(6), 2012, 18-21)。

有关技术债务在其各个方面及表现形式的全面概述可以在以下两本书中找到：N. Ernst、J. Delange 和 R. Kazman 的 *Technical Debt in Practice—How to Find It and Fix It* (MIT Press, 2021)；以及 P. Kruchten、R. Nord 和 I. Ozkaya 的 *Managing Technical Debt: Reducing Friction in Software Development* (Addison-Wesley, 2019)。

关于软件工程研究所（Software Engineering Institute）开展的技术债务从业者调查的详

细讨论，能在 https://insights.sei.cmu.edu/blog/a-field-study-of-technical-debt/ 找到。

本章中提到的策略和模式以及其他更多内容均可见 L. Bass、P. Clements 和 R. Kazman 编著的 *Software Architecture in Practice*，*Forth Edition*（Addison Wesley，2021）。

雷曼软件演化定律详述于 M. Lehman 的文章 " On Understanding Laws, Evolution, and Conservation in the Large-Program Life Cycle "（*Journal of Systems and Software*, 1, 1980, 213-221）。

一个关于某组织成功重构以偿还技术债务的案例研究可以在 M. Nayebi、Y. Cai、R. Kazman、G. Ruhe、Q. Feng、C. Carlson 和 F. Chew 的文章 "A Longitudinal Study of Identifying and Paying Down Architectural Debt" 中找到，该文章发表在 2019 年 5 月的国际软件工程会议（ICSE）论文集中。

有关架构缺陷、其相关成本及其检测方法的讨论，请参阅以下两篇重要文献：L. Xiao、R. Kazman、Y. Cai、R. Mo 和 Q. Feng 合著的 " Detecting the Locations and Predicting the Costs of Compound Architectural Debts"，发表于 2022 年 9 月的 IEEE 软件工程学报第 48 卷第 9 期；以及 R. Mo、Y. Cai、R. Kazman、L. Xiao 和 Q. Feng 合著的 " Architecture Anti-patterns: Automatically Detectable Violations of Design Principles "，（*IEEE Transactions on Software Engineering*, 47(5), 2021）。

DV8 设计分析工具的介绍可见 Y. Cai 和 R. Kazman 的文章 "DV8: Automated Architecture Analysis Tool Suites " *Proceedings of*（TechDebt 2019 *International Conference on Technical Debt* (*Tools Track*), Montreal, Canada, 2019）。试用版可从 archdia.com 获取。

关于技术债务检测工具的分析及其报告结果惊人不一致的讨论，可以在 J. Lefever、Y. Cai、H. Cervantes、R. Kazman 和 H. Fang 的文章 "On the Lack of Consensus Among Technical Debt Detection Tools"（*Proceedings of the 43rd International Conference on Software Engineering (ICSE)*, 2021）。

10.7　讨论问题

1. 技术债务有多种形式——需求债务、代码债务、测试债务、设计债务、部署债务和文档债务——它们会影响项目的许多方面。你认为其中哪一个对于软件项目来说是最重要和最成问题的？为什么？
2. 什么时候增加设计债务是合适的？什么时候是不合适的？
3. 你应该记录自己的设计债务吗？如果是，这个文档应该是什么样的？你应该什么时候创建它？
4. 你应该与哪些类型的利益相关者合作，以便为你的系统找到最佳方案？这些方案将对你未来的设计债务产生影响。
5. 你应该何时分析你的设计债务？每次发布？每次提交？还是其他频率？

设计过程中的分析

设计本质上是一个决策过程，而分析则是对这些决策进行理解和评估的重要手段。鉴于二者之间的紧密联系，我们将深入探讨在设计过程中为何、何时以及如何对架构决策进行分析。我们认为，未经分析的设计是不完整的，然而这种分析往往即兴而为，或仅凭直觉行事。尽管在许多情况下这已足够，但并非总是如此。因此，理解在哪些情况下、何时以及在哪里需要更深思熟虑和分析变得至关重要。本章将简要介绍各种分析技术，探讨其应用时机，并权衡它们的成本与收益。

本章导读

　　虽然本书的核心是架构设计，但我们始终认为设计与分析相辅相成。对于架构师而言，除了实施设计之外，另一个基本职责便是进行分析。在本章中，我们希望向你展示，分析工作并非想象中的负担，它不会显著增加设计的时间和精力成本。从早期识别问题到增强设计输出的信心，分析所带来的益处远大于其成本。

11.1　分析和设计

　　分析是一种将复杂实体分解为构成部分的过程，其目的是深入理解该实体。与分析相对的是综合过程。因此，分析与设计是相互交织的活动。在设计过程中，分析活动主要涉及以下几个方面：

❑ 研究设计过程的输入，以全面理解设计解决方案所需针对的问题。这包括根据 4.2.2 节的讨论，对驱动因素进行优先级排序，这在 ADD 的步骤 1 和步骤 2 中完成。

❑ 考察为解决设计问题而提出的不同备选设计方案，并挑选出最合适的方案。在此过程中，分析提供具体证据支撑你的选择，这在 ADD 的步骤 4 中执行，并在 4.2.4 节中进行了探讨。

- ❏ 在设计的迭代过程中，确保关键决策的合理性，这是 ADD 的步骤 7 所强调的"分析"类型。

你在架构设计时所做的决策，对于实现质量属性非常关键，并且可能影响系统的多个方面，因此在后期进行更改的成本可能非常高。因此，在设计过程中进行分析至关重要，以便快速识别、量化（如果可能）及纠正问题。请记住，"过度自信和依赖直觉可能并非最佳方法"（参见下文"'我相信'是不够的"部分）。幸运的是，如果遵循我们当前的建议，通过使用在做出设计决策时所记录的草图和基本原则，你应该能够在自己或同伴的帮助下进行分析。

"我相信"是不够的

尽管采用了系统化的设计方法，借鉴了可靠的设计概念，并且利用精美的图表展示了架构的结构，这些措施并不能保证你的决策完全满足特定的架构驱动因素。对于那些对架构成功至关重要的质量属性，仅仅凭借"我相信"是不足以作为支持的。

对软件架构师的实践研究表明，大多数人在做设计决策时，倾向于遵循"够用就好"的方法，即采用第一个看似满足需求的方案。与所有人一样，架构师也会受到确认偏差和可用性偏差的影响。而且，除了直觉和信念之外，他们通常缺乏支持这些决定的有力论据。这意味着，重要的决策往往是在没有经过充分推理的情况下做出的，这可能会给系统带来风险。

对于系统真正关键的驱动因素，你有责任进行更详细的分析，而非仅仅依靠直觉、类比、历史经验或几个表面上的测试来确认。你可以选择多种方法来深化分析，为你的决策提供更充分的依据：

- ❏ 分析模型：这类模型是成熟的数学模型，可用于研究性能、可用性等质量属性。例如，马尔可夫模型和统计模型可用于评估可用性，而排队和实时调度理论则可用于评估性能。这些模型已经非常成熟，但要充分掌握，可能需要大量的学习和培训。
- ❏ 检查表：检查表是一种实用的工具，能够以系统化的方式确保重要的决策和注意事项不被遗忘。我们可以在公开领域找到针对特定质量属性的检查表，例如 OWASP 检查表，它可以作为对 Web 应用程序执行黑盒安全测试的指南。此外，组织也可以开发专有的检查表，专门针对正在开发的应用程序领域。本章稍后将介绍基于策略的问卷调查，这是一种针对最关键系统质量属性的检查表类型，它基于对策略的了解。
- ❏ 思维实验、反思性问题和粗略分析：它们是三种常用的分析方法。思维实验是由一小群设计师执行的，通过研究重要场景来识别潜在问题。例如，你可以使用在 ADD 的步骤 5 中生成的序列图，并与同事一起执行"演练"，以支持图中建模场景的对象交互。反思性问题（在 11.5 节中详细讨论）是指对决策背后假设提出质疑的问题。粗略分析则是一种精度低于分析模型但可以快速执行的粗略计算方法。这些计算通常基于与其他类似系统的类比或先前经验，可以用来获得所需质量属性响应的粗略估计。例如，通过将流水线中多个进程的延迟相加，就可以得出端到端延迟的一阶估计。

❑ 原型、模拟和实验：单纯使用概念性技术分析设计，有时不足以准确理解某些设计决策是否合适，或者是否应该选择某项技术而非另一项技术。在这种情况下，创建原型、模拟或进行实验是获得更深入理解的重要实践。例如，在刚才描述的粗略延迟估计中，你可能没有考虑到多个进程正在共享（因此也在竞争）相同的资源，所以不能简单地将它们的单个延迟相加来期望得到准确的结果。原型和模拟可以更深入地了解系统的动态，但这可能需要项目计划考虑大量的工作。

如同技术选型的常规挑战一样，并没有万全之策。思维实验和粗略计算成本较低，且可以在设计初期进行，但其结果的准确性可能需要进一步验证。而原型开发、模拟和实验通常可以提供更为精确的结果，但相应地，它们的代价更高，并且可能对项目的整体进度产生显著影响。选择哪种方法，应当基于项目的实际情况、风险评估以及质量属性的优先级来判断。

然而，应用这些分析技术，有助于将软件架构设计的基础从"我相信"转变为一个有着充分文件记录和逻辑论证支撑的决策过程。

11.2　为什么要进行分析

如前所述，分析和设计如同硬币的两面，密不可分。设计是制定决策的过程，而分析则是理解这些决策在成本、进度和质量方面影响的过程。任何一位理智的架构师都不会在未经充分思考的情况下，轻易做出决策，尤其是那些重要的决策。他们必定会首先尝试理解决策所带来的影响，包括其近期影响以及潜在的长期影响。在设计大型项目的过程中，架构师可能会面临成千上万个决策，而这些决策并非都同等重要。同样，并非所有重要决策都与质量属性直接相关。例如，有些决策可能涉及供应商的选择、编码规范的遵循、程序员的雇用与解雇，甚至是 IDE 的使用。这些决策固然重要，但它们对质量属性的结果没有直接影响。

架构决策会影响质量属性的实现，这一点是毋庸置疑的。例如，当架构师将开发分解为基于层或模块（或两者兼有）的系统时，此决策将影响更改将如何穿透代码库，在修改功能或修复错误时需要与谁沟通，开发任务分配或外包的难易程度，将软件移植到不同平台难易程度，等等。同样，当架构师选择分布式资源管理系统时，如何确定主从服务、如何检测故障以及如何检测资源不足等因素都会影响系统的可用性。

在设计过程中，我们何时以及为什么要投入分析？首先，我们进行分析的原因在于我们具备这样的能力。架构文档，无论是简洁的白板草图还是经过正式记录和传达的详尽规范，都是支持分析的主要产物，它使我们能够深刻理解架构的质量属性。尽管我们可以对需求进行分析，但主要是分析需求的一致性和完整性。然而，在根据设计决策将这些需求转换成具体的架构之前，对于这些决策的实际结果、成本与收益以及它们之间的权衡，我们几乎一无所知。

其次，进行架构分析是一种谨慎地为决策提供信息并管理风险的方法。没有任何设计是完全没有风险的，但我们必须确保自己承担的风险与利益相关者的期望和可接受程度相匹配。例如，对于银行或军事应用，我们可以预期利益相关者会要求较低的风险，并且他们应该愿意为更高级别的保证支付额外成本。而对于初创公司而言，上市时间和紧张的预算可能是关键因素，因此可能准备接受更高的风险。这与软件工程中的每一个重要决策一样，都取决于特定情境。

最后，分析是评估的核心。评估是确定某事物价值的过程。例如，公司需要被评估以确定其股价，员工的年度评估决定了他们的加薪幅度。显然，这些评估都建立在对被评估对象属性的深入分析基础之上。

11.3　分析技术

不同的项目拥有不同的风险承受能力（和可能的需求）。幸运的是，作为架构师，我们可以利用各种实践和方法来分析架构。通过一些计划，我们就能将风险承受能力与一套分析技术相匹配。这些技术既考虑到了预算和时间的限制，同时也提供了合理的保证等级。重要的是要明白，分析不必须昂贵或复杂。提出深思熟虑的问题本身就是一种分析形式，而且成本非常低。虽然构建一个简单原型的成本会更高，但对于大型项目来说，这种分析技术在探索和降低风险方面可能是值得的。

已经有一些经济的、仪式感较轻的分析方法得到了广泛应用，例如设计评审、基于场景的分析、代码审查、配对编程和 Scrum 回顾会议。其他常用的分析技术，如原型（无论是抛弃式的还是演进式的）和模拟，尽管成本稍高，但它们依然有其价值所在。

在成本与复杂性均较高的情形下，我们能够构建系统的形式化模型，并对其属性（例如延迟、安全性或可靠性）进行分析。最终，当存在候选的实现方案或已经部署了系统时，我们可以执行实验，包括对运行中的系统进行监测并收集数据，理想情况下，这些数据应从反映实际使用情况的系统执行中收集。

如表 11.1 所示，这些技术的成本通常随着软件开发生命周期的推进而增加。其中，原型或实验的成本高于检查表，而检查表的成本又高于基于经验的类比。成本越高，你对分析结果的信心也就越强。然而，鱼和熊掌不可兼得。

表 11.1 软件生命周期不同阶段的分析

生命周期的阶段	分析形式	成本	置信度
需求	基于经验的类比	低	低 – 高
需求	粗略估算分析	低	低 – 中
架构	思考实验 / 反思问题	低	低 – 中
架构	基于检查清单的分析	低	中
架构	基于策略的分析	低	中
架构	场景分析	低	中
架构	分析模型	低 – 中	中
架构	模拟	中	中
架构	原型	中	中 – 高
实现	实验	中 – 高	中 – 高
现场系统	指标度量	中 – 高	高

11.4 基于策略的分析

架构策略（如第 3 章所讨论的）至今一直被视为设计的基本元素。然而，由于这些分类方法的目标是涵盖所有管理质量属性的架构设计可能性，因此我们也可以在分析过程中利用它们。具体来说，我们可以将它们作为访谈或问卷调查的框架。作为分析师，你可以借助这些访谈快速了解已经采用或未被采用的架构方法。

以可用性策略为例（参见图 3.5）。这些策略为架构师提供了设计高可用性系统时的选项。从回顾的角度来看，它们呈现了整个可用性设计领域的分类，从而帮助我们深入理解架构师在设计过程中做出的以及未做出的决策。为此，我们可以将每种策略转化为访谈中的问题。例如，参见表 11.2 中的这些（部分）受策略启发的可用性问题。

表 11.2 基于策略的可用性问题示例

策略组	策略问题	是否支持	风险	设计决策和定位	原理和假设
故障检测	系统是否使用 ping/echo 指令来检测组件或连接故障，或网络拥塞 系统是否使用组件来监控系统其他部分的健康状态？系统监控器可以检测网络或其他共享资源中的故障或拥塞，例如拒绝服务攻击 系统是否使用心跳机制（系统监控器和进程之间周期性的消息交换）来检测组件或连接故障，或网络拥塞 该系统是否使用时间戳来检测分布式系统中的错误事件序列 系统是否使用表决机制来检查副本组件是否产生相同的结果？这些组件可以是完全相同的副本、功能冗余的副本或分析冗余的副本				

（续）

策略组	策略问题	是否支持	风险	设计决策和定位	原理和假设
故障检测	你是否使用**异常检测**来识别会改变正常执行流程的系统状况（例如，系统异常、参数校验、参数类型检查、超时） 系统可以进行**自检**以测试自身是否正常运行吗				
从故障中恢复（准备和修复）	系统是否采用了**冗余备用机制**？也就是说，它是否使用了这样一种配置：当主组件发生故障时，一个或多个副本组件可以介入并接管工作 系统是否采用**异常处理机制**来应对故障？通常，处理方式包括报告故障或处理故障，如果能够纠正异常原因并重试，则有可能掩盖故障 系统是否采用了**回滚机制**，以便在发生故障时能够恢复到先前保存的良好状态（"回滚基线"）				

当这些问题被用于访谈中，我们可以根据架构师的见解记录系统架构是否支持每个策略。若我们正在分析现有系统，可以进一步探讨以下问题：

❑ 使用（或不使用）此策略是否存在任何明显风险。如果已使用该策略，我们可以记录其在系统中的实现方式（例如，通过定制代码、通用框架、外部生成的组件等）。例如，在第 8 章的案例研究中，查询微服务的副本采用了冗余备用策略。

❑ 为实施策略所做出的具体设计决策，及其在代码库中的实现位置，这对审计和架构重建非常有用。例如，我们可以探究创建了多少微服务副本以及这些副本的部署位置（如不同的区域或可用区）。

❑ 在实现此策略时做出的任何基本原理或假设。例如，我们可能会假设不会出现共同模态的故障，因此可以接受副本是运行在相同执行环境中的相同微服务。

这种基于访谈的方法虽然看似简单，却蕴含着强大的潜力，能够提供深刻的见解。架构师在日常工作中，往往容易忽视对全局的思考。而如表 11.2 所示，通过一系列访谈问题，可以促使架构师跳出日常事务，重新审视整体架构。这种方法效率极高，通常针对单一质量属性的访谈只需 30～90min 即可完成。

附录中提供了一套基于策略的问卷，涵盖了十个最重要的系统质量属性——可用性、可部署性、能效、可集成性、可修改性、性能、安全性、可靠性、可测试性和易用性。

11.5　反思问题

与基于策略的访谈相仿，许多研究者倡导在设计过程中提出（并解答）反思性问题，以此加强设计过程。这种做法的核心理念在于，我们解决问题的方式与进行反思的方法实际上是有所区别的。因此，这些研究者建议在设计中引入一个独立的"反思"环节，对已做出的决策提出质疑，推动我们审视自身的偏见。

架构师和任何人一样，都可能带有偏见。例如，我们容易受到"确认偏差"的影响，倾向于用符合自己先入为主观念的方式来解释新信息；我们也容易受到"锚定偏差"的影响，在探究问题时依赖最初接收到的信息来过滤和评估后续的信息。反思性问题有助于我们以系统化的方式识别并克服这些偏见，进而修正假设，最终改进设计方案。

架构师能够而且应该反思系统的上下文和需求（已识别的上下文和需求是否相关、完整且准确？）、设计问题（是否已经得到恰当且充分的阐述？）、设计方案（它们是否适合需求？），以及设计决策（它们是否建立在原则基础上且合理？）。研究人员提出的反思性问题示例包括：

- ❑ 做出了哪些假设？这些假设如何影响设计问题或解决方案的选择？在做出设计决策时，这些假设是否可接受？
- ❑ 哪些事件的发生存在风险？风险如何导致设计问题？风险如何影响解决方案的可行性？某个决策的风险是否可以接受？可以采取哪些措施来降低风险？
- ❑ 上下文施加的约束究竟是什么？这些约束如何引发设计问题？它们又是怎样限制解决方案的选择范围的？在做出决定时，哪些约束可以放宽？
- ❑ 该系统的设计背景和需求是什么？这些背景和需求意味着什么？设计中有哪些难点？其中急需解决的关键问题是什么？这个问题意味着什么？有哪些潜在方案可以解决这个问题？在这个决策下，还有没有需要后续跟进的问题？
- ❑ 在哪些情况下上下文会失效？是否可以从其他视角看待这个问题？有哪些解决方案？这些方案是否存在折中的可能性？方案的优缺点是否得到了充分且客观的分析？权衡各种因素后，最佳解决方案是什么？

当然，并非所有问题都与系统相关，你也不必在每个决策中都使用这种方法。但只要运用得当，这类反思性问题能够帮助你快速、经济地思考决策，避免草率行事。

11.6 基于场景的设计评审

诸如架构权衡分析方法（ATAM）这类基于场景的全面设计评审，通常在设计过程之外进行。ATAM是一种综合性的架构评估方法（参见下文"ATAM"部分）。

最初设想的ATAM评估是一种"里程碑式"评估。当架构师或其他关键利益相关者认为架构或架构描述已足够成熟，适于进行分析时，便可召开ATAM会议。这种情况可能出现在架构设计完成但尚未进行大量（甚至没有）实施的阶段。更常见的情况是，在现有系统已经部署，并且一些利益相关者希望在承诺、发展或使用该架构之前对其风险进行客观评估时，才会进行ATAM评估。

ATAM

ATAM是一种以场景驱动的成熟的架构分析方法，旨在根据质量属性要求和业务目标评估架构决策的影响。

ATAM 评估汇集了三个小组：

❑ 一个经过训练的评估团队。

❑ 架构的"决策者"。

❑ 架构所涉及的利益相关者代表。

ATAM 帮助利益相关者提出正确的问题，以发现架构决策中潜在的风险。这些发现的风险可以成为后续活动的重点，如进一步设计、进一步分析、原型设计和具体实现。此外，ATAM 通常还会确定设计上的权衡，这也是该方法的名称由此而来。ATAM 的目的不是提供精确的分析：该方法通常在两天的会议期间应用，而这个相对较短的时间框架不允许深入研究任何特定问题。然而，此类分析适合作为 ATAM 之后可能进行的风险缓解活动的一部分，并受其指导。

ATAM 可用于整个软件开发生命周期。它适用于以下情况：

❑ 在架构已经指定但几乎或根本没有代码的情况下。

❑ 评估潜在的架构方案。

❑ 评估现有系统的架构。

ATAM 的输出如下：

❑ 架构的简要介绍，在一小时内介绍架构。

❑ 对系统业务目标的简明阐述。通常，在 ATAM 中提出的业务目标是部分与会者首次了解到的，这些目标会被记录在输出中。

❑ 一系列以场景形式表达的、经过优先级排序的质量属性需求。

❑ 将架构决策映射到质量需求。针对所检查的每个质量属性场景，识别并记录有助于实现该场景的架构决策。

❑ 一组灵敏度和权衡点。这些架构决策对一个或多个质量属性有显著的影响。

❑ 一组风险和非风险的集合。风险的定义是：根据质量属性要求，可能导致不良后果的架构决策。非风险是指经过分析认为安全的架构决策。识别出的风险构成了架构风险缓解计划的基础。

❑ 一组风险主题的集合。评估团队检查所有已发现的风险，以识别并揭示架构（甚至架构过程和团队）系统性弱点的总体主题。如果任其发展，那么这些弱点将威胁项目的业务目标。

除了一些可见的成果之外，基于 ATAM 的评估还会带来一些隐形的收益。这些收益包括增强利益相关者之间的社区意识、建立架构师和利益相关者之间的开放沟通渠道，以及对架构及其优缺点的更全面的理解。虽然这些收益难以衡量，但其重要性不亚于其他成果，并且往往影响更为持久。

完整的 ATAM 分为四个阶段。第一个阶段（阶段 0）和最后一个阶段（阶段 3）是管理阶段，分别用于在开始时设定评估，以及在结束时报告结果和后续活动。中间阶段（阶段 1 和阶段 2）是进行实际分析的阶段，其具体步骤如下：

1）展示 ATAM 方法

2）展示业务驱动因素

3）展示架构

4）确定架构方法

5）生成质量属性的效用树

6）分析小范围架构方法

7）头脑风暴和确定场景优先级

8）分析大范围架构方法

9）展示结果

在阶段 1 中，我们与一小部分内部利益相关者（通常是架构师、项目经理，以及一两位高级开发人员）一起执行步骤 1～6。随后，在阶段 2 中，我们会邀请更多利益相关者参与，包括所有参与阶段 1 的人员以及外部利益相关者，例如客户代表、最终用户代表、质量保证人员、运营人员等。在这个阶段，我们将审查步骤 1～6 并执行步骤 7～9，这包括头脑风暴和确定场景优先级，以及分析大范围架构方法。

实际的分析发生在步骤 6。在这一步中，我们会要求架构师将优先级最高的场景逐一映射到已描述的架构方法，以此来分析各种架构方法。在此过程中，分析师会根据对质量属性的了解提出探索性问题，发现并记录风险。

将架构评估活动放在架构"完成"之后进行的做法，并不符合当前大多数组织的运行模式。现代的软件组织普遍采用某种形式的敏捷或迭代开发方法。在这种敏捷流程下，不存在一个明确的、单一的"架构阶段"。系统的架构和开发是并行进行的，通过一系列的迭代逐步完成。例如，我们将在 12.1 节中看到，许多敏捷领域的领军人物正在推广诸如"规模化规范敏捷""框架化实现"和"规模化敏捷框架"等实践。这些实践都强调架构应该以小的增量不断演进，以应对最关键的风险。为此，开发小型概念验证或 MVP，或者进行战略原型设计，都可能有所帮助。

为了更好地与这种软件开发理念相契合，我们设计了一种基于 ATAM 的轻量级、基于场景的同行评审方法。这种轻量级 ATAM 遵循了传统 ATAM 的所有步骤，但缩小了范围，从而缩短了每个步骤的时间。这种方法仅包含一个分析阶段，而完整的 ATAM 则包含两个阶段，涉及内部和外部两组利益相关者。因此，轻量级 ATAM 可以在半天的会议中完成。此外，你可以使用项目内部成员来执行此方法。虽然外部评审更为客观，可能带来更好的结果，但由于时间安排或知识产权（Intellectual Property，IP）的限制，外部评审的成本可能过高或不可行。轻量级 ATAM 在成本高昂但客观全面的 ATAM 与不进行任何分析或仅进行临时分析之间提供了一种合理的折中方案。

表 11.3 概述了一个由项目成员针对自身项目开展的轻量级 ATAM 示例时间表。

表 11.3　轻量级 ATAM 的典型议程

步骤	时间分配	笔记
1：展示业务驱动因素	0.25h	参与者应对系统及其业务目标和优先级有深入了解。为确保每位参与者都对此有清晰认识，会议开始前将安排 15min 进行简要回顾，以避免任何潜在的误解
2：展示架构	0.5h	考虑到所有参与者都应对系统有所了解，我们将简要概述架构，并通过记录的架构视图跟踪 1～2 个场景
3：确定架构方法	0.25h	架构师需明确针对特定质量属性关注点的架构方法。这一步骤可作为步骤 2 的一部分完成
4：生成质量属性的效用树	0.5h	如果场景已经存在，那么我们鼓励直接利用这些资源。同样，如果效用树已存在，则团队将对其进行审查，并在必要时进行更新
5：分析架构方法	2.0h	映射排名靠前的场景到架构上可能是最耗时的一步，场景可根据需要扩展或缩减
6：展示结果	0.5h	评估结束时，团队将审视现有的与新发现的风险及权衡，并讨论优先事项
总计	4h	

　　这种半天的评审在工作量上与开发项目中通常执行的其他质量保证工作（例如代码评审、检查和审查）相似。因此，在 sprint 中安排轻量级 ATAM 是可行的，特别是在那些涉及架构决策制定、挑战或修改的 sprint 中。

11.7　总结

　　任何有责任心的程序员都不会提交未经测试的代码。然而，架构师和程序员往往在没有对架构决策进行深入分析的情况下就付诸实践，这种状况为何存在呢？毫无疑问，如果测试代码至关重要，那么对所做设计决策的"测试"重要性更是不言而喻，因为这些决策通常会产生长期而深远的系统性影响。

　　本章意在强调，设计与分析绝不应被视为互不相关的独立活动。每一个关键的设计决策都应伴随着细致的分析。目前已经有一些技术能够确保这类分析可以持续、不间断地融合于系统的设计及其演进过程中。

　　需要关注的问题不在于是否要分析，而在于分析的深度和时机。分析是做好设计的内在需求，应该贯穿设计始终。

11.8　扩展阅读

　　这里采用的架构策略集，参见 L. Bass、P. Clements 和 R. Kazman 合著的 *Software Architecture in Practice*，*Forth Edition*（Addison-Wesley，2021）。可用性策略最初源于 J. Scott 和 R. Kazman 合著的 *Realizing and Refining Architectural Tactics: Availability*（CMU/SEI-2009-TR-006，2009）。

　　反思性问题（reflective questions）的概念最初由 M. Razavian、A. Tang、R. Capilla 和

P. Lago 在" In Two Minds: How Reflections Influence Software Architecture Design Thinking"（VU University Amsterdam, Tech. Rep. 2015-001, April 2015）中提出。软件设计者满足于"足够好"的方案，而非最优方案，这种观点已在 A. Tang 和 H. van Vliet 的 "Software Designers Satisfice"（*ECSA 2015*）中讨论过。

ATAM 在 P. Clements、R. Kazman 和 M. Klein 合著的 *Evaluating Software Architectures: Methods and Case Studies*（Addison-Wesley, 2001）一书中得到了全面描述。轻量级 ATAM 则在 L. Bass、P. Clements 和 R. Kazman 合著的 *Software Architecture in Practice, Forth Edition*（Addison-Wesley, 2021）中得到了阐述。此外，F. Bachmann 在其发表的文章" Give the Stakeholders What They Want: Design Peer Reviews the ATAM Style "（*Crosstalk*，2011 年 11/12 月）中描述了 ATAM 风格的同行评审。

关于如何使用分析模型推理健壮性质量属性的讨论，可参考以下技术报告：R. Kazman、P. Bianco、S. Echeverria 和 J. Ivers 的 *Robustness*（CMU/SEI-2022-TR-004, 2022）。

审查工作涉及社会和技术两个方面。有关审查工作中非技术方面（社会、心理、管理）的讨论，请参见 R. Kazman 和 L. Bass 合著的论文" Making Architecture Reviews Work in the Real World"（*IEEE Software* 19(1), 67-73, 2002）。

11.9 讨论问题

1. 在需求分析和设计过程中进行的分析有何不同？
2. 与更开放的分析方法（如基于场景的设计评审）相比，采用基于清单的方法（如基于策略的分析）具有哪些优势？
3. 考虑到第 9 章中讨论的案例研究，可以提出哪些相关的反思性问题？这些问题可能与需求或设计决策相关。对于本章案例而言，哪些问题最为有用？
4. 参照第 8 章中的实例研究，从 8.2.2 节列出的质量属性类别中选择一项，使用与此类别相关的基于策略的问卷调查，确定支持和不支持的策略，并完成问卷调查的其他部分。这为你理解已做出或未做出的设计决策提供了哪些见解？
5. 结合第 8 章介绍的案例研究。挑选其中最关键的场景，并对设计进行基于场景的分析。你能否在架构师做出的决策中识别出至少三个风险？并解释这些风险为何存在。

第 12 章　*Chapter 12*

组织中的架构设计流程

在本书的前几章中，我们重点聚焦于架构设计以及围绕架构设计的关注点。在本章中，我们将考虑如何在整个开发生命周期和组织中整合架构设计。

本章导读

架构师的工作并非纯粹的技术性工作。他们一方面要满足业务需求，另一方面又要提供技术解决方案，是连接这两者的桥梁。架构存在于组织机构中，高效的架构师能够意识到环境因素（例如生命周期问题和现有团队结构），并创建与其环境一致的架构。阅读本章后，你将了解架构能够影响以及受其影响的诸多因素和问题，并能在组织中更好地发挥积极作用。

12.1　架构设计与开发生命周期

正如 2.4.1 节所述，架构设计服务于不同的目的。我们通常关注四种情况下的架构设计和设计决策：第一种情况是在软件系统开发伊始，创建架构设计以支持项目成本、工作量和进度的估算；第二种和第三种情况是在敏捷或瀑布开发中，创建架构设计以支持开发过程；最后一种情况是需要进行架构决策，以支持项目的测试策略。

12.1.1　支持估算的设计

在各类开发项目中，组织通常需要预估项目成本、工作量和进度。对于以产品为导向的开发环境，此处"项目"指的是交付产品的特定里程碑。如图 12.1 所示，这个估算阶段通常决定了项目能否真正推进，并且适用于内部项目和外部项目。

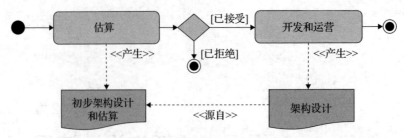

图 12.1　估算与项目开发之间的关系

通常情况下，估算活动必须在短时间内完成，而支持此过程的信息往往有限。例如，现阶段通常只有高级需求或特性，而非详细的用户故事。此外，质量属性通常缺乏精确的度量，只有关于重要质量属性的粗略概念。

如图 12.2 中的不确定性锥体所示，信息有限会导致估计的方差较大。该锥体涵盖了项目估计中的不确定性，通常包括成本、进度和风险。随着项目的进展，这些估计会变得更加准确，锥体也会随之变窄。当项目完成时，不确定性将降至零。如何尽早地缩小项目生命周期早期的不确定性锥体，是所有开发方法论都需要解决的问题。

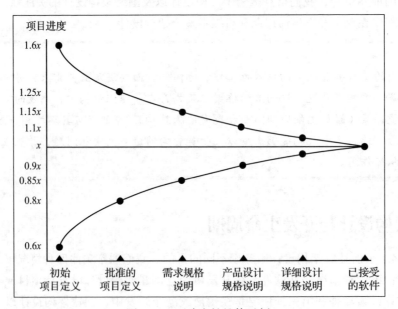

图 12.2　不确定性锥体示例

架构实践在估算阶段的应用能够提升理解程度，并有效降低估算差异：

❑ 在此阶段，关键是要识别出驱动架构的关键因素。虽然详细质量属性场景尚不明朗，但必须界定核心的质量属性、初始的度量标准及约束条件。同时，依照 QAW 原则（详见 2.4.2 节），识别那些对不同利益相关者具有显著影响的质量属性也至关重要。

❑ 采用 ADD 方法可以构建初步架构，该架构将作为早期成本与进度估算的基础。

❑ 这个基本架构草图不仅有助于加强与客户的沟通，还能作为对初期设计进行轻量级评估的依据。

创建初步架构时，可以借助"标准组件"方法来进行估算。所谓标准组件，是指那些具有代表性的构建块，如用户界面、特定层次结构、服务接口或微服务等。企业往往维护着一个数据库，其中记录了在过往项目中开发过的组件规模、所需工时以及处理的数据量的历史信息，以便基于这些标准化的组件进行更精确的估算。要采用标准组件估算方法，关键是要先识别出解决既定问题所需的组件，然后利用历史数据（或其他估算技术，例如 Wideband Delphi 方法）来预测这些组件的规模大小。接着，将预测到的总体规模换算成工作量，并对这些估算数据进行汇总，从而得出整个项目的时间和成本预算。

采用 ADD 方法能够迅速识别出构建估算所需的关键组件。这一过程与 4.3.1 节中针对新系统设计提出的建议相似：

❑ 第一次设计迭代的目标是确立应用程序的基础架构轮廓。若选择参考现有架构，它将直接影响估算中所利用的标准组件种类。同时，在此阶段，特别是当历史数据与特定技术紧密相关时，选取项目中最适用的技术也同样重要。

❑ 第二次设计迭代的目标是辨识出那些为全面估算功能提供支撑的组件。与之前讨论的新系统设计不同，在为估算目的而设计系统时，需考虑的并非仅限于主要功能。为了界定标准组件，必须将所有作为项目范围的关键功能需求纳入考量，并将其映射至首次迭代所确定的架构中。通过这种方式，可以确保识别出大部分待估算的组件，进而产生更为精确的估算结果。

该技术能有效评估实现核心功能需求所需的成本与时间安排。然而，此时得到的评估结果可能尚未完全涵盖质量属性的各个方面。因此，需进行多轮迭代，专注于通过设计决策来达成这些质量属性。若评估时间受限，无法进行非常详细的设计，则应优先处理那些对评估结果有显著影响的决策。对于计划部署于云端的系统，至少应专门开展一轮迭代，精心策划系统架构，并尽可能兼顾冗余、性能、安全性等关键要素。可借助云服务商提供的计算工具（例如 7.2.2.1 节提及的计算器）估算基础设施的初始成本。

在估算过程中运用这项技术，会生成一个初步的架构设计（参见图 12.1）。如果项目提案获得客户认可并继续推进，这个初步设计将作为合同条款的一部分，并成为项目开发及运维阶段后续架构设计工作的基础。在此情境下，可以采用 4.3.3 节介绍的方法，即针对"棕色地带"系统的设计建议。

此外，基于初始架构形成的文档可作为技术提案的一部分提交给客户。在正式估算前，为了便于对初步架构设计进行评价，可运用轻量级 ATAM 等技术执行评估，正如 11.6 节所述。

12.1.2　支持敏捷开发的设计

在过去十年中，软件架构与敏捷性之间的关系一直备受争议。尽管许多研究表明架构实践和敏捷实践能够很好地结合，我们也对此深信不疑，但这种观点并未得到普遍认可。在此，我们将探讨在设计软件架构以支持敏捷开发时需要考虑的各种因素。

12.1.2.1　设计方法

依据敏捷宣言的初衷，敏捷方法强调"个体互动高于流程和工具，可用软件优于详尽的文档，客户合作胜过合同谈判，响应变化比遵循计划更为重要"。这些核心价值观本身并不与架构原理相抵触。那么，为何仍有观点（至少在部分社群中）认为敏捷实践与架构实践在某种程度上互不兼容呢？关键在于两者在处理"变化"这一概念上的不同立场。

敏捷宣言的创始人最初阐述了 12 项原则，以解释宣言的深层含义。其中 11 条原则与架构实践和谐共存，但"最佳的架构、需求和设计源于自组织团队"这一原则似乎与之格格不入。虽然这条原则可能适用于小型或中型项目，但我们尚未发现任何证据表明它在大型项目中能够成功实施，尤其是对于那些需求复杂或需要创新且采用分布式开发的项目而言。问题的核心在于：软件架构设计被视为一项"先行"工作。你可以选择通过编写代码来启动一个项目，并尽量减少前期分析或设计，甚至完全省略这些步骤。这就是我们所说的涌现式方法（如图 12.3b 所示）。在某些情况下（例如，小型系统、一次性原型以及你不太了解客户需求的系统），这实际上可能是最佳决策。与其相反的极端情况是，你可以尝试预先收集所有需求，并从中综合出理想的架构，然后实施、测试和部署该架构。这种前期大设计（Big Design Up Front，BDUF）方法（见图 12.3a）通常与软件开发的经典瀑布模型相关联。在过去的几十年里，瀑布模型因其复杂性和僵化性而失宠，导致了许多有案可查的成本超支、进度延误和客户不满的案例。关于架构设计，BDUF 方法的缺点在于，它最终可能会产生一个文档齐全但未经测试的设计，而该设计可能并不合适。这是因为设计中的问题通常发现较晚，可能需要大量返工；或者开发人员为了满足系统需求而忽略了原始设计，因此真正的架构没有被记录下来。

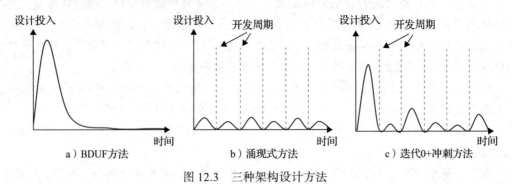

图 12.3　三种架构设计方法

显然，这两种极端情况对大多数实际项目都不适用。在实际项目中，虽然一部分需求在初始阶段就能得到充分理解，但过早进行过多投入也存在风险，可能导致项目受限于一个必然需要修改的解决方案，从而带来巨大的成本。因此，真正值得探讨的问题是：一个项目在需求分析、风险缓解和架构设计方面应该进行多少前期工作？ Boehm 和 Turner 已经证明，这个问题没有唯一正确的答案，但可以根据项目情况找到一个"最佳点"。前期工作的"适量"取决于多种因素，其中最主要的因素是项目规模。其他重要因素还包括需求的复杂性、波动性（与领域的新颖性相关）以及开发的离散程度。

　　为兼顾敏捷性，架构师应如何在前期工作与可能引发返工的技术债务间找到平衡点呢？对于规模较小、复杂度较低的项目，由于调整和重构的难度及成本较低，减少前期架构工作的投入是合理的。然而，在更为复杂或成熟的项目中，鉴于对需求已有深入理解，可以先进行几轮 ADD 的迭代。这些迭代专注于以下方面的优化：

❏ 识别关键的架构模式，特别是判断参考架构是否适用。

❏ 确定基础设施要素，这些要素将支撑架构模式中元素的运行、存储数据（运营和分析）及相互通信。

　　此外，如果需要实施 DevOps 方法，则应通过若干迭代设计以增强系统的可部署性（详见第 6 章）。同时，需要执行以下附加任务：

❏ 制定全面的测试策略并搭建预生产环境和生产环境（参见 12.1.4 节）。

❏ 构建自动化基础设施，涵盖持续集成与持续部署流水线，确保自动将工件部署至运行环境。

❏ 搭建监控基础设施，包括允许在运行时观察系统的仪表盘。

　　这正是图 12.3c 所描绘的"迭代 0 + 冲刺"方法。此方法助力于构建项目，明确任务分配与团队构建，关注关键质量属性，并为早期及持续交付打下基础。面对需求变化（特别是那些影响质量属性的变化），可以采用敏捷实验方法，即利用"冲刺"来应对新需求。"冲刺"是限定时间内的任务，旨在解决技术难题或搜集关键架构决策所需信息，而非直接产出最终产品。这些"冲刺"在独立分支上进行，若证明有效，则将其合并至主代码库。这样，能够灵活应对并管理新需求，避免对整体开发流程造成较大干扰。

　　同时，敏捷架构实践助力于控制复杂性，缩小不确定性锥体，降低项目风险。参考架构通过定义技术组件类别及其关系，不仅促进集成，还指明了架构中需要抽象的部分，以便在替换同类新技术时最小化返工。敏捷冲刺支持快速构建原型并实施"快速失败"策略，从而指导选择纳入主开发分支的技术。

12.1.2.2　涌现与计划之间的张力

　　在多团队开发不同产品并复用可组合资产的组织环境中，尤其是当多个产品共享公共资产时，成功的架构不太可能"自然涌现"。一些支持扩展敏捷方法的模型，例如规模化敏捷框架（SAFe），认为存在"有意为之"和"自然涌现"两种类型的架构。SAFe 对它们的描述如下：

❏ 意图架构：定义了一组有目的、有计划的架构策略和方案，用于增强解决方案设计、性能和可用性，并为团队间的设计和实现同步提供指导。

❏ 涌现设计：这种方法提供了完全演进式和增量式实现的技术基础。它支持开发人员和设计人员快速响应用户即时需求，允许设计随着系统的构建和部署而演进。

在业务敏捷性（参见第 5 章）的背景下，架构设计总是处于涌现与规划之间的张力之中。随着产品的持续演进（如新增功能），可能会偏离最初的设计意图，这可能要求做出新的架构决策。例如，原本只针对国内市场的产品若要扩展至国际市场，其原始设计可能未考虑支持国际化或大规模用户，因此需要新的设计决策以适应这些质量属性的场景。为了迎合更广泛的用户群体和多样化的用户界面，产品的初始架构可能需要调整，部分架构可能会以涌现的形式出现。

然而，产品可能会重用共享的通用关注点和组件，而这些关注点和组件的设计必须满足一定的质量属性要求。这些属性不仅对特定产品至关重要，对于组织中开发的许多其他产品也同样重要。例如，安全性（包括身份验证或授权的规则和服务）、国际化、日志记录和错误管理等质量属性和关注点。在设计决策过程中发生的、对多个可重用资产通用的更改，可能会对实现它们所需的工作量产生显著影响。对于这些类型的资产，涌现的架构决策成本可能极高。因此，对于那些代价高昂的设计决策，最好是有意地及早做出，然后再构建许多可重用的可组合资产。规划可以促进风险管理和缓解风险的思维方式。因此，应尽早做出可能产生重大影响的关键架构决策，而不是将其留待未来。架构师经常面临抉择：在架构决策中应融入多少通用性。他们必须在更直接的决策与更长远的决策之间找到平衡点。

12.1.2.3 持续架构设计与重构

在业务敏捷性和产品导向的背景下，系统会持续演进，直至最终退役。与此同时，产品的待办事项列表也会不断更新，以包含新增功能。此外，还需引入新的架构驱动因素，如支持新的质量属性需求或解决现有架构中的问题。

这表明，架构设计并非一成不变，而是随着产品的演进而持续进行的活动。然而，这并不意味着架构会在每个冲刺阶段都发生变化；而是强调我们需要预见到变化的必然性，并随时做好应对准备。同时，重构也是一项不可或缺的持续活动。因为产品的变化可能会积累技术债务，而重构则有助于偿还这些债务。正如 10.3 节所述，与架构设计和技术债务相关的任务应纳入产品待办事项中。

12.1.3 支持顺序开发的设计

尽管顺序阶段方法在当今的项目开发中不再像过去那样普遍，但某些项目仍在采用。统一设计过程（Rational Unified Process，RUP）虽非瀑布模型，但建议将开发项目划分为四个主要阶段，这些阶段按顺序执行，并在每个阶段中进行多次迭代。以下是 RUP 的四个阶段：

1）项目初期：第一阶段的目标是实现项目相关人员之间的共识。在此阶段，将明确项目范围和业务架构，并构建初步的候选架构。此阶段可视为先前讨论的评估阶段的对应部分。

2）细化：第二阶段的目标是确立系统的架构基线并创建架构原型。需要强调的是，

RUP 对架构的重视程度非常高。

3）构建：第三阶段的目标是根据前两个阶段确定的架构逐步开发系统。

4）迁移：第四阶段的目标是确保系统准备就绪以便交付。在此阶段，系统将从开发环境转移到最终的运行环境中。

我们可以认为，从细化阶段到项目结束，RUP 本质上遵循了先前描述的"迭代 0 + 冲刺"方法。尽管 RUP 提供了一些架构设计指导，但其详细程度不及 ADD。因此，ADD 可以作为 RUP 的有力补充。在初始阶段，可以按照 12.1.1 节所述的方法执行 ADD 迭代，以构建候选架构。进入细化阶段后，可以将初步架构作为基础，进一步开展设计迭代，直至形成可作为基线的架构。在构建阶段，额外的 ADD 迭代可以作为开发迭代的一部分进行。

当组织从顺序开发方法向更敏捷的方法转型时，也可能采用顺序阶段方法。在这一转型过程中，组织通常会实施所谓的 water-Scrum-fall 开发模式。在这种模式下，传统的规划阶段之后，将使用 Scrum 进行开发。开发团队完成一个冲刺后，产品增量将交给 QA 团队进行测试。测试完成后，进行必要的修正并确认用户故事，系统随后将移交给运营团队投入生产。这种开发方式虽不利于敏捷性提升，因为涉及相对固定的需求和较慢的交付速度，但仍可从 ADD 中获益。与在 RUP 环境下的讨论相似，可以在规划阶段进行初始的 ADD 迭代以产生初步架构，并在后续开发中沿用迭代 0 + 冲刺的方法。对于那些仍采用 water-Scrum-fall 方法的团队或组织，我们建议引入 DevOps 实践及其架构支持，以缩短系统从开发到生产的时间，实现更为敏捷的开发方式。

12.1.4　架构设计与测试策略

软件开发中至关重要的一环是规划如何对特定系统进行测试。基于所开发的系统类型，必须制定相应的测试策略。

软件系统的架构直接决定了测试方法。这一点在复杂的分布式系统中尤为显著，这些系统由众多组件（如微服务）构成一个完整的应用程序，并依赖于中间件资源、数据库及外部第三方系统。因此，为了构建有效的测试策略，不仅需要明确定义系统架构，还需架构师、质量工程师和基础设施管理人员共同协作。

在规划测试策略时，需要思考几个关键问题，包括：

❑ 需要多少个预生产环境？正如 6.1.1 节所述，在系统发布至生产环境之前，可能需要多个预生产环境用于集成与测试。

❑ 预生产环境中的依赖关系如何处理？为保系统正常运行，通常需依赖共享的可重用服务、中间件组件、数据库及第三方系统。在集成环境中，部分依赖关系可通过模型模拟；而在过渡环境中，则可能需接入这些组件的测试版本（例如，第三方系统的沙盒）。特别是当应用程序基于 API 平台的时候，确保测试中使用正确版本的共享服务尤为关键，这也是一大挑战。

❑ 跨环境的基础设施如何复制？对于涉及众多组件的复杂系统，可能需要在预生产与生产环境间复制基础设施。此时，"基础设施即代码"方法极为有用，该方法允许通过基础设施描述符轻松实现环境间的复制。

❑ 如何降低成本？在各个预生产环境中复制基础设施的成本可能很高，尤其是在云环境中。为了降低成本，可以考虑在集成环境中申请有限的云资源（例如，非复制资源、容量更小的数据库），以及在非测试时间关闭环境。但是，在处理 API 平台中存在的共享服务时，因为共享服务可能由多个团队共同使用，这也可能带来额外的挑战。

即使是相对简单的系统，例如第 8 章中讨论的系统，也面临着上述挑战。例如，除了许多其他支持前端的组件之外，"HPS"由四个微服务组成，这些微服务包含两种不同类型的数据库和一个消息传递系统。此外，它还与众多外部系统交互。对于"HPS"来说，测试策略需要在集成环境（包括部署在容器中的 Kafka 和数据库版本）中使用有限的资源和模型。这种策略限制了使用基础设施即代码来设置集成环境的可能性，但也降低了成本。不过，基础设施即代码依然被用于设置临时环境以及生产环境。

12.2　架构设计与组织结构

在 1967 年，Melvin Conway 发表了一篇论文，其中提出了后来广为人知的"康威定律"："设计系统的组织，其设计结果会受限于该组织的沟通结构，由此产生的系统架构往往是组织沟通结构的映射。"简而言之，软件系统的结构往往反映设计它的组织结构。例如，我们有一位同事曾对一个包含三个独立数据库的系统进行架构分析。你可能会好奇，为何要使用三个数据库？原来，这个庞大的系统是由三个主要承包商共同开发的，每个承包商都有自己的数据库团队，并需要为这些团队分配任务！这种结果虽可能导致架构设计不尽理想，但其背后是"康威定律"的影响，而非技术考量。

接下来，我们将探讨与组织相关且对架构设计方式产生直接影响的各个方面。

12.2.1　个人设计或团队设计

在大型且复杂的项目中，架构团队通常被赋予执行设计的任务。然而，即使在较小的项目中，多人参与设计过程同样能带来显著的好处。你可以选择指派一名架构师，让其他人以观察者的身份参与（类似于结对编程），或者你可以鼓励团队成员积极合作，共同制定设计决策（即便在这种情况下，我们仍建议指定一个架构负责人）。

团队合作方式具有以下优势：

❑ 俗话说"三个臭皮匠，顶个诸葛亮"，这句话在解决新颖或复杂的设计问题时尤为贴切。

❑ 不同的团队成员可能拥有各自独特的专业知识和技能，这些在架构设计中极为宝贵，我们将在 12.2.2 节进一步探讨。

❑ 设计决策过程中的即时反思和审查，有助于立即纠正可能的错误。

❑ 个人可能存在认知偏见，并且他们不总是能够意识到这些偏见。多名设计和评审人员的合作更有可能识别出这些偏见。

❑ 让经验较少的人员参与设计过程，对他们来说是一种宝贵的指导和学习机会。

然而，这种方法也存在一些挑战：

❑ 委员会式设计可能在没有及时达成共识的情况下变得过于复杂，追求共识可能导致"分析瘫痪"。

❑ 设计成本可能上升，并且在许多情况下，设计所需时间也会增加。

❑ 管理后勤工作可能变得复杂，因为这种方法需要小组成员定期且有效地协作。

❑ 你可能会遇到性格和政治上的冲突，导致怨恨或伤害感情，或者设计决策受到叫喊声最大、工作时间最长的人的严重影响（"恃强凌弱式设计"即"嗓门设计"）。

12.2.2　架构师的多重角色

在本书的大部分内容中，我们将架构师描绘为设计活动的核心参与者。在小型项目中，通常由一位架构师来承担所有的设计决策责任。然而，在较大的组织中，架构师的角色往往由多人共同担任，每人负责一个特定的专业领域。这种做法是合理的，因为大型复杂系统的设计决策涉及众多领域，一人难以全面覆盖（参见第 9 章示例）。接下来，我们将探讨架构师角色中一些常见的专业领域。

12.2.2.1　软件架构师

软件架构师主要关注软件层面的设计决策，负责确立软件系统的架构，包括模块及其接口，以确保所有设计满足系统的核心驱动因素。这通常还涉及技术选型，比如采用外部开发的组件。本书中广泛讨论了这一关键角色所执行的各项活动。

12.2.2.2　基础设施架构师

基础设施架构师则专注于设计软件系统的基础底层结构，负责规划如服务器、网络、存储及云服务等物理或虚拟基础设施组件，并确保这些组件的选择和配置能够满足系统的性能、安全性与扩展性要求。其中，云架构师特指专注于基于特定云服务提供商的产品进行架构设计的专家，他们深谙如何有效利用云资源。在采用"基础架构即代码"的策略时，这一角色不仅涉及设计决策，还包括挑选支持此策略的技术，以及定义、编写描述基础架构的源代码文件。

如本书其他章节所述（例如，第 6 章关于可部署性，第 7 章关于基于云的解决方案），质量属性通常需要软件层面和基础架构层面的设计决策相互配合。因此，当软件架构师和基础设施架构师分别负责不同方面时，他们之间的紧密协作至关重要，以确保软件与基础设施能够实现最佳的协同效应。

12.2.2.3 安全架构师

在当今的系统中，安全性无疑是最关键的质量属性之一。这要求设计者必须具备广泛的跨领域知识，包括系统可能遭遇的威胁和漏洞，以及应对这些安全问题的各种设计策略、模式和外部组件。作为信息系统和基础架构安全的守护者，安全架构师必须精通上述所有领域。他们负责识别潜在的安全风险、威胁和漏洞，并设计和实施适当的安全控制措施和解决方案，以降低这些风险。

12.2.2.4 数据架构师

数据架构师的核心职责之一是做出关键的数据处理决策。他们负责设计数据存储和检索机制，确保数据的完整性、可靠性和高效性。为实现这些目标，他们需要与业务分析师、数据科学家及其他相关方紧密协作，深入了解组织的数据需求，并据此开发相应的解决方案。例如，在设计企业应用程序时，需决定如何存储和管理业务运营数据及分析数据。此时需考虑的因素包括构建数据模型及它的生命周期、元数据管理、数据在不同存储类型中的组织方式、保护数据访问的安全措施，以及数据的保留策略等。

12.2.2.5 其他架构师角色

在软件开发的多个领域中，都需要做出重要的设计决策。因此，架构设计不仅适用于我们之前提到的一些领域，还适用于许多其他领域。例如，设计支持自动化部署的基础设施就涉及大量设计决策，比如选择适当的流水线执行技术和定义流水线的具体步骤等。就像其他架构决策一样，这种基础设施的设计也与多种驱动因素有关。例如，它必须与组织使用的代码库分支模型（如 Gitflow）相匹配。此外，可能还存在一些特定的性能要求，如流水线的执行时间和避免使用专有解决方案的约束。

另一个专业架构师角色的例子是区块链架构师。与其他架构角色类似，区块链架构师必须具备深厚的专业知识，特别是与区块链相关的知识。他们做出的设计决策包括选择区块链网络的类型、共识机制的类型、智能合约的类型以及要使用的特定技术等。

另一种类型的专业架构师角色是 AI 或机器学习架构师。AI/ML 架构师是其领域的决策专家，负责诸如算法和学习方法的选择、在线与离线学习、集中式与分布式方法、模型再训练频率等方面的决策。

虽然在之前的例子中，我们提到的专业架构师角色在组织架构图上处于相似的级别，但也有一些组织或模型存在垂直的架构师层级。在这种层级结构中，企业架构师通常"高于"软件架构师。软件架构师通常专注于特定系统的设计，而企业架构师则专注于在组织级别（即意图架构）做出设计决策。企业架构师负责设计和管理组织 IT 系统、标准、流程和技术的整体架构，致力于使组织的技术战略与其整体业务目标保持一致，并帮助确保所有 IT 系统是集成的、高效的和有效的。企业架构团队通常会建立一个治理机构，为其他架构师的执行工作提供指导。在此过程中，他们将定义其他架构师角色（如软件和基础设施架构师）在架构设计驱动因素的背景下需要考虑的约束条件。

12.2.2.6　架构师角色和 ADD

在整合不同的架构师角色进入 ADD 流程中的时候，可以根据特定设计迭代的目标来调整所需的专业力量。例如，若迭代的目的是构建系统的初始架构，那么主要依赖软件架构师的专长即可。但如果目标是为一个大型电子商务系统打造高效的产品目录，并计划将其部署在云端，这时就需要软件架构师、云架构师和数据架构师的共同参与，有时甚至需要企业架构师的加入。在 ADD 流程的关键设计步骤（即步骤 3～步骤 5）中，每位架构师都扮演着不可或缺的角色，他们各自是其领域内设计概念的专家，能够具体化这些概念以应对迭代目标中的核心问题。

这些架构师角色之间的合作至关重要。例如，软件架构师关于信息存储的决策可能需要数据库架构师就数据库类型提供意见，并由云架构师验证云平台支持的数据库功能以确保最优选择。软件架构师可以主导设计迭代，并在必要时咨询其他架构师的意见，或者所有架构师共同参与到关键设计步骤的实施中。如 12.2.1 节所述，虽然系统设计可以由专家团队执行，但应由一人统筹设计过程及其迭代，理想情况下，这一角色由软件架构师担任。

12.2.3　组织的架构指南

在规模较大的组织中，往往存在着众多专注于应用程序开发或支撑这些应用开发的平台（例如我们第 5 章所探讨的 API 平台）的团队。这些团队通常致力于以一种通用的方式来应对设计上的挑战。本章将深入探讨一些能够帮助实现这一目标的策略和方法。

12.2.3.1　解决特定的架构问题

尽管项目团队通常集中精力解决与其特定项目有关的设计问题，但仍然存在一些所有团队都必须考虑的共同设计问题。这些问题通常与 2.4.4 节讨论的架构决策问题相关，包括以下方面：

- ❏ 部署方式的选择（单体架构与非单体架构）
- ❏ 通信机制和标准的选择
- ❏ 选择安全机制来处理授权、身份验证和数据加密等方面的问题
- ❏ API 版本控制方法的选择
- ❏ 用于审计和调试的日志记录机制的选择
- ❏ 支持可观测性和调试的机制选择，包括错误管理和分布式追踪
- ❏ 选择适当的数据存储方案（例如，数据需要存储多久），并考虑压缩和加密等方面
- ❏ 支持国际化的机制选择，包括时间、货币和语言的管理
- ❏ 支持隐私的机制选择，包括防止敏感信息泄露和准备用于测试环境的数据
- ❏ 开发工具和平台的选择，包括编程语言、代码仓库、编码规范和标准

在组织层面，常需制定统一的机制以应对众多相似的具体问题，旨在简化开发资源支

持、人员招聘与技能培训等流程。以日志管理为例，若各团队采用各自独立的日志记录方式，则在公司计划集中存储、分析及比对日志时将面临挑战。作为一种解决方案，组织可以提供指导原则和相应的机制（例如，处理这类特定架构问题的库或服务），鼓励采用集中化的方法来实现日志的存储与分析。这些指导原则的制定以及针对架构问题的通用设计决策，可以由企业架构组等治理机构来制定。

12.2.3.2　设计概念目录

12.2.3.1 节所探讨的指导方针主要聚焦于常见的架构问题解决方案。对组织来说，提供一些方案设计概念以帮助解决反复出现的问题是非常有益的。

正如我们在 4.4 节所讨论的，概念的选择过程是设计中最为艰巨的挑战之一。由于相关信息来源广泛分散，架构师往往需要浏览众多模式和策略目录，并进行深入的研究才能找到可供参考和使用的设计概念，这使得选择合适的概念难上加难。

为了有效解决这个问题，一个可行的方案是建立设计概念目录。这些目录按照特定的应用领域对设计概念进行分类，旨在帮助设计人员在设计过程中轻松识别和选择合适的概念。此外，它们还有助于提高整个组织内设计的一致性。例如，可以要求设计人员尽可能多地使用特定目录中的技术，因为这样做有利于估算、使学习曲线平缓、降低成本和风险，并能促进对提议架构的评估，甚至可能带来重用机会。此外，这些目录还可以用于培训目的。你可以在本书配套网站上找到设计概念目录的示例。

创建这些目录需要付出相当大的努力，但这一切都是值得的，因为这些目录将成为宝贵的组织资产。目录创建完成后，应随着组织引入或移除新的设计概念，特别是新技术，并对其进行维护。

12.2.4　架构团队

大型公司通常有众多架构师。在这种情况下，企业往往希望建立一个架构师团队，以促进架构师在一系列关键活动中更加紧密地协作：

- ❏ **知识共享**：应鼓励架构师向团队介绍新的方法和工具，以便大家共同学习，并评估这些新方法是否适用于公司的技术体系。此外，架构师还应积极参与公司设计概念目录的建设，这也是知识共享的有效途径。
- ❏ **讨论具体问题**：架构师可以向团队成员展示具体的设计难题或解决方案，以获得不同角度的反馈意见，并发现共享和复用的机会。
- ❏ **评估候选方案**：在 11.6 节中，我们讨论了一种名为"基于场景的设计评审"的分析技术及其执行步骤。该技术需要一个评估团队负责审查和质疑设计，以发现潜在风险。公司内的其他架构师通常是参与此评估团队的理想人选。

这些活动可以定期执行，例如通过每周的架构小组会议。请注意，架构评估通常需要专门的会议。

12.3　总结

本章深入探讨了如何在软件架构的多个组织层级中有效运用 ADD 方法。从项目启动之初，ADD 就能够推动基于标准组件的估算工作，确保项目预算和时间线的准确预测。随着项目的发展，ADD 能够与各种现代和传统的软件开发生命周期方法无缝集成，为那些在架构设计方面缺乏详细指导的生命周期方法提供了宝贵的补充。

此外，我们还讨论了在组织层面如何为架构设计提供全面支持，包括构建专业的设计团队、设定不同的架构师角色、制定针对架构问题的解决方案和组织级指导方针，以及将设计概念整合到可检索的目录中。最后，我们强调了在拥有众多架构师的 IT 部门内建立架构小组的重要性及其带来的多方面益处。

12.4　扩展阅读

企业架构管理领域探讨了组织结构对其软件架构的影响。F. Ahlemann 等人编著的 *Strategic Enterprise Architecture Management: Challenges, Best Practices, and Future Developments*（Springer-Verlag，2012）一书对企业架构框架进行了讨论。

D. Paulish 编著的 *Architecture Centric Project Management: A Practical Guide*（Addison-Wesley Professional，2002）探讨了项目管理的诸多方面，并将其与软件架构联系起来。

有意架构和演进式设计的定义由 © Scaled Agile, Inc. 提供。更多关于 Scaled Agile Framework 的信息，请访问：https://scaledagileframework.com/。

不确定性锥体的概念在项目管理领域由来已久，Barry Boehm 在其开创性著作 *Software Engineering Economics*（Prentice Hall，1981）[一]中将这一概念应用于软件项目。

2010 年 4 月出版的 *IEEE Software* 特刊中，有一系列探讨架构与敏捷方法之间关系的优秀文章，值得一读。

许多研究探讨了架构和敏捷方法如何相互补充和支持，例如 S. Bellomo、I. Gorton 和 R. Kazman 的文章 "Insights from 15 Years of ATAM Data:Towards Agile Architecture"（*IEEE Software*, 2015） 以 及 S. Bellomo、R. Nord 和 I. Ozkaya 的 "A Study of Enabling Factors for Rapid Fielding: Combined Practices to Balance Speed and Stability"（*Proceeding of ICSE 2013*, 982-991）。

Barry Boehm 和 Richard Turner 在他们合著的 *Balancing Agility and Discipline: A Guide for the Perplexed*（Addison-Wesley，2004）一书中，从经验视角探讨了敏捷与"纪律"（不仅仅是架构方面）之间的关系。

T. C. N. Graham、R. Kazman 和 C. Walmsley 在其发表于第 29 届国际软件工程大会（*ICSE 29*）论文集（明尼阿波利斯，2007 年 5 月）的论文 "Agility and Experimentation:

　　[一]　该书中文版《软件工程经济学》由机械工业出版社翻译出版，书号为 978-7-111-14389-5。——编辑注

Practical Techniques for Resolving Architectural Tradeoffs"中，探讨了创建架构"冲刺"作为解决敏捷冲刺中不确定性的一种方法。有关冲刺的概述，请访问 www.scrumalliance.org/community/articles/2013/march/spikes-and-the-effort-to-grief-ratio。

许多从业者和研究人员深入思考敏捷方法如何与架构实践相互融合，并提出了一些最佳思路，如下所示：

❑ S. Brown 的 *Software Architecture for the Developers*（LeanPub，2013）。

❑ J. Bloomberg 的 *The Agile Architecture Revolution*（Wiley CIO，2013）。

❑ A. Cockburn 的"Walking Skeleton"，参见 http://alistair.cockburn.us/Walking + skeleton。

❑ 敏捷软件开发宣言，参见 http://agilemanifesto.org/。

❑ Scott Ambler 和 Mark Lines 的"Scaling Agile Software Development: Disciplined Agility at Scale"，参见 http://disciplinedagileconsortium.org/Resources/Documents/ScalingAgileSoftwareDevelopment.pdf。

❑ SEI 数字图书馆敏捷架构合集，参见 https://resources.sei.cmu.edu/library/asset-view.cfm?assetid=483941。

关于估算技术的全面论述，包括使用标准组件进行估算，请参阅 S. McConnell 所著的 *Software Estimation: Demystifying the Black Art*（Microsoft Press，2006）。

ADD 2.0（以及其他以软件架构为中心的方法）与 RUP 的集成在卡内基梅隆大学软件工程研究所 2004 年 7 月发布的技术报告 CMU/SEI-2004-TR-011"Integrating Software-Architecture-Centric Methods into the Rational Unified Process"中讨论，该报告的作者是 R. Kazman、P. Kruchten、R. Nord 和 J. Tomayko。

架构知识的表示和管理问题已受到广泛关注。有关该领域的全面概述，请参阅 P. Kruchten、P. Lago 和 H. Van Vliet 合著的"Building Up and Reasoning About Architectural Knowledge"，该文刊载于 Springer 出版社 2006 年出版的 *Quality of Software Architectures* 一书。如需了解架构知识管理工具，请参阅 A. Tang、P. Avgeriou、A. Jansen、R. Capilla 和 M. Ali Babar 合著的"A Comparative Study of Architecture Knowledge Management Tools"（*Journal of Systems and Software* 83(3), 2010, 352~370）。

12.5 讨论问题

1. 为了在估算阶段进一步降低不确定性，你建议采取哪些额外的架构设计措施？请考虑到在某些情况下，此阶段的工作可能不会得到报酬，只有在项目获得批准后才会获得报酬。

2. 考虑采用"迭代 0 + 冲刺"的方法，如果团队没有投入时间设计可部署性（例如，他们没有设计和建立执行环境，也没有构建自动化基础设施），可能会发生什么？一旦项目开始运行，他们如何补救这种情况？

3. 除了 12.2.2 节中提到的架构师角色外，你还能识别出哪些其他的架构师角色？

4. 考虑到 AI 架构师的角色，哪些驱动因素和设计理念可以与这个特定的架构师角色相关联？请举例说明。

5. 如果一个组织中有多个团队开发 API，但没有全公司范围内的关于如何处理授权和认证、版本控制或错误管理的指导方针，那么可能会出现什么问题？

6. 同样地，如果一个组织开发微服务却没有公司层面的指导方针来规定应该创建哪些微服务、以何种粒度创建以及访问哪些数据，那么会发生什么问题？

7. 鉴于康威定律，架构师显然需要"引导"项目的社会维度和技术维度。有哪些技术可以用来监控项目的社会技术一致性？又有哪些技术可以用来纠正不一致？

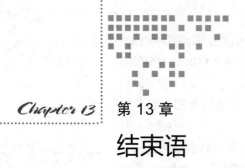

第 13 章

结束语

本章将再次深入探讨架构设计的本质及方法的重要性，这也是本书的核心所在。最后，我们将为你提供一些建议，帮助你更好地运用从本书中学到的知识和技能。

13.1 方法的必要性

既然你已经持之以恒地阅读到了最后一章，显然你已经下定决心要成为一名专业的软件架构师了。专业人士的定义在于能够在各种商业和技术环境中始终如一地保持高水平的表现。为了实现这种卓越表现，每个人都需要一种方法论的指导。这就是标准化方法被广泛应用于制造业、科学、医疗保健、教育、IT 以及许多其他领域的原因。

当我们面临复杂任务，一旦出错可能会造成严重后果时，就需要适当的方法来规避风险。试想一下：飞行员和外科医生作为世界上训练最为严格的专业人士，他们在执行每一项关键任务时，都会严格遵循检查清单和标准化程序。为什么呢？因为一旦犯错，后果可能是灾难性的。你所设计的系统架构虽然可能不涉及生死，但你所设计的系统，特别是大型复杂系统，很可能会对你所在组织的健康发展产生深远影响。如果你正在设计的是一个用完即弃的原型或一个简单的系统，那么或许可以简化明确的架构设计步骤。如果你正在设计的系统是过去曾经多次创建的系统的第 n 个变体，那么架构设计工作可能仅仅是对你先前经验的一种复制粘贴。

然而，如果你负责创建或演进的系统至关重要，并且其创建过程充满风险，那么你应该全力以赴地完成软件开发生命周期中这一关键步骤，这是你对自己、你的组织以及你的职业生涯应尽的责任。为了实现这一目标，你可能需要一个方法论的指导。方法论有助于确保一致性、连贯性和完整性，还可以帮助你采取正确的步骤并提出正确的问题。

当然，没有什么可以取代适当的培训和教育。没有人会相信一个新手飞行员会驾驶波音 787，或者一个一年级的医学生仅仅依靠某种方法或清单，就能在手术室里挥舞手术刀。但是，方法是重复产生高质量结果的关键，而这恰恰是所有软件工程专业人员的共同追求。

Fred Brooks 在谈到设计过程时说道：

任何对设计过程进行系统化的努力，相较于简单地说"我们开始编码或构建吧"，都无疑是一种进步。它为设计项目的规划提供了清晰的步骤，为计划进度和监控进展设定了明确可定义的里程碑，同时也为项目组织和团队配置提供了建议。此外，这种系统化的设计过程还促进了设计团队内部以及团队与管理层、管理层与其他利益相关者之间的沟通，因为它为每个人提供了一个共享的活动词汇表。对于初次承担设计任务的新手来说，学习这种系统化的设计过程也相对容易，它为他们指明了方向。

设计的重要性不容忽视，我们不能任由其随意发展。而且，提升设计水平的方法肯定比"反复试错"更为高效。正如诺贝尔奖得主、科学家 Herbert Simon 在 1969 年所写："设计……是所有专业培训的核心，它是区分专业与科学的主要标志。工程学院，以及建筑、商业、教育、法律和医学院，都集中关注设计过程。"Simon 还指出，专业能力的缺乏是由大学课程对设计的相对忽视造成的。令人欣慰的是，这种趋势正在逐渐扭转。即便如此，50 多年后的今天，我们仍不能宣告胜利；这依然是一个值得关注和重视的问题。

本书向你展示了一种经过实践检验的架构设计方法——ADD。这种方法的价值在于，它既为初学者提供了明确的方向，也为专家们提供了可靠的保障。与所有优秀方法一样，ADD 也包括了一系列步骤。尽管 ADD 在过去几年中不断发展和演变，但其步骤集合在最近十年中保持稳定，尽管我们的关注点已经从部署在自有硬件上的单个系统扩展到部署在云端的服务集合，从"大爆炸式"部署转变为持续交付，从模块设计发展至微服务和 API 设计。

同样重要的是，我们需要关注更广泛的架构生命周期，并了解对设计过程进行哪些调整能够帮助架构师更好地开展工作并获得更理想的结果。例如，我们已经将设计目标、架构关注点等纳入考量因素，从而扩展了输入集。这种更全面的视角有助于创建出既满足客户需求，又符合团队和组织业务需求的架构。此外，我们还展示了如何以"设计概念目录"来指导设计工作。该目录是一个可重用的架构知识库，其中包含参考架构、模式、策略以及外部开发的组件（如框架和技术栈）。对这些概念进行分类，可以使设计更具可预测性、高效性和可重复性。最后，我们主张对设计进行记录，可以使用草图和相关的基本原理进行非正式记录，并对所做的决策进行一致的分析。

如果我们自视为软件工程师，就应该认真对待"工程师"这一称谓。任何一位机械工程师、电气工程师或结构工程师都不会在缺乏坚实原理和组件基础，或者未经分析和记录的设计上投入大量资源。我们认为，软件工程（尤其是软件架构）也应该朝着类似的目标努力。我们并非"艺术家"，创造力对我们而言并非至高无上；我们是工程师，因此可预测性和可重复性才是我们最珍视的目标。

13.2　未来方向

尽管自本书第一版发布以来，技术发展日新月异，但软件架构的基本原则始终如一。架构设计过程也依然保持不变，正如我们在第 4 章中所述，我们并未对第一版中发布的 ADD 方法进行修改。这让我们感到欣慰，因为我们深知设计的本质是不变的，设计方法不应受最新技术的影响。然而，人工智能的最新进展，特别是 LLM 的出现，可能会对我们未来的架构设计方式产生影响。这类模型可能在与软件架构相关的多个领域发挥作用，包括设计领域：

- ❏ 生成或分析需求和架构的驱动因素。
- ❏ 协助选择设计概念并将其实例化。
- ❏ 自动化生成图表和文档。
- ❏ 生成与架构设计相关的测试用例。
- ❏ 生成关键代码片段（例如接口），以体现架构师的设计规则。

用于重构和维护的有：

- ❏ 解释现有代码中使用的概念。
- ❏ 建议修改代码以移除代码异味。
- ❏ 更新文档以匹配实际实现的内容。

在我们撰写本书时，要始终如一地高效、高置信度地执行这些任务，时机尚未成熟。但这种情况正在迅速变化，概念验证已经可行，全世界的开发人员都在拥抱 LLM。这项技术的未来用途令人兴奋，因为经过适当训练的 LLM 可以基于更广泛的知识库，并且比人类更少偏见。此外，这些工具可以让架构师和开发人员从编写文档等烦琐的事务中解放出来，专注于设计中更有趣、更具挑战性的方面，而这些方面通常是人们抵制或避免的。未来几年，围绕这一主题的激动人心的发展必将呈现在我们眼前。

13.3　下一步

从这里开始，你的旅程将通向何方？这个问题可以从四个方面来回答。首先，作为个人，你应该如何提升自己的架构设计技能并积累经验？其次，如何让你的同事更加重视架构设计？再次，如果你的组织对架构设计做出更明确的承诺，将带来哪些变化？最后，你如何为团队以及更广泛的软件架构师群体做出贡献？

我们给出的建议很简单，那就是练习。与其他任何值得拥有的复杂技能一样，架构师的技能无法一蹴而就，但你的信心应该会稳步增长。"先假装自己能做到，直到真的做到"

是我们能给出的最佳建议。拥有一套可供参考的方法和现成的通用设计概念，将为你的"假装"和学习奠定坚实的基础。

为了帮助你练习架构设计技能并鼓励同事参与，我们开发了一款名为 Smart Decisions 的架构游戏。你可以在 www.smartdecisionsgame.com 上找到它。该游戏采用 ADD 方法模拟架构设计过程，并以一种轻松有趣的方式促进了对 ADD 的学习。尽管该游戏专注于特定的应用程序领域，但你可以轻松地将其应用于其他领域。

你还可以考虑在组织内部采取哪些后续步骤。你可以成为变革的推动者。即使公司"不相信"架构，你仍然可以实践本书和 ADD 中体现的许多理念。坚持制定具体的响应措施，确保质量属性需求清晰明确。即使面对紧迫的截止日期和进度压力，也要尽量在所采用的主要架构模式上达成一致。与同事定期进行快速、非正式的设计评审，例如，可以围在白板前展开讨论并进行反思。这些"后续步骤"并不可怕，也不需要耗费大量时间。而且我们相信，我们的行业经验也表明，这些步骤会产生积极的循环效应：更好的设计将带来更好的结果，这将促使你、你的团队和你的组织想要做得更多。

最后，你可以为本地乃至全球的软件工程社区做出贡献。例如，你可以在本地的软件工程聚会上组织架构游戏并分享经验，也可以贡献你在实际项目中作为架构师的成功和失败案例。我们坚信，案例是最好的教学方式。虽然本书只提供了两个案例研究，但多多益善。

祝你的架构旅程愉快！

13.4　扩展阅读

本章 Fred Brooks 的长篇引言来自他发人深省的著作 *The Design of Design: Essays from a Computer Scientist*（Pearson，2013）⊖。

本章、本书乃至整个软件架构领域的诸多思想，都可以追溯到 Herbert Simon 关于设计科学的开创性著作——*The Sciences of the Artificial*（MIT Press，1969）。

13.5　讨论问题

1. 有经验的架构师有时可能对使用系统化方法进行设计持保留态度。你认为这是为什么？采用像 ADD 这样的方法有哪些好处？
2. 你认为大型语言模型还可以在软件架构的哪些领域发挥作用？
3. 使用人工智能工具辅助设计过程的优势和劣势是什么？
4. 随着架构师和开发者日益依赖现有的框架和组件，尤其是云服务提供商提供的服务，他们的角色是变得更加重要了还是相对减弱了？

⊖　该书中文版《设计原本——计算机科学巨匠 Frederick P.Brooks 的反思（经典珍藏）》由机械工业出版社翻译出版，书号为 978-7-111-41626-5。——编辑注

Appendix 附录

基于策略的问卷调查

本附录提供了一套基于策略的问卷，涵盖了十个最重要且广泛使用的质量属性：可用性、可部署性、能源效率、可集成性、可修改性、性能、安全性、保密性、可测试性和可用性。这些问卷既可以作为轻量级架构审查的手段，由分析师依次向架构师提出每个问题并记录回答；也可以作为一组反思性问题，你可以使用它们来检查自己的架构选择。

无论在任何情况下，使用这些问卷都只需要遵循以下四个步骤：

1）对于每个策略问题，如果架构中支持该策略，则在"支持"列中填写 Y，否则填写 N。"策略问题"列中的策略名称以粗体显示。

2）如果"支持"列的答案是 Y，那么在"设计决策和位置"列中，描述为支持该策略而做出的具体设计决策，并枚举这些决策在架构中实现的位置，例如在哪些代码模块、框架或软件包中实现了该策略。

3）在"风险"列中，使用（H = 高，M = 中，L = 低）等级标明实施策略的预估 / 经验难度或风险。例如，基于以往经验，或通过假设预估，策略实施难度或风险为中等将被标记为 M。

4）在"理由和假设"列中，描述所做设计决策的理由（包括不使用这种策略的决定）。简要解释这个决策的含义。例如，你可以从成本、进度、演变等方面来解释这个决策的理由和含义。

A.1 可用性

策略	策略问题	是否支持 （Y/N）	风险	设计决定 和位置	理由和 假设
故障检测	系统是否使用**回显应答**（ping/echo）来检测组件或连接的故障，或者网络拥塞 　　系统是否使用组件来**监控**系统其他部分的健康状态？系统监控器可以检测网络或其他共享资源中的故障或拥塞，例如，拒绝服务攻击 　　系统是否使用**心跳**，即系统监控器和进程之间的定期消息交换，来检测组件或连接的故障，或者网络拥塞 　　系统是否使用**时间戳**来检测分布式系统中异常的事件序列 　　系统是否进行了**合理性检查**——检查组件操作或输出的有效性或合理性 　　系统是否进行了**状态监控**——检查过程或设备中的状态，或者验证设计过程中做出的假设 　　系统是否使用**表决**来检查复制的组件是否产生相同的结果？复制的组件可能是完全相同的副本，也可能是仅功能冗余或者分析冗余的副本 　　你是否使用**异常检测**来检测改变正常执行流程的系统状态（例如，系统异常、参数限制、参数类型、超时） 　　系统能否进行**自检**，以测试自身是否正常运行				
从故障中恢复 （准备和修复）	系统是否采用了**冗余备件** 　　组件作为活动组件与备用组件的角色是固定的，还是在出现故障时会发生变化？切换机制是什么？切换如何触发？备用组件需要多长时间才能承担其职责 　　系统是否采用**异常处理机制**来处理故障？通常，处理涉及报告故障或处理故障，也可能通过纠正异常原因和重试来掩盖故障 　　系统是否采用了**回滚机制**，以便在发生故障时可以恢复到先前保存的良好状态（"回滚线"） 　　系统能否在不影响服务的情况下，对可执行代码映像进行运行时**软件升级** 　　在组件或连接故障可能是瞬态的情况下，系统能否执行**重试**操作 　　系统能否简单地**忽略错误行为**（例如，一旦确定某个来源发送的消息是虚假的，忽略该来源发送的消息） 　　当资源受损时，系统是否有**降级**策略，即在组件故障时，维持最关键的系统功能，同时放弃不太关键的功能 　　系统是否有一致的策略和机制来实现故障后的**重新配置**，即将责任重新分配给剩余的运行资源，同时保持尽可能多的功能				
从故障中恢复 （重新导入）	在将组件恢复到活动角色之前，系统能否在一段预定义的时间内，以"**影子模式**"运行先前出现故障或正在升级的组件 　　如果系统使用了主动或被动冗余，它是否也采用**状态再同步机制**，将状态信息从活动组件发送到备用组件				

（续）

策略	策略问题	是否支持（Y/N）	风险	设计决定和位置	理由和假设
从故障中恢复（重新导入）	系统是否采用了**逐步重启机制**，即通过逐步细化重启组件的粒度，最大限度地降低对服务的影响 系统的消息处理和路由部分是否可以采用**不间断转发机制**，即将功能分为控制平面和数据平面？在这种情况下，如果控制平面出现故障，则路由器将继续沿着已知路由转发数据包，同时恢复并验证协议信息				
防止故障	系统是否可以**移除服务中的组件**，通过暂时将系统组件置于停止服务状态来减轻潜在的系统故障压力 系统是否采用**事务机制**更新状态，以便在分布式组件之间交换的异步消息是原子的、一致的、隔离的和持久的 系统是否使用**预测模型**来监控组件的健康状态，以确保系统的运行符合标称参数？当检测到未来可能发生故障的情况时，模型会启动纠正措施 系统是否采用了**预防异常**发生的机制，例如，屏蔽故障，使用智能指针，抽象数据类型或包装器 系统的设计是否便于**增加能力集**，例如，通过设计一个组件来处理更多的情况，例如，将故障处理作为其正常操作的一部分				

A.2 可部署性

策略	策略问题	是否支持（Y/N）	风险	设计决定和位置	理由和假设
管理部署流水线	系统是否可以将服务的新版本以**增量部署**的方式推送到用户群的子集，而不是全量部署到整个用户群 是否采用标准且广泛使用的方法来**编写部署命令**，以便在部署中执行和准确编排复杂的步骤 如果部署存在缺陷，是否能够以自动化的方式将系统**回滚**到之前的状态				
管理已部署的系统	系统是否严格**管理**已部署版本之间的**服务交互**，以避免兼容性问题 系统是否将元素之间的**依赖关系打包**，以确保它们与执行所需的所有依赖关系一起部署 系统是否实现了**功能开关**——一种"紧急开关"，可自动禁用新功能，而无须强制进行新的部署 系统是否实现了**外部化配置**，以避免任何限制将其从一个环境移动到另一个环境的硬编码配置				

A.3　能源效率

策略	策略问题	是否支持（Y/N）	风险	设计决定和位置	理由和假设
资源监控	系统是否**计量能源的使用**？也就是说，系统能否通过传感器基础设施近乎实时地收集计算设备的实际能源消耗数据				
资源配置	系统是否对设备和计算资源进行了**静态分类**？也就是说，系统是否可以通过不同分类的参考值来估计设备或资源的能耗（在实时计量不可行或计算成本过高的情况下） 系统是否对设备和计算资源进行了**动态分类**？在静态分类由于负载或环境条件的变化而不准确的情况下，系统是否使用基于先前收集的数据的动态模型，来估计设备或资源在运行时的能耗变化 系统是否支持**减少使用**以降低资源的消耗？也就是说，当需求不再需要这些资源时，系统是否可以停用资源以节省能源？这可能涉及关闭硬盘驱动器、调暗显示屏、关闭 CPU 或服务器、以较慢的时钟速率运行 CPU 或关闭处理器中未使用的内存块 系统是否会根据任务约束或任务优先级来**调度资源**，以便有效地利用资源，例如，将计算资源（例如，服务提供商）切换到能效更好或能源成本更低的资源 调度机制是否基于收集的系统状态数据（使用一种或多种资源监控策略）来执行 系统是否利用**发现服务**将服务请求与服务提供商进行匹配？在能源效率的背景下，服务请求可以用能源需求信息来进行标注，并且允许请求者根据其（可能是动态的）能源特性来选择服务提供商				
减少资源需求	你是否始终尝试**减少资源需求**？在这里，你可以插入关于性能的问题（参见第 9 章）				

A.4　可集成性

策略	策略问题	是否支持（Y/N）	风险	设计决定和位置	理由和假设
限制依赖关系	系统是否通过引入显式接口来**封装**每个元素的功能，并且要求对元素的所有访问都通过这些接口 系统是否广泛使用**中间件**来打破组件之间的依赖关系，例如，数据生产者无须对消费者感知 系统是否**对通用服务进行了抽象**，即为同类服务提供通用的接口 系统是否提供了**限制组件之间通信路径**的方法 系统是否**遵循组件之间如何进行交互和共享信息的标准**				

（续）

策略	策略问题	是否支持（Y/N）	风险	设计决定和位置	理由和假设
适配	系统是否提供了静态（即在编译时）定制接口的能力——也就是说，在不改变组件 API 或实现的情况下，添加或隐藏组件接口的能力 系统是否提供了发现服务，即对服务信息进行编目和发布 系统是否提供了在编译时、初始化或运行时配置行为的方法				
协调	系统是否包含协调和管理组件调用的编排机制，以便它们可以互不感知 系统是否提供管理计算资源访问的资源管理器				

A.5 可修改性

策略	策略问题	是否支持（Y/N）	风险	设计决定和位置	理由和假设
提高内聚性	你是否通过拆分模块来提高模块的内聚性？例如，如果你有一个大型、复杂的模块，你是否可以将其拆分为两个（或更多）更具内聚性的模块 你是否通过重新分配职责来提高模块的内聚性？例如，如果一个模块中的职责没有服务同一个目的，那么它们不应该放在同一个模块中				
减少耦合	系统在封装功能时是否保持了一致性？这通常需要将被审查的功能进行隔离，并为其引入一个显式接口 系统是否始终使用中间件来防止模块间的紧密耦合？例如，如果 A 调用具体功能 C，你可能会引入一个抽象 B 来作为 A 和 C 之间的中间件 你是否以系统化的方式来限制模块间的依赖关系？还是任何系统模块都可以自由地与其他模块进行交互 在提供多个类似服务的情况下，系统是否会将其抽象为通用服务？例如，当你希望系统能够跨操作系统、硬件或其他环境变化进行移植时，通常会使用该技术				
延迟绑定	系统是否定期延迟重要功能的绑定，以便在生命周期的后期可以进行功能替换，甚至由最终用户来执行？例如，你是否使用插件、附加组件或用户脚本来扩展系统的功能				

A.6 性能

策略	策略问题	是否支持（Y/N）	风险	设计决定和位置	理由和假设
控制资源需求	你是否管理工作请求？例如，你是否有一项服务级别协议（SLA）来指定你愿意支持的最大事件到达率？你能否管理到达系统的事件的采样速率 系统是否监控并限制其事件响应？系统是否限制其在一个时间段内响应的事件数量，以确保提供可预测的响应能力				

（续）

策略	策略问题	是否支持 （Y/N）	风险	设计决定 和位置	理由和 假设
控制资源 需求	鉴于服务请求可能多于可用资源，系统是否对事件进行了**优先级排序** 　　系统是否试图**减少**响应服务的请求**开销**，例如，通过移除中间件或采用共存资源 　　系统是否监控并**限制执行时间**？更一般地说，是否限制响应服务请求时消耗的任何资源数量（例如，内存、CPU、存储、带宽、连接、锁） 　　你是否**提高了资源效率**？例如，你是否定期改进关键领域的算法效率，以降低延迟并提高吞吐量				
管理资源	你能否为系统或其组件**分配更多的资源** 　　你是否采用了**并发机制**？如果可以并行处理请求，就可以减少阻塞的时间 　　系统能否**将计算分配**到不同的处理器上 　　是否有可以**缓存**（以维护可以快速访问的本地副本）或复制（以减少争用）的数据 　　系统是否可以**对队列大小进行限制**，以便对处理请求所需的资源设置上限 　　你能否确保所使用的**调度策略**适合你所关注的性能点				

A.7　安全性

策略	策略问题	是否支持 （Y/N）	风险	设计决定 和位置	理由和 假设
不安全 状态规避	你是否采用了**替代方案**——对潜在危险的软件设计特性采用更安全的保护机制（通常是基于硬件的） 　　你是否基于监控信息，使用**模型预测**系统进程、资源或其他属性的健康状况？这不仅是为了确保系统在其标称参数内运行，而且还能够提供潜在问题的早期预警				
不安全 状态检测	你是否使用**超时**来确定组件的操作是否满足其时序约束 　　你是否使用**时间戳**来检测异常的事件序列 　　你是否使用**状态监控**来检查过程或设备的状况，特别是验证设计过程中的假设 　　你是否使用**健全性检查**来验证特定操作结果或组件输入输出的有效性或合理性 　　系统是否采用了**比较机制**，即通过比较许多同步或复制元素产生的输出，来检测不安全状态				
包含性 （冗余）	你是否使用**复制方案**（组件的克隆）来防止硬件的随机故障 　　你是否使用**功能冗余机制**，通过实现不同设计的组件来解决共模故障 　　你是否使用**分析冗余机制**，包括高保证 / 高性能和低保证 / 低性能备选方案的功能"副本"，来容忍规范错误				

（续）

策略	策略问题	是否支持（Y/N）	风险	设计决定和位置	理由和假设
包含性（限制后果）	系统能否在被确定为不安全的操作造成损害之前**终止**调该操作吗 系统是否提供受控**降级机制**，即在出现组件故障时，保持最关键的系统功能，同时丢弃或降级不太关键的功能 系统能否通过表决程序来比较几个冗余组件的结果，以**掩盖**故障				
包含性（屏障）	系统是否支持通过**防火墙**来限制对关键资源的访问（例如，处理器、内存、网络连接） 系统是否控制对受保护组件的访问，并通过**互锁机制**来防止事件顺序错误导致的故障				
恢复	系统是否能够在检测到故障时**回滚**，即恢复到之前已知的良好状态 系统是否可以成功**修复**被确定为错误的状态，然后继续执行 当发生故障时，系统是否可以通过将逻辑架构重新映射到仍在运行的剩余资源上来**重新配置资源**				

A.8 保密性

策略	策略问题	是否支持（Y/N）	风险	设计决定和位置	理由和假设
检测攻击	系统是否支持**入侵检测**？例如，将系统内的网络流量或服务请求模式与存储在数据库中的一组签名或已知恶意行为模式进行比较 系统是否支持**拒绝服务攻击的检测**？例如，将进入系统的网络流量模式或签名与已知拒绝服务攻击的历史配置文件进行比较 系统是否支持**消息完整性的验证**？例如，使用校验和或哈希值等技术来验证消息、资源文件、部署文件和配置文件的完整性 系统是否支持**消息延迟的检测**？例如，检查传递消息所需的时间				
抵抗攻击	系统是否支持**参与者的身份识别**？例如，识别系统的外部输入源 系统是否支持**参与者的身份认证**？例如，确保参与者（用户或远程计算机）确实是其所声称的身份 系统是否支持**为参与者的授权访问**？例如，确保经过身份认证的参与者才有权访问和修改数据或服务 系统是否支持**限制访问**？例如，控制系统的不同部分，例如处理器、内存和网络连接的访问权限 系统是否支持**限制暴露**？例如，通过隐藏系统的信息（"通过模糊信息实现系统的安全性"）或通过划分和分配关键资源（"不要把所有的鸡蛋放在一个篮子里"）来降低成功攻击的概率，或限制潜在损害的数量				

（续）

策略	策略问题	是否支持 （Y/N）	风险	设计决定 和位置	理由和 假设
抵抗攻击	系统是否支持**数据加密**？例如，对数据和通信应用某种形式的加密 系统设计是否考虑了**实体的分离**？例如，对连接到不同网络的不同服务器进行物理隔离，使用虚拟机或者无电气连接的子系统 系统是否支持**更改密钥设置**？例如，强制用户更改默认分配的设置 系统在其范围内，是否采用一致的方式来**验证输入**？例如，使用安全框架或验证类来执行过滤、规范化和转义外部输入等操作				
对攻击做出反应	系统是否支持**撤销访问权限**？例如，如果怀疑发生了攻击，即使是正常合法的用户采用合规的使用方式，也要限制其对敏感资源的访问 系统是否支持在多次登录尝试失败等情况下**限制登录** 系统是否**给参与者发送通知**？例如，当怀疑或检测到攻击时，通知操作人员、其他人员或协作系统				
从攻击中恢复	系统是否支持保持**审计跟踪**？例如，记录用户和系统的操作及其影响，以帮助追踪攻击者的行为并识别攻击者 系统是否保证了**不可否认性**的属性，从而确保消息的发送者不能否认已发送该消息，而接收者也不能否认已收到该消息 你是否检查了可用性清单中的"从故障中恢复"类别的策略				

A.9　可测试性

策略	策略问题	是否支持 （Y/N）	风险	设计决定 和位置	理由和 假设
控制和观察系统状态	系统或系统组件是否提供了**专门的接口**以便于测试和监控 系统是否提供允许记录跨接口信息的机制，以便之后能够将这些信息用于测试（记录 / 回放） 是否存储系统、子系统或模块的状态以便测试（**本地化状态存储**） 是否能通过抽象接口**对数据源进行抽象**，以助于轻松替换测试数据 系统是否可以在隔离状态下运行（**沙盒**），以便进行实验或测试，而不必担心实验的后果 系统代码中是否使用了**可执行断言**来指示程序何时何地处于故障状态				
限制复杂性	系统的设计方式是否**限制了结构的复杂性**？例如，包含避免循环依赖、减少依赖以及使用依赖注入等技术 系统是否包含很少或没有（即**有限的**）非**确定性来源**？这有助于限制无约束的并行性带来的行为复杂性，从而简化测试				

A.10　可用性

策略	策略问题	是否支持（Y/N）	风险	设计决定和位置	理由和假设
支持用户主导	系统是否支持**取消**操作 系统是否支持**撤销**操作 系统是否支持**暂停**操作，并且在稍后进行恢复操作？例如，在 Web 浏览器中，暂停下载文件并允许用户重试不完整（和失败）的下载 系统是否支持应用于对象组（**聚合**）的操作？例如，在文件浏览器窗口中，能否查看所选择的多个文件的累积大小				
支持系统主导	系统是否根据用户正在执行的任务向用户提供帮助（通过**维护任务模型**）？可参考如下示例： • 输入数据的验证 • 吸引用户注意 UI 的变化 • 保持 UI 的一致性 • 添加工具栏和菜单以帮助用户查找 UI 提供的功能 • 使用向导或其他技术来引导用户完成关键场景的使用 系统是否支持根据用户类别来调整 UI（通过**维护用户模型**）？例如，支持自定义 UI（包括本地化）和无障碍访问 系统是否根据系统特性向用户提供适当的反馈（通过**维护系统模型**）？可参考如下示例： • 避免在处理长时间运行的请求时阻塞用户 • 提供操作进度的反馈（即进度条） • 通过异常管理，以用户友好的方式来显示错误信息，同时确保不会暴露敏感数据 • 根据屏幕尺寸和分辨率来调整 UI				

A.11　扩展阅读

该问卷基于的策略目录可以在 L. Bass、P. Clements 和 R. Kazman 合著的 *Software Architecture in Practice*，*Forth Edition*（Addison-Wesley，2021）中找到。

来自 SEI ATAM 的质量属性数据的分析，展示了哪些质量属性在实践中最为常见，可以在 I. Ozkaya、L. Bass、R. Sangwan 和 R. Nord 共同编写的论文 "Making Practical Use of Quality Attribute Information"（*IEEE Software*，2008 年 3 月 /4 月）以及 S.Bellomo、I. Gorton 和 R. Kazman 的后续研究 "Insights from 15 Years of ATAM Data: Towards Agile Architecture"（*IEEE Software*，32(5)，38-45，2015 年 9 月 /10 月）中找到。